Investment

Investment

Aswath Damodaran

為故事估值

Narrative
and
Numbers

The Value of Stories in Business

華爾街估值教父告訴你，如何結合數字與故事，
挑出值得入手的真正好股

亞斯華斯・達摩德仁

周詩婷──────譯

目錄

第 1 章　一個關於兩種人的故事　019

數字讓我們在估值時遵守紀律，但數字背後要是沒有故事支撐，就會變成威嚇和偏誤的武器，而非紀律。

第 2 章　對我說個故事　033

故事，在商業世界裡至關重要，它們讓企業和投資人、顧客和員工得以產生連結，某種程度來說，這是純粹的事實或數字所做不到的，而且故事會促成行動發生。

第 3 章　故事的要素　053

在創意寫作圈裡，說故事是藝術還是技巧，一直爭論不休。我認為兩者都是。儘管說故事在某些方面教不來，但還是有許多構成要素不但可以傳授，還能透過練習進步。

目錄

Contents

各界回響

　　傳統財金領域的企業估值，是一串串冰冷的數字；風口熱浪上的企業估值，則是一個個大夢初醒的痛苦體悟。這是第一次有專家學者把兩個流派結合在一起，讓讀者同時擁有理性分析的數字腦，又有人性與想像空間的人文感性腦。從故事到數字，再由數字到估值，一步步帶您以新觀點，重新檢視（反省）過往太過輕忽的投資機會，因為我們輕忽了背後的故事；又或以全新的感嘆檢視（痛悟）過往太樂觀的熱門投資機會，因為我們又忘記背後需要理性的數字支撐。這是一本用雙鏡頭的新視野重新看待企業估值，且投資新手與高手都能有所收獲的好書，五星真誠推薦給熱愛學習的您。

　　—— 林明樟（MJ），連續創業家暨兩岸三地上市公司指名度最高的頂尖財報職業講師

Narrative and Numbers

達摩德仁將故事和傳統金融分析與估值的成功結合,是前所未有的成就。《為故事估值》展示故事講者和數據處理者,能從這樣的結合中所獲得的巨大益處。本書或許會成為傳統估值和創投募資領域中不可或缺的作品,因為其清楚地闡述在看似令人信服的數據背後,需要一個故事支撐。

　　——保羅・喬森(Paul Johnson),《哥倫比亞商學院必修投資課》共同作者

《為故事估值》這本書正確且恰當地揭示一個道理:沒有故事,你便無法理解股市。

　　——麥可・莫布新(Michael Mauboussin),策略投資專家,
　　　　　　　　　　　　　　　《魔球投資學》《成功與運氣》作者

達摩德仁將我們引領至一處如同聆聽喬瑟夫・坎伯、華倫・巴菲特和納西姆・塔雷伯等人相互對話的地方。他的發現之旅,揭示那些僅篤信講故事或數據的分析師們,所忽略的新價值和風險。達摩德仁向我們展示他對阿里巴巴、亞馬遜、優步、法拉利等公司不斷展開的敘事、分析與估值。或許他曾是個不折不扣的數字控,但如今他不僅是位極重視客觀數據的分析師,也是一位講述動人商業故事的大師,更是一位筆耕不輟、傳道授業的良師。

　　——大衛・佛斯特(David Foster),企業估值資源公司(BVR)執行長

　　估值導師達摩德仁明確地證實，只有量化的估值方法遠遠不夠，還必須搭配質化的商業故事。然而，質化分析也有其風險，例如人們會將自身偏見帶入故事之中。達摩德仁出色地將故事與往常的量化分析結合，兩者相互制衡，以獲得更有把握的估值。

　　　　　　　　　　——史蒂芬‧彭曼（Stephen Penman），哥倫比亞大學商學院教授

　　達摩德仁在書中提出的個案研究，讓估值變得不再那麼生澀難懂。他在分析這些個案研究裡所展示的自我批判，等於是技巧性地告誡讀者，高品質的估值需左右腦連動：既要有數字，也得有故事。

　　　　　　　　　　——湯瑪斯‧E‧科普蘭（Thomas E. Copeland），
　　　　　　　　　　　　　聖地牙哥大學商學院金融學系教授

一個好的故事架構，不僅能讓我們關注在最重要的事情上，也幫助我們適時調整看法，遵守紀律進出市場。如此一來，除了能確實獲取令人滿意的報酬之外，也會獲得高度成就感，並可真正地享受投資這件事所帶來的樂趣。

不管你是一位以價值發現為主的長期投資者，或是以動能交易為主的波動投資者，都可以從這本書，理解推動市場價格的祕密，幫助你做出更正確的決策。這是一本所有投資人都該看的書！

（本文作者為「JC財經觀點」創辦人。）

【推薦序】
一本所有投資人都該看的書！

Jenny

紐約大學史登商學院金融學教授達摩德仁，是我認為最能夠把艱深的財務理論，用平實的文字，傳達給讀者的當代財經大師。如果讀者仔細看他的文章，會發現每一篇文章的架構都相當完整，不僅提供了一家公司的背景知識，還包括產業趨勢與營運展望，最後以密密麻麻的試算表，把抽象的故事轉換成實際的數據，計算出一家公司的內在價值。

若你是一個傳統的價值投資人，可能會認為只要透過公司提供的財務報表，依照現金、流動資產與固定資產等價值來估算價值，當股價低於價值時買進，就可以賺到股價回歸價值之中的報酬了，那為什麼還需要一個抽象的故事呢？

尤其當達摩德仁教授說：「我天生就著迷於數字，但當我研究數字時，極為諷刺的是，我對數字的研究越多，對於完全以數字為支撐的論點就越感到懷疑。」作為一個教授企業估值的專家竟然有了這樣的體悟，實在讓人好奇其中的原因是

什麼？

　　我想讀者只要順著書中的精闢論點與豐富的案例解析，便可以得到答案。了
當前的總體經濟環境、產業發展趨勢與企業生命周期都呈現巨大的變化之下，
為投資人的我們已經很難只看數字來獲取超額報酬。更進一步地說，就投資這
事來看，這樣的方式除了顯得過於枯燥乏味之外，還有可能被看似真實的數字
蒙騙，落入「價值陷阱」。

　　達摩德仁教授在長時間的研究後發現，數據不只是由會計所驅動，還有另
一個更重要的因素：市場。數字本身是沒有意義的，但是在市場中解讀數據的
們，每個人都會針對自身擁有的專業知識、掌握的資訊程度、或僅依照個人的
測，而賦予數字不同的意義，把原本毫不相關的數字和故事連接起來，推送到
場進行渲染。隨後當市場中有越多人相信他們，就會成為一股推動行情的最大
量。

　　好比當前的市場，投資人熟悉的公司總會吸引龐大的資金挹注，推升股價
短時間內上漲數倍，然而他們的估值只是建立在基本面分析上嗎？這些公司大
擁有令人嚮往的成長故事，而估值主要是潛在的成長前景所拉高的。但是，成
往往伴隨高度的不確定性，當劇情突有轉折，或加入新的角色，故事的結局也
因此改寫。

　　各位讀者不妨在每一次做投資決定前，也先幫公司說一個故事吧！所謂一
好的故事，首先要能說服自己，於是終有一天也會被市場所發現，驅動價格往
值靠攏。

【前言】
數字控的我，開始學習說故事

在中學時期，我們就被分類成**說故事**和**處理數字**這兩種人，而且一旦如此分類之後，我們就會一直窩在自己所選的領域。「數字人」在學校裡會找數理課上，升大學後繼續接受數字的養成教育（工程、物理科學、會計），然後隨著時間過去，漸漸喪失了說故事的能力。「故事人」則總會出現在校園裡的社會科學課堂中，接著在歷史、文學、哲學和心理學主修科目中繼續打磨說故事的技巧。這兩組人都習得對彼此的恐懼與質疑，直到他們成為MBA學生、進入了我的估值班，彼此心中的質疑使雙方更加壁壘分明，簡直分明到看起來是水火不容。這樣的結果會造成在你面前有兩組人，這兩組人都說著自己的語言、堅信對方是錯的，自己才是擁抱真理的那一方。

我必須坦承，比起說故事，我更偏向「數字人」一些，當我剛開始教估值時，迎合的幾乎全是我這一類人的需求。不過隨著我跟估值的諸多問題纏鬥，我學到

的最重要教訓是：**沒有故事做後盾的估值，既枯燥又無法信賴**。儘管這對我來說並非易事，但我開始在估值裡注入故事的活力，並重新發現了另一個自己——從小學六年級以來，就被壓抑的說故事能力。儘管我依舊是天生的左腦人，但某種意義來說，我重新發現運用右腦的能力。這種將故事緊密結合數字（或是反過來，讓數字緊密結合故事）的歷程，正是我嘗試在本書呈現的。

就我個人而言，這是我首度以第一人稱所寫的書。你可能會覺得書中一直出現令人倒胃的「我」，搞不好還覺得這根本就是在彰顯我是個自大的傢伙，但我體悟到，當我把對個別企業的評估寫成故事說出來，這些文字就是我的故事，其所反映的，不光是我對這些企業及其經理人的看法，也包括我如何判讀全局。因此，我會敘述我如何試著描繪2013年的阿里巴巴（Alibaba）、2014年的亞馬遜（Amazon）和優步（Uber），還有2015年的法拉利（Ferrari）的故事。比起使用冠冕堂皇的「我們」來迫使身為讀者的你們去接受我的故事，我覺得用第一人稱，讓各位對我講的故事挑三揀四、意見不同，會更誠懇（也更有趣）。事實上，你所能利用本書的最佳方式，是挑一則我講的企業故事，例如優步好了，思考你不同意我說的哪些部分、提出你的故事說法，然後依照你的版本，來為這家公司估值。揭露我對真實企業的詮釋有一大風險，那就是現實世界會出現那種讓我每個說法都出紕漏的意外狀況。但我其實不害怕這種可能性，反而欣然接受，因為這讓我得以再次檢視我的故事說法，讓故事更加完善、精采。

在本書，我會試著擔綱多種角色。我肯定會花許多時間，像外部投資人般審視各家企業、為這些企業估值，這是我最常扮演的角色。但偶爾我也會扮演企

業家或創辦人，努力說服投資人、顧客和潛在員工，一門新事業之可行和價值所在。由於我尚未打造出任何一家價值數十億美元的公司，你可能會覺得我說服不了你，但搞不好我可以提供一些關於估值的看法。在接下來幾章，我甚至會從上市公司高層的角度，審視「說故事」和「處理數字」之間的關連，雖然我這輩子還沒擔任過任何一家企業的執行長。

如果我有成功達成任務，那麼只要任一位「數字人」讀過本書，應該就能運用我的模板來建構故事，來支持他或她對一家公司的估值；相對地，「故事人」則應照樣能輕鬆完成一則故事，而且無論故事是多麼地天馬行空，都能把故事轉化成數字。更廣泛來說，我期許這本書，能成為這兩種人（「故事人」和「數字人」）之間的橋梁，賦予兩種人共同的語言，讓他們能把這兩個部分都能做得更好。

第 **1** 章
一個關於兩種人的故事
A Tale of Two Tribes

「故事人」還是「數字人」，你的本性更偏向哪一種？這是我每年估值課首堂的第一個提問，而對大部分的人而言，答案很容易就會浮現，因為在這個專業化的時代，我們不得不在人生早期就在「說故事」和「處理數字」之間抉擇，而且一旦選定，接下來我們除了會耗費多年光陰增進所選領域的技能，還會荒廢另一個。如果你認同左腦主宰邏輯和數字運用，右腦控制直覺、想像力和創造力這種主流看法，那麼在日常生活中，我們都只運用了一半的大腦。我認為如果我們開始讓休眠已久的另一端開始運轉，就可以更大限度地使用大腦。

📊 簡易測試一下

　　我知道現在就進行估值有點太早，但請讓我假設，我給你看了傳奇豪華汽車公司法拉利的首次公開募股（以下簡稱IPO）時的估值。假設估值是用表格形式，以數字呈現預測收入（Forecasted Revenues）、營業利益、現金流量等條件。我會告訴你我預測接下來的5年，法拉利的營收會每年成長4％，在下滑到經濟成長率之前都是如此；稅前營業利益率將是18.2％；該公司可望每投資其事業1歐元，就會產生1.42歐元的營收。如果你不是個「數字人」，你可能已經感到困惑；而就算你是個「數字人」，這些數字你也無法記住多久。

　　想想另一個選項。我告訴你我認為法拉利作為豪華汽車製造商，能為其汽車產品收取天價，賺取龐大獲利率，因為該公司可讓汽車維持稀缺，成為一家只供應給超級富豪的專屬俱樂部。這個說法比較可能被記住，但卻缺乏具體詳情，很難讓你知道該投資多少錢在這家公司上。

　　還有第三個選項。我把低營收成長（4％）連結到法拉利對於市場需求維持排他性，這種排他性讓公司得以產生龐大獲利率，並在過去維持穩定獲利，因為那些買法拉利的有錢人，有錢到讓法拉利不像其他汽車製造商會受景氣影響。

　　藉由數字以連結企業故事，我不但為數字找到論據，也為上述的法拉利故事提供一個論壇，各種故事說法將為這家公司產出一組不同的數字、不同的估值。

📊 說故事的吸引力

　　數百年來，知識都是透過故事代代相傳，而且經常每一次重述，都可能出現新的轉折。我們之所以這麼受故事支配，其實是有理由的。一如研究所顯示，故事不但可幫助我們和他人產生連結，還比數字更容易被記住，這或許是因為故事會觸發的化學反應和電脈衝，是數字所沒有的。

　　然而，儘管我們都愛聽故事，但是大部分的人也都知道故事的弱點：容易流於天馬行空，讓好故事和謊言的界線交錯。如果你是位小說家，這或許不成問題；但如果你要打造一門事業，這就有可能變成一場悲劇的源頭了。對故事的聽眾來說，所冒的風險則完全不同。由於故事傾向於訴諸情感而非理性，因此也會影響人們的非理性層面，誘導我們做出不合理、卻感覺愉悅的事。事實上，長久以來那些詐欺者便已發現，沒有比一則好故事，更容易令人相信和接受的了。

　　透過觀察故事的魅力，以及它們如何偶爾被好跟壞的動機做進一步利用，我們能學到很多。令人驚訝的是，儘管故事千變萬化，你我還是能在故事裡找到模式。卓越的故事有共通點，那就是皆一再運用相同架構。儘管確實有些人比其他人更會說故事，但說故事的技藝，是可以傳授和學習的。

　　身為說故事新手，當我檢視漫長且被仔細研究過的說故事歷史時，腦海浮現出 3 個想法。首先，也最羞愧的，是意識到有多少優良的商業故事手法，早就享譽好幾百年，甚至還能回溯到原始時代。其次是講好一個故事，對事業的成功與否非常重要，尤其是在事業的初創階段。一門事業要成功，不光得打造更好的

誘餌戰術（Mousetrap），還要講得出夠吸引人的故事，以便能對投資人（為了募資）、顧客（誘導購買）和員工（好讓他們為你工作）說明，這個誘餌戰術為什麼可以征服商業世界。第三是在商業世界裡說故事，會比小說的限制多很多，因為別人衡量的不光是你的創意，還包括你是否會兌現承諾。真實世界會占據你的故事很大一部分，而且不管你多想控制這一部分，你就是無法。

📊 數字的力量

在大部分的歷史中，我們對數字的運用都受限於兩個因素：蒐集和保存大量數據是屬於勞力密集的工作，要分析數據也是困難又昂貴。隨著以電腦處理的資料庫和電腦運算工具之普及，數據的世界愈來愈趨「扁平」和民主，讓我們得以優游於不過數十年前，絕不可能嘗試的數字遊戲。

當我們進入了在網域裡蒐集數字、且人人都可存取、分析這些數字的時代，我們也見證了數字在意想不到之處，取代了說故事。在《魔球》（Moneyball）一書裡，麥可・路易士（Michael Lewis）這位說故事大師，發現了一種就算是最枯燥的商業故事，也能說得栩栩如生的方法，他以這種方式講述美國職業棒球隊奧克蘭運動家隊（Oakland Athletics）總經理比利・比恩（Billy Beane）的故事。[1]比恩屏棄了全憑球探挖掘哪個年輕投手和打擊手最有潛力的多年傳統，改成根據球場實戰的數據來選秀。他的成功經驗對其他運動賽事帶來衝擊，並催生出「賽

伯計量學」（Sabermetrics）這門在運動管理領域中由數字驅動的學科，隨後幾乎在每項運動中都有其追隨者。

那麼，為什麼人們會被數字吸引？在不確定的世界裡，數字可提供一種精確、客觀的感覺，也為說故事提供制衡。然而精確經常是假象，而且要把偏見轉化成數字，多得是方法。儘管有這些局限，但在投資和財金領域，就像許多其他學科，「數字人」或所謂的「定量分析師」（Quants，指金融產業中使用數學方法的人員），本來就是運用數字的力量來報告和給予威嚇。對那些讓複雜難解的數學模型凌駕在普通常識之上的人而言，2008 年的金融危機，是一記警鐘。

這兩項在真實世界的發展——可即時存取的龐大資料庫，與可處理數據的強大工具——幾乎決定了每一項努力的優勢，但偏向數字的情形還是以金融市場為甚。伴隨此情勢發展而來的代價，則是**在投資時，你所面臨的問題並非數據不足，而是數據氾濫**，而這些數據往往會把你帶往不同方向。正如行為經濟學家早已確定的，這種資訊超載的意外後果之一，是因為當能任意使用這些數據，也導致我們的決策反而變得愈來愈簡化和不理性。另一個意外後果是，隨著數字主宰了這麼多的商業討論，人們對數字的信任卻沒有更多，反倒降低，並變得更加仰賴故事。

要在決策中好好利用數字，你就必須管理數據，而數據管理有三大層面。首先是在蒐集數據上遵循簡單規則，包括決定納入多少數據、在什麼時間範圍內，並設法避免、或至少把數據中可找到的偏誤（Bias）降到最低程度。第二是運用基本統計（Basic Statistics）來理解大量且矛盾的數據，利用統計工具來對抗數

據超載。當你眼前有大量數字，你可能是那個還記得大學統計課在上什麼的人當中，相信並好好利用統計學的人之一，不過如果是這樣，你比較可能是例外而非常態。很遺憾地，對多數人來說，統計是門被遺忘的學科，是我們運用數據時的弱點。最後，你必須想出有趣又創新的方式來呈現數據，讓那些可能無法體會數據的細微差別的人也能夠理解。至於對天生就是「故事人」的人而言，上述三個層面可能將會有點吃力，不過我相信這時間值得花費。

我們很容易就能理解大數據對亞馬遜、Netflix 和谷歌（Google）等公司的吸引力，這些公司運用所累積的顧客資訊，除了能對行銷手法進行微調，還能改變販售的產品。同時，你得承認由數據驅動的分析有其局限和危害，在這當中，偏誤藏在層層數字後面，「不精確」偽裝成「貌似精準的評估」，而決策者卻讓模型照著這樣的意圖，來為他們做出決策建議。

📊 估值是橋梁

所以，來看看我們的處境吧。我們和故事的連結以及對故事的記憶，都比數字更深；但說故事難免會引導我們淪入空想，這在投資時會是個問題。**數字讓我們在估值時遵守紀律，但數字背後要是沒有故事支撐，就會變成威嚇和偏誤的武器，而非紀律**。解決辦法很簡單。在投資和事業上，你需要同時提出故事和數字，而**估值**是這兩者間的橋梁，如下頁圖1.1所示。

圖 1.1　估值是數字和故事之間的橋梁

優良的估值
故事＋數字

數字人　◄───────►　故事人

實際上，估值容許每一端去推斷另一端，迫使「故事人」去看故事中未必會發生、或是不合情理的部分，再進行修正；而「數字人」則可在將數字轉化成一個故事情節時，看出不合理或不可信之處。

在評估事業和投資脈絡下，你能如何改寫並控制故事的說法？答案是**從理解你所評估的公司開始，檢視公司的沿革、營運的業務，及所面臨的當前和潛在之競爭**。接著，你必須藉由讓故事遵守我所謂的**「3P 測試」**（3P test），為故事說法導入紀律。「3P 測試」始於質疑**故事是否有可能發生**（Possible），這是多數故事都該滿足的最低標準；接著是**故事是否言之成理**（Plausible），這是更難過關的檢驗標準；最後是**質疑故事成真的機率**（Probable），這是檢驗標準中最嚴苛的一環。不是所有可能發生的故事都言之成理；而在所有言之成理的故事裡，只有少數很可能成真。到目前為止，你主要都還在說故事的範疇內，但現在你得明確地把通過檢驗的故事，和決定價值的數字連結起來，此價值是事業的價值驅動因素。就算是和企業文化、管理品質、品牌名稱與策略上重要緊急之事務相關的定

性故事，也可以、亦應該和價值輸入內容（Value Inputs）相連結。這些價值輸入，應該轉變成你做決策的基礎模型和表格當中的數字。這個流程裡還有一個最後步驟，是我們多數人認為最有挑戰性的。如果你的故事說得好，自然會對它們放感情，並把對於故事的任何質疑視為有意冒犯。雖然對故事的質疑加以捍衛不是壞事，但保持反饋意見的開放，傾聽評論、質疑和批評，並用來修正、改寫或微調你的故事情節，也很重要。要聽人對你挑毛病肯定不容易，但聆聽這些最不同意你的人的意見，將使你的故事更有力、更完善。步驟順序見下頁圖1.2。

　　這個流程是有條理的，雖然可能只反映出我的線性思考，和身為「數字人」的本能直覺。它對我有效，而我將用這個流程，帶各位進行我的估值，當中有像優步這樣年輕、高成長的公司；也有如淡水河谷公司（Vale，巴西跨國企業，世界第二大礦業公司）這種成熟的事業體。如果你是個天生的「故事人」，可能會覺得這樣的步驟順序既死板又壓抑你的創造力。如果是這樣，我強烈建議各位自行開發出從故事到數字的順序步驟。

📊 變數是常數

　　儘管每一次估值都始於一家公司的故事，數字會隨故事而產生，但故事本身卻會隨時間而改變。某些改變是總體經濟改變的結果，如利率、通膨；某些改變是競爭動態造成的，像因為新的競爭者進入，舊的競爭者修正市場策略，退出原

圖 1.2　從故事到數字的流程

```
步驟 1：為你正在評估的事業，闡述一個故事
在故事裡，你訴說這門事業隨著時間如何演進。
```

```
步驟 2：檢驗這個故事是否有可能發生、言之成理、很可能成真
不是一切有可能發生的故事都言之成理；而在所有言之成理的故事中，
只有少數很可能成真。
```

```
步驟 3：把價值驅動因素加入故事，進行改寫
拆解故事，並檢視你該如何轉化為價值輸入內容。從潛在市場規模開
始，然後是現金流量和風險。當你完成時，故事的每一環節應該都已
經以數字取代，每個數字也都支持你的故事的每個環節。
```

```
步驟 4：將價值驅動因素和估值相連結
建立一個內部估值模型，這個模型要連結輸入內容和該事業的終值
（End-value）
```

```
步驟 5：保持反饋意見的開放
傾聽那些對這門事業比你更了解的人的意見，並據此調整，甚至改寫
你的故事。釐清對於公司來說其他故事版本的估值，會帶來什麼影響。
```

本所瞄準的市場。某些故事的轉變可追溯到管理層，包括人員和策略上的變動。**重點是，在說故事（以及處理從故事中所產生的數字）時，預設你的故事不受真實世界影響，是一種傲慢。**

　　我會把故事分成三類：一、**故事中止**（Narrative Breaks），指現實生活中的

事件，導致故事遭到嚴重破壞或結束；二、**故事改變**（Narrative Changes），指行動或結果導致你徹底改變你所說的故事；三、**故事微調**（Narrative Shifts），指當前發生的事件並未改變故事基本盤，但無論好壞，都修改了某些細節。那麼，修改故事的動機為何呢？首先是和公司相關的新聞報導，有些是公司發布的新聞稿，有些來自追蹤該公司的外部人員（監管機構、分析師、記者）。例如，一家公司每發布一次財報，對我來說都是重新檢查公司故事，並根據內容微調或大改造的時機。管理層退休（被迫或自願）、公司醜聞和公司內部買進股份的激進投資人＊，都可能導致我對故事的重新斟酌。宣布收購、實施庫藏股（Stock Buyback，指公司買回已經發行的自家股票。公司實施庫藏股往往是對股東的回報，比直接發現金股利更節稅），或是加發、停發股利，都可能徹底改變我們對一家公司的看法。第二個動機是總體經濟的情況，其中利率、通膨、商品價格甚至政治巨變，都有可能導致我們改變對個別公司之前景和估值的看法。

　　如果你是一位喜歡故事（和估值）變動不大的投資人，對現實世界強加給你的變動會感到不安，那麼你有兩個回應方式：一是將你的投資限制在穩定市場中已獲公認的商業模式裡，在此，你的故事不會隨時間改變，而這條路正是許多價值投資人已經選擇的路，也顯示出過去有其他人選擇這條路而獲得成功的歷史；二是學著與變動的不安共存，除了接受變化無法避免之外，也接受最大的商機和投資機會，就存在於變動最大的那些環境當中。我之所以愈來愈受估值的故事端

＊　　Activist Investor，指掌握公司一定比例的股權，得以捍衛自身權益並插手企業決策的投資人。

所吸引，理由之一便是我選擇第二條路。在此過程中，我學會在為有多變傾向的公司估值時，不能只套用公式和模型，還需要一個當數字不停變動時，能夠回溯的故事。

📊 企業生命周期

我發現一個能用來理解商業世界的概念，就是**企業生命周期**。企業和人很像，都會老化，而企業的老化過程不盡相同。在下頁圖 1.3，我提出我的企業生命周期版本。

這跟故事和數字有什麼關連？在生命周期初期，當企業年輕、尚未定形，而且歷史還很短時，其價值主要由故事驅動，故事會因投資人和時間而有廣泛差異。當一家公司發展成熟、已有些歷史時，數字將開始在估值中扮演更吃重的角色，因為投資人和時間存在的差異將開始縮小。運用故事／數字的架構，我看見這個過程如何隨著一間公司的生命周期，從初創到清算的改變。

雖然我把本書主題設定在投資與估值，但故事和數字之間的連結才是重點，對這個流程另一端的那些人（事業的創辦人和經理人）來說，沒有比這個連結更重要的事了。**理解故事為什麼在事業生命周期的某些階段更重要，而數字在某些階段比其他階段更具吸引力，不但對吸引投資人至關重要，對管理事業也是如此。**我希望各位能運用這個深刻的理解，尋找在此過程的每個階段中，需要的高

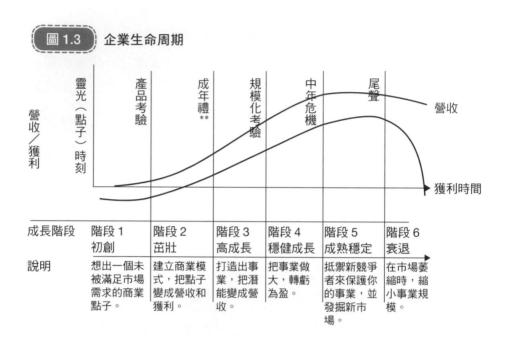

圖 1.3　企業生命周期

成長階段	階段 1 初創	階段 2 茁壯	階段 3 高成長	階段 4 穩健成長	階段 5 成熟穩定	階段 6 衰退
說明	想出一個未被滿足市場需求的商業點子。	建立商業模式，把點子變成營收和獲利。	打造出事業，把潛能變成營收。	把事業做大，轉虧為盈。	抵禦新競爭者來保護你的事業，並發掘新市場。	在市場萎縮時，縮小事業規模。

階經理人特質，並理解為什麼在企業生命周期的某一階段表現卓越的經理人，可能很快就會發現自己在不同階段反而變得像是處在狀況外。

**　原文 The bar mitzvah，是指猶太人滿 13 歲的成人儀式。

📊 結論

　　我實在很想告訴你，本書接下來的內容對你來說根本輕而易舉，但這本書的本質，讓這件事不可能成真。請想想我前面提過的，我的目標是讓詩人和定量分析師都可以享受這本書，我希望詩人找到把數字帶進故事的方法；也期許定量分析師能培養出說故事的技能，作為數字的後盾。那麼每一組人，都會覺得這本書有一半是很容易的（因為是他們的強項），另一半則會覺得吃力（因為這對比較弱的那一邊的大腦發出挑戰）。我希望你能夠不屈不撓、克服難關，我只能提供我的經驗帶你入門。

　　我是個天生的「數字人」，說故事對我來說從不是件輕鬆的事。我早年在授課和進行估值的大部分時光，對於說故事這部分並不用心，我很快就會跳到估值模型。我第一次嘗試把說故事納入估值時，既生硬又沒有說服力（我連自己都說服不了）。我永遠都成不了馬奎斯或狄更斯，但現在的我對於講述商業故事，還有把故事和估值連結起來，已經感到自在許多。既然各位即將在本書讀到某些我講述的故事，那麼不如也來評判我講得好不好吧。

第 2 章

對我說個故事
Tell Me a Story

　　我們都喜愛故事；我們認同故事，並會記住故事。從有歷史記載以來，故事就被用來告知、說服、改寫和販售，所以不意外地，商業行為早就開始說故事了。在第 1 章，我探討故事如何成為學習的核心、何以故事對我們有這麼大的影響力，以及在資訊時代，說故事的需求為什麼會增加。本章前半段將說明說故事的優點，下半段則說明當故事如脫韁野馬失控時的危險，以及當故事訴諸情感時，如何導致壞決策的催生。

 ## 透過歷史說故事

　　從洪荒之初，故事就與我們同在。1940 年，一群法國孩童發現洞穴壁畫，

Narrative and Numbers

上頭所畫的動物和一個人類,可追溯至逾17,000年前(介於西元前15,000和西元前13,000年之間)。第一批被繪製銘刻的故事記載在石柱上,訴說的是西元前700年蘇美國王吉爾伽美什(Gilgamesh)的事蹟。但也有證據顯示,埃及人約3,500年前就在莎草紙上寫故事了。這是每一個古文明都會傳述故事的證據。

上古時期能證明說故事的力量的,有兩部經典:荷馬(Homer)的《奧德賽》和伊索(Aesop)的《伊索寓言》。據信荷馬從西元前1,200年就開始講傳故事,比流傳下來的愛奧尼亞希臘語(Ionic Greek language,一種古希臘方言)文字作品早了近500年。伊索是約西元前550年的人,他講傳的故事直至過世後200年才被記錄下來。世上的古代宗教經典,無論是《聖經》《可蘭經》或《薄伽梵歌》,幾乎都是用故事來宣揚教義。儘管在大部分時間裡,這些故事都以口耳代代相傳,但是多虧了故事的力量,這些故事的核心依舊神奇地完好無缺。

隨著印刷術發明,故事得以書冊的形式流傳各地,擄獲更多受眾且更具持久力。大學和正規教育也因此得以創立和滋養,儘管只有一小部分的人能夠讀寫。這些「識字」的人仍繼續運用口語的力量,對不識字的人傳播故事。世界各地主修文學的學生都讀過莎士比亞,但要記住,莎翁的劇本是為了在環球劇場(Globe Theater,位於英國倫敦泰晤士河岸,最初由莎士比亞所屬劇團於1599年建造,1613年毀於火災)登台上演而寫的。重點是,人類和說故事的歷史不但交織在一起,要是沒有故事乘載歷史並穿梭於時間之中,我們可能根本就無法了解人類的歷史。

📊 故事的力量

那麼，賦予故事持久力的因素是什麼？這是研究人員一直試圖回答的問題，他們不光是為了理解故事的魅力，也希望能運用這些發現，幫助人們把故事說得更好、更難以忘懷。

故事連結

一則講得成功的故事，能與聽者產生的連結，是數字永遠做不到的。產生連結的理由，會因故事和聽者而異，連結的強度也不盡相同。近年來，科學家將他們的關注轉至成因，並發現這種連結可能是以化學物質和電脈衝，跟大腦內部的神經系統產生連結。

讓我們從化學開始解釋起。美國克萊蒙研究大學（Claremont Graduate University）的神經經濟學家保羅·扎克（Paul Zak）找到一種神經化學物質，稱為催產素（Oxytocin），是人腦下視丘的一種分子。[1]他主張催產素的合成與分泌，和信任與關懷有關；當一個人傾聽一個有力量的故事（或詮釋）時就會分泌，而聽者聽完故事後所釋放的催產素，可能導致行為改變。此外，在聽到故事的緊要關頭時，大腦會分泌皮質醇，讓聽者專注。其他研究也發現，圓滿結局會刺激大腦的邊緣部位（大腦的獎勵中心）釋放多巴胺，激發希望與樂觀。

格雷·史蒂芬斯（Greg Stephens）、羅倫·席伯（Lauren Silbert）和烏里·

Narrative and Numbers

荷松（Uri Hasson）有一項令人著迷的研究，主題是研究大腦如何以他們所謂的「神經耦合」（Neural Coupling，指兩個人腦中的神經放電型態相同）產生電脈衝，來回應故事。[2]尤其是他們報告的一場實驗：讓 1 名年輕女性向 12 名實驗對象講述一則故事，並記錄講者和聽者的腦波。他們注意到在說故事時，會產生兩個現象：一是講者和聽者的腦波會同步化，雙方大腦的相同部位會一起亮燈，儘管聽者會有一段時間差（因為大腦在處理故事）。為測試造成此一區別是否為故事本身，故事以俄語來講（沒有聽者聽得懂）時，腦波活動馬上停止，這顯示產生連結的似乎是故事（和對故事的理解）。第二個更有意思的發現，就是在說故事的某些環節，聽者會比講者更快出現腦脈衝，這顯示聽者開始預測故事接下來的發展。整體而言，若講者和那些聽者腦波同步化的情形增加，則溝通會變得更加有效。

說故事還有最後一個值得強調的觀點。《會說才會贏》（*Tell to Win*）作者彼得‧古柏（Peter Guber）提到，當聽者對故事全神貫注時，他們會變得比較卸下心防，並願意接受批評。[3]梅蘭尼‧葛林（Melanie Green）和提姆‧布洛克（Tim Brock）兩位心理學家則主張，在小說的世界裡，聽者會改變處理資訊的方式，使之非常專注於故事，也因此比起那些較不專注於故事的人，這樣的聽者較少察覺故事當中的不正確與不連貫之處。[4]這讓說故事的人，能更盡情地發展在其他方面會受到質疑的故事情節；但如本章後面將會提到的，若將此點運用在講述商業故事時，卻是毀譽參半，因為會被騙子拿來利用。

重點是，說故事能吸引聽者，使他們採取行動，這是單單對他們提出事實所

做不到的事情。此外，如果能讓聽者對你的故事深深著迷，他們將更願意接受你的設想和觀點，也因而更願意接受你的結論。

難忘的故事

我教書已逾30年，而且很幸運，偶爾會碰到睽違數十年對我的課堂依舊念念不忘的學生（至少在我面前是這樣的）。但我訝異的是，隨著歲月流逝，他們卻常常記得我偶爾提及的小趣聞和故事，儘管我授課的內容和數字，他們早已不復記憶。

我的經驗並不獨特，已有研究指出故事具有持久力。故事比數字更容易被記住，記住的時間也更長。在一份研究中，讓受試者閱讀故事和說明文字，然後測試他們的記憶。[5] 儘管內容是一樣的，但故事卻比說明被多記住了50%。至於為什麼有些故事比其他故事更難忘，研究人員認為讓這些故事更加難忘的，是故事中的**因果關係**，特別是當受試者必須推理才能看出關連時。因此，當受試者拿到相同文章的不同版本閱讀時，要是因果關係太明顯或太薄弱，就可能較難記住文章內容；但要是因果關係輕描淡寫，受試者需花點工夫找出關連，被記住的機率就會較高。

若要說我從這些說故事的研究中學到什麼，那就是故事除了得讓聽者入迷，還須要求他們得自己思考、自己找出關連，因為這樣的效果最好。這些關連可能是本來我就希望故事能產生的，但如果是由聽者找出關連而不是被強迫餵食，不

過巴菲特評估這家公司的信用卡業務非但絲毫不受醜聞波及,股價還比過去該公司的交易價格划算好幾倍,便把跟人合夥投資的40%資金拿來買進這檔股票,並在美國運通公司股價反彈後得到好結果。儘管巴菲特在這筆投資中獲利總額不過3,300萬美元,跟其他戰績相比可說微不足道,但美國運通公司的故事卻在價值投資圈裡一再被傳揚,用來證明只要好好做功課,將為投資帶來巨大的回報。

個案研究 2.1:說故事的大師──賈伯斯

　　身為蘋果長期用戶,我是看著史帝夫·賈伯斯(Steve Jobs)被拱上神壇,主因是他不只讓企業轉型成功,還成為音樂和娛樂事業的重要山頭。我想各位想必能說出一、兩則賈伯斯的傳奇軼事,這些事件有好有壞,但他有一項特質非常傑出,就是很會說故事。這個特質貫穿他知名的年度簡報,他會穿上已成為招牌形象的黑色高領毛衣,用最新的蘋果產品鋪陳他所要訴說的企業故事。尤其是他1984年報告的主題(介紹麥金塔電腦),以及1997年的簡報(推出iMac),不但為此流程奠定基礎,也展現出他卓越的說故事能力。

　　1984年時,由於臭名遠播的微軟命令列介面(Microsoft Command Lines),把少數的科技高手和非高手區隔開來,電腦成了科技玩家的地盤。但賈伯斯看見非高手世界的未來,屆時無論人們有無意願學習命令

列介面，都得使用電腦。他以傳統桌上型電腦和文件夾為道具來說故事，把電腦轉變為人人都能輕鬆運用的工具，就像把文件挪到辦公桌這麼輕鬆。1997 年，人們已接受電腦是必要的商業工具之概念，在大量生產文件和表格時很實用，也比打字機有效率得多。之後賈伯斯再一次利用 iMac，以其繽紛外型和色彩來說故事，傳達電腦是把音樂和娛樂帶進家中的工具之訊息，為蘋果接下來的 10 年興盛奠基。

請注意這兩個例子，闡明了另一個關於講述商業故事的真理。賈伯斯在這兩個場景裡所說的故事都富有魅力和前瞻性，但他本人（及蘋果公司）卻沒有因 1984 年的故事而受惠。事實上，麥金塔電腦因設計選項和軟體限制而苦苦掙扎，有些限制來自賈伯斯自身的弱點，反倒是微軟記取教訓，重新設計 Windows 作業系統，讓蘋果公司幾乎被遺忘。而 1997 年推出的 iMac，也是等待多時才開花結果，而且 5、6 年後，蘋果公司才獲得若干利益。我們可從中學到的教訓是：把故事說好，是打造一門事業不可或缺之一環；但就連最吸引人的故事，都無法保證會帶來財富和報酬。

📊 在數據時代說故事

如今應是數字的黃金時代，因為可取得愈來愈大量的數據（大數據），以及愈來愈精良的數據分析工具。正如我們將在下一章看見的，種種跡象皆顯示，現在是數字的黃金時代。怪的是，正因處理數字和電腦運算能力的激增，於是創造出更多把故事說好的需求。當我們能獲取更多資訊時，證據卻顯示衍生出一個不利影響，那就是「繼續擁有資訊」這件事，變得愈來愈困難。

我們的大腦一旦被資訊超載所攻擊，就會停止處理資訊，正如《科學人》（*Scientific American*）的一篇文章指出的，我們愈來愈倚重網路，將其當成記憶體的外接硬碟。[6]在《紐約時報》（*New York Times*）的一篇文章中，物理學家約翰‧賀斯（John Huth）主張我們對科技的依賴，已使我們的知識開始破碎化，於是看不見全貌，這或許為說故事創造了填補的空間。[7]我不知道哪個解釋比較合情合理，但在金融市場，增加需要處理的資訊，讓投資人在下判斷時反而變得更費力，而非更輕鬆。有證據顯示，這讓許多一直受投資決策折磨的行為問題更加惡化。結果，跟前幾個世代相比，現在的投資人似乎更受良好的說故事技巧所吸引。

我們的生活也受到更多干擾，有些是數位干擾，但有些不是，而這些令人分心的事物會影響我們對周遭發生事物的關注程度。實際上有證據顯示，隨著我們一整天愈來愈「多工」（Multitask），我們不但錯漏更多周遭發生的事物，所形成的記憶也變得不夠鮮明，因而更難回想起來。同樣地，說故事或許能讓我們變得更專注、更能記住。

最後，社群媒體的成長也擴大了說故事的疆界。我們的故事不但多了更多聽眾（那些臉友），這些故事也更有機會像病毒般以驚人速度散播到世界各地。企業很快就抓住這股趨勢，努力將故事如病毒般在社群媒體傳播開來。我的同事史考特・蓋洛威（Scott Galloway）提出「數位智商指數」（Digital IQ Index）概念，用來衡量企業在數位場域經營得如何，顯然那些落後者為了趕上，正在加倍努力（並花更多的錢）。

📊 說故事的危害

正如前面提過的，故事有力量，是因為故事跟人的情感產生連結。故事會被記住，並誘導聽者採取行動。然而上述每一個理由，都能導致故事變得極端危險；不光對聽者如此，對講者也是。如果本章上半部是說明對故事的講者和聽者有何好處，各位應把接下來的篇幅，視為若依照故事做成決策，會有哪些危害之警告。

情緒宿醉

當故事大師創造並帶領我們前往幻境，而我們拋下懷疑跟著他們前往虛構世界時，那麼危害並不大。所以，我可以整個周末都泡在托爾金（J. R. R. Tolkien）的中土世界，或是 J.K. 羅琳（J. K. Rowling）的霍格華茲裡，不會發生比沉醉其

中更糟的事，搞不好還會受到他們的創意所啟發。可是在商業世界裡，我們面對的是一個截然不同的說故事考驗。由於我們是在投資、受雇或購買產品，要是僅憑故事就做決策，那所冒的風險可會大出許多。

行為經濟學是近年顯學，代表心理學和經濟學的交會。簡單來說，行為經濟學揭露人性中所有導致人類做出壞決策的怪異之處，尤其是當決策依憑的是情緒、本能和直覺時。丹尼爾‧康納曼（Daniel Kahnemann）是行為經濟學之父，在其著作《快思慢想》（*Thinking, Fast and Slow*）中，帶領我們輕鬆穿越人類的非理性領域，並提到在人們的決策過程中，故事可輕易利用某些偏誤。[8]

然而，不光是聽者有讓情緒脫離事實的危險。若是講者開始相信自己的故事，並可能據此行動時，他們也會面對相同問題。實際上，故事會助長我們早已擁有的偏誤，加以強化，讓情況更糟。就如經濟學家泰勒‧柯文（Tyler Cowen）在一場TED演講中，對流行一時的心理學書籍加以批評，並要求人們要信任自己的直覺：

> 我們把事情搞砸的單一、首要、最重要的方式，是告訴自己許多故事，或是我們太輕易被故事誘惑。那為什麼這些書沒告訴我們？因為這些書本身也都在講故事。讀愈多這類書，你愈理解自己的某些偏誤，但也會使你某些固有偏誤更加嚴重。因此，這些書本身就是造成人們認知偏誤的部分原因。[9]

在本章前面，我提到說故事有個好處，那就是聽者愈受故事吸引，就愈傾向

於願意放下懷疑，並讓可疑的主張和假設變得不容置疑。這對故事講者來說或許是加分，但確實也是讓騙子和詐欺者（通常也是說故事大師）得以編造出賺大錢的故事、騙走聽者的錢的理由。套句《大腦會說故事》（*The Storytelling Animal: How Stories Make Us Human*）作者強納森・歌德夏（Jonathan Gottschall）的話，「故事大師希望我們沉溺在情緒裡，好讓我們忘記理性考量，然後中了他們的計」。這麼做對從事電影業的人有好處，但在商業故事裡，絕對不值得推薦。[10]

記憶易變

確實，許多講故事的人，在琢磨故事時會汲取個人記憶。如果他們把故事說得很生動，這些故事就會被記得更牢。就像研究人員所發現的，人類的記憶並不牢靠，又容易篡改。在一份研究中，研究人員能說服70％的受試者相信他們在青少年時期犯法，導致警方出動，但事實上根本沒有發生。[11]在另一份研究中，研究人員能讓受試者留下兒時曾在賣場迷路的（假）記憶，實際上也是根本沒有這回事。[12]

某種程度來說，商業故事往往是圍繞著講者的經歷而建立的，於是很容易就會逾越真實和想像之間的分際。創辦人捏造不太可能發生的窮鬼翻身遭遇、投資組合管理者宣稱早已預見市場崩盤，以及執行長們捏造出他們跟可能並不存在的商業挑戰搏鬥，由於一講再講，他們開始相信這些故事。這並不是在指涉故事都是編造的或他們就是滿口謊言，而是彰顯出即便是善意的故事，偶爾記憶也會重

來限制潛在虧損。他的計畫推得動,關鍵要素有三:第一是其投資策略「太過複雜,外人難以理解」,以及太具專利性質,難以詳細說明。第二是這個計畫被認為萬無一失,絕不會賠錢,就連市況不好的月分也一樣。第三,可能是三者中最狡猾的一環,即是該策略將賺取適中而非超乎預期的高報酬率。馬多夫鎖定厭惡風險的散戶和基金經理人,當中有許多人跟他一樣是猶太人,而藉由把承諾的報酬率維持得夠低,低到聽起來「很合理」,以及「只賣」他的顧客,讓他得以安然度過近20年,都沒人問及關鍵問題。

個案研究 2.3:Theranos——好到你希望成真的故事　

　　Theranos 的故事始於 2004 年 3 月,當時的伊莉莎白·霍姆斯(Elizabeth Holmes)年僅19歲,是史丹佛大學的大二生。她輟學開了一家公司,該公司是矽谷新創企業,經營的事業卻不是矽谷常見的領域,而是整體醫療體驗裡不可或缺、卻無甚變化的環節:驗血。霍姆斯斷言,她能根據她在史丹佛實驗室驗SARS病毒的血液檢測工作來改造技術,以比傳統驗血方式更少的抽血量進行更多檢測,而且(對醫師和病患來說)拿到的檢驗報告也更快速有效。再加上她本身討厭傳統驗血所需的針頭,這一切都成了 Theranos 微容器(Nanotainer)的基本要素。微容

器是一個能裝下幾滴血的半吋大試管，意在取代傳統實驗室慣用的多個採血管。

　　事後證明只要聽過這個故事，幾乎人人抗拒不了——她讓史丹佛教授鼓勵她創業；讓創投業者排隊送上幾億美元資金；醫療產業供應商則認為這項產品將改變醫療體驗的關鍵構成要素，降低抽血的痛苦和成本。克里夫蘭醫學中心（Cleveland Clinic，是醫療、研究和教育三位一體，提供專業醫療服務的非營利機構）和沃爾格林（Walgreens，美國最大連鎖藥局）這兩家在醫療產業光譜兩端的實體，都對這項技術深感興趣，想要採用這個方法。記者也抗拒不了這個故事的魅力，霍姆斯很快就成為名人；《富比士》（Forbes）稱她是「世上最年輕的白手起家女億萬富翁」，2015年獲頒「白手起家獎」（Horatio Alger Award）時，她是最年輕的得主。

　　在外人眼裡，Theranos 顛覆性的驗血事業看起來很順利。公司持續宣傳微容器裡的微量血液足以化驗30次，並能有效率地交付給醫師，甚至在網站上列出每次化驗的價格，其成本遠低於現狀（低了將近90％）。在創投資本排名裡，Theranos 始終維持最具價值的私營企業，估值逾90億美元，讓霍姆斯成為世上最有錢的女士。這個世界似乎真的在她腳下，任何讀過她的新聞報導的人，都會認為該產品對市場的破壞發生在即。

　　2015年10月16日，Theranos 的故事開始崩解。當時《華爾街日報》

《The Wall Street Journal》有篇文章報導該公司不斷誇大微容器的潛力，實際上內部的血液化驗，大部分都不是用微容器進行的。[14]更令人憂心的是，文章提到該公司的資深化驗員工，發現微容器的化驗結果並不可靠，令人對該產品產生疑慮。接下來數日，Theranos每下愈況。據報導，美國食品藥品監督管理局（Food and Drug Administration，以下簡稱FDA）在視察過Theranos後，要求該公司全面停止一種血液化驗（皰疹），因為FDA擔憂該公司提供的產品數據是否可靠。霍姆斯曾聲稱葛蘭素史克（GlaxoSmithKline，總部位於英國的全球第三大藥廠）用了這項產品，而今該藥廠卻堅定地表示，跟這家新創企業在過去兩年都沒有生意往來；克里夫蘭醫學中心也對採用該公司產品望而卻步。Theranos開始處境艱難，卻更努力地反駁批判文章的抨擊，而非著手處理真正的問題癥結。直到2015年10月27日，霍姆斯才終於同意，出示數據證明微容器能做好可靠的驗血裝置，才是該公司所能做的「最有效的事情」。接下來數月，愈來愈多證據暴露該公司的實驗室和驗血技術有問題，讓公司持續遭遇挫折。到2016年7月時，FDA祭出禁令，禁止霍姆斯女士營運實驗室，讓該公司的前景黯淡無光，其事業合夥人們（例如沃爾格林）也拋下這家公司了。

如果好萊塢編劇在寫一齣敘述剛起步的新創企業的電影劇本，幾乎不可能想得出像Theranos這麼吸引人的故事：一位19歲的女性（這已經跟典型的新創企業創辦人差很多了）從名校（史丹佛）輟學，對一個

我們都曾經歷、也都不喜歡的醫療程序，打造出破壞性的事業。我們當中誰不曾為了驗血而在實驗室裡枯坐數小時，在技術人員抽出好幾大玻璃瓶血的過程中被刺好幾針，然後又得等上好幾天才能得知化驗結果，再為這些化驗結果付出 1,500 美元的帳單呢？更誘人的是，這故事裡還夾帶了一種「使命感」，因為對目前負擔不起的廣大民眾來說，該產品將會改變全世界的醫療產業，讓驗血變得成本更低、更快速。這家公司生氣蓬勃、充滿熱情，又有傳教熱忱，任誰都能透過霍姆斯的演講和訪談感受得到。[15] 有這麼好的故事、這麼討喜的女英雄，你還會想烏鴉嘴地提出這個產品實際上是否可行的問題嗎？

結論

故事，在商業世界裡至關重要，它們讓企業和投資人、顧客和員工得以產生連結，某種程度來說，這是純粹的事實或數字所做不到的，而且故事會促成行動發生。但故事確實有其有害的一面，特別是當中帶有未經調查的事實的時候。故事講者傾向於忘記現實，編織出一個保證成功的幻想世界。對故事買單的聽眾，因為想要一個圓滿結局，經常擱置疑點和限制，讓講者在不受質疑的情況下繼續傳揚下去。如果本書有使命，那將是提供各位一個模板，讓你在說故事時繼續發

揮創意，但同時在過程中導入足夠的紀律，在你逾越分際，遊走到一廂情願的想法時能給你警告。如果你正在聽一則商業故事，本書將扮演檢核表的功能，確保你不會把「心願」，錯當成一個「未來預期會發生的事」。

第 **3** 章

故事的要素
The Elements of Storytelling

在創意寫作圈裡，說故事是藝術還是技巧，一直爭論不休。我認為兩者都是。儘管說故事在某些方面教不來，但還是有許多構成要素不但可以傳授，還能透過練習進步。在本章，我將探討成為一則好故事的要素，並檢視面對商業故事時，這些要素需要如何調整。我會先檢視故事的類型，為後面章節中故事和數字的連結奠定基礎，然後再考察故事如何運用語言和架構，勾起聽眾更熱烈的回應。

 ## 故事的架構

大多數仔細琢磨過的故事，都遵照某個**架構**。在本節，我會先探討一般故事的結構，然後從**說商業故事**的角度再探討一遍。我必須坦言，過去我不太注意多

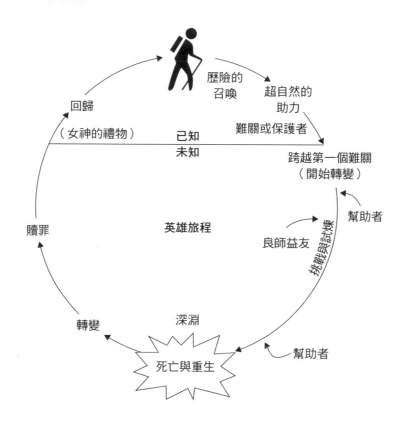

圖 3.2　英雄旅程簡化版

局的英雄旅程。[3] 圖 3.2，是英雄故事的簡易版本。[4]

　　如果你是星戰（Star Wars）迷，可能會覺得這張圖很熟悉，部分原因即是導演喬治‧盧卡斯（George Lucas）在寫電影劇本時受其影響。和弗萊塔格的故事架構一樣，英雄旅程對商業環境來說，顯然太受操控，但我認為它為某些商業故

事為什麼讓人記得更牢，提供了一個解釋。同樣地，想想賈伯斯在商業世界中是如何走向神一般的地位的。就像坎伯英雄旅程的故事架構，賈伯斯的歷險召喚，是在矽谷某處車庫，跟沃茲尼克（Steve Wosniak）一起做出第一台蘋果電腦；當他繼續把蘋果打造成一家成功企業時，他的挑戰和試煉是長期存在的。然而，當他被蘋果驅逐和後來的重返（他的死亡和重生），為該公司史上最精彩的第二幕準備就緒。

　　我相信還有其他架構能用來說故事，但放眼古今，從亞里斯多德的三幕劇架構，演進至坎伯的英雄旅程，這路程看起來不長。實際上，**故事之間的共通點比我們以為的還要多**，通常需要更新之處只是為了反映出現代感。

　　如果我說我為了把優步、法拉利和亞馬遜的估值變得生動，而在編故事時想起亞里斯多德、弗萊塔格和坎伯，我一定是在說謊。事實上，直到最近我才獲知他們的思想，但我從每一位的故事架構，都得到一些能運用在商業故事裡的啟示。我在亞里斯多德身上學到故事**要保持簡單，要有開頭、中間和結尾，不要離題**。弗萊塔格讓我了解商業故事**需要成功和反轉**，否則就會枯燥乏味。坎伯的結構凸顯了**角色在故事裡的重要性**，以及**受眾如何對關鍵講者的難關和勝利產生認同**，在一家新創公司裡，這至少能用在創辦人的故事上，或某個人如何經營事業的故事；最後，故事的描述方式將使受眾徹底了解故事和受眾有何關連。

　　主要為娛樂而述說的虛構故事，和商業故事之間的一大差別，是**對前者的創意限制甚少，對後者卻很多**。如果你正在寫一部電影劇本或故事，你可以營造出自己的世界觀，儘管它們可能奇特又不真實；但如果你夠嫻熟，就能帶領讀者進

入這個世界。可是當你訴說的是商業故事時，就得更以事實為本，因為你的故事不會只被評估是創意，還必須有可信度和兌現承諾的能力。話雖如此，沒道理你不能在商業故事裡，採用一般的故事架構。

📊 故事的類型

和故事架構一樣，幾乎我們讀或聽過的故事，都是舊情節的再創作。多數分辨故事類型的工作，也都伴隨著所有故事而來，但商業世界在這方面有相似的特點。

一般類型

克里斯多福‧布克（Christopher Booker，英國知名評論家，著有《七大基本情節》〔 *The Seven Basic Plots: Why We Tell Stories* 〕）在他探討說故事的著作中，主張已經被挖掘了數百年的故事，只有七種基本情節，並列舉如下：[5]第一種，**打敗怪獸**，你處於劣勢，通常被認為比較弱小，打敗了邪惡的敵人；**重生**，是重新開始的故事，指人重生後過著更好的生活。在一場**追尋**裡，主角展開任務，去尋找能拯救他或她或全世界的某樣東西，這或許是《魔戒》或《星際大戰》對觀眾這麼有吸引力的原因。**窮鬼翻身**關乎轉變，是某種貧窮或軟弱的人事物變得富

裕強大的故事；在**航海和回航裡**，角色們出於刻意或偶然登上船隻，踏上發現之旅後返回，通常變得比出發前更睿智或更富有。**喜劇**是意圖以角色或他們遭遇人生挑戰時的狼狽讓你大笑，**悲劇**則相反，目標是讓你哭。布克提出有力的論據，從高尚文學到低俗小說、從歌劇到肥皂劇、從莎士比亞戲劇到龐德電影，任何故事都跳脫不了這七大主題。

產品故事

　　廣告公司利用一般故事類型，為產品設計故事型的廣告，已有數十年歷史。蘋果於1984年推出的麥金塔電腦廣告，把個人電腦業務（尤其是IBM和微軟）視為大反派，這可視為「打敗怪獸」的簡單延伸。廣告在1984年的超級盃星期天*首播，當廣告公司為了在短時間內吸引大量電視觀眾而砸下重金，沒有任何場子比得上在每年這一天，可觀察觀眾對故事的依賴。對電視觀眾來說，世界盃已成為一個儀式，專家和觀眾都接受民調，看哪些廣告在觀眾記憶裡留下最深刻的印象。儘管沒有一家企業或廣告代理商能持續領先，但有一個發現始終如一，那就是講一個迷人的故事，最可能被記住（這相當於在短短30秒或60秒內完成一個壯舉）。

---

*　Super Bowl Sunday。指美式足球聯盟的冠軍賽，一般辦在每年1月最後一個周日或2月第一個周日，其轉播長年為全美收視率最高的節目。

創辦人故事

　　商業故事可能和創辦人的故事密不可分，對年輕的新創公司來說尤其如此（有時甚至包括某些老牌企業），而且吸引投資人前來投資的，正是創辦人的故事。以創辦人為主的故事，都不脫以下五種類型：

- **白手起家故事**：這是經典，在美國尤其是，而且是「窮鬼翻身」的不同版本。創辦人在面對艱鉅困境時讓自己邁向成功的韌性，這種故事相當吸引投資人。

- **魅力故事**：在這個故事中，創辦人的故事圍繞著一個頓悟時刻而展開，他或她在這個時刻看見商機，然後便著手實現這個願景。伊隆・馬斯克（Elon Musk）獨資或合資創辦許多企業，包括SpaceX、特斯拉（Tesla）和太陽城（SolarCity），但是對這些企業來說，投資人被有領袖魅力的創辦人所吸引的程度，就跟企業本身一樣多。

- **人脈故事**：在某些企業裡，優勢來自你認識誰，不管是出於家庭背景、過去身為政治人物，或是在監管單位裡的角色。認識對的人的創辦人，會受到另眼相待。

- **名人故事**：投資人有時會受創辦人的名氣吸引，認為名氣能招攬生意，產生價值。傑克・尼克勞斯（Jack Nicklaus，綽號金熊，高爾夫球裝備商）、魔術強森（Magic Johnson）和歐普拉（Oprah Winfrey）都運用名人身分打

造成功事業，因為許多投資人受名氣吸引的程度，和企業本身一樣多。

- **經驗故事**：某些創辦人過去所創下的輝煌紀錄相當吸引投資人，其預設是過去他們在打造某些事業時曾經成功，那麼投資他們的新創企業應該也會成功。

企業故事如果太過強調，或全都在講創辦人時，有兩個危害。第一，**和創辦人太密不可分的企業，在遭逢創辦人的失敗時，可能會跟著遭殃**。當瑪莎·史都華（Martha Stewart）在 2003 年因內線交易被判刑時，跟她同名的上市公司慘遭拖累，起訴書出爐時股價跌了 15％。第二，儘管聽眾總是受創辦人故事的私人層面吸引，但這些**私人的成分，還是得跟事業成功有所連結才行**。這或許解釋了為什麼邁向創業之路的名人這麼多，成功走完全程的卻這麼少。

個案研究 3.1：以講者為主的故事——安德瑪和凱文·普朗克

安德瑪（Under Armour，UA）一向是服飾業的成功案例，是小蝦米對抗如耐吉（Nike）這樣的大鯨魚，在服飾和鞋類產品發動攻勢。安德瑪的商業故事，幾乎就是創辦人凱文·普朗克（Kevin Plank）的故事。他是家中五名手足的老么，在馬里蘭長大，接著就讀馬里蘭大學，在足球隊擔任特勤組（Special Teams，美式足球隊會分成進攻組、防守組和

特勤組）球員。他成為球隊隊長，卻發現他和隊員在練習後汗衫溼透又厚重，因而想到利用女性貼身衣物的布料做出輕盈、排汗的汗衫。

　　1996年畢業後，普朗克在奶奶家的地下室開創事業，並在接下來的十年，將其打造成能跟耐吉匹敵的對手，2015年公司營收是40億美元。他一直都是安德瑪的商業故事中極受矚目的一環，該公司早年甚至還用了他的馬里蘭大學足球隊的隊友做廣告。他還發行不同表決權的股票，來維持對公司表決權的掌控。

商業故事

　　商業故事範圍廣泛，要運用哪一類故事，取決於事業處於企業生命周期的什麼階段，以及所面臨的競爭情形。同樣地，這當中存在著過度類化（Overgeneralizing）和並未涵蓋所有可能內情的風險，下頁表3.1是部分經典商業故事。

　　這份清單並不齊全，但已涵蓋公開上市和私募資本市場很大一塊，此外還有兩點值得一提。第一，**一家公司可能有雙重故事**，好比2015年9月時的優步，就同時訴說著破壞者（挑戰汽車服務產業）和稱霸一方（自認在共乘市場銳不可擋）故事。第二，**隨著一家企業在生命周期中移轉，故事的詮釋會改變**。例如谷歌是在1998年進入搜尋引擎市場，對在市場已站穩腳跟的玩家來說，它是挑釁的

表 3.1　商業故事的類型

商業故事	事業類型	募資賣點
稱霸一方	公司有大規模的市占率、優越的品牌、可利用的大量資本,以及作風強硬的業界名聲。	將會碾壓競爭者,實現愈來愈高的營收和獲利。
弱者	公司在該產業的市占率為第二或更低,宣稱其產品比第一名的企業更優質或更便宜。	會比第一名的企業更賣力取悅客戶,公司形象或許更親切貼心。
靈光時刻	公司宣稱發現市場尚未被滿足的需求,通常是偶然發現的,然後便想出滿足該需求的方法。	藉由滿足這個未被滿足的需求,其事業將會成功。
更好的誘餌戰術	公司主張為現有產品和服務想出更好的交付方式,能讓產品和服務更令人滿意,更符合需求。	將吞噬市場現有玩家的市占率。
破壞者	公司改變了經營事業的方式,徹底改變產品或服務交付的方式。	現狀無效率又浪費資源,而破壞將改變產業生態(並賺到錢)。
低成本玩家	公司發現能大砍成本的做生意方式,並願意為了預期銷量的提升,自砍價格。	增加的銷量能彌補較低的獲利。
傳教士	公司自詡有比賺錢更遠大高尚的使命。	會一邊賺錢一邊做公益。

弱者；可到了2015年時，谷歌搖身一變，成為主導市場的玩家，甚至得說它是惡
霸才算符合其名聲。

📊 說故事的步驟

在本章中我主要是透過投資人的立場，判斷創辦人如何拋出賣點，把企業視
為投資標的，並運用這些觀點來評比企業；但如果你打算創業，或者你就是故事
講者呢？運用從故事的架構和類型所學到的內容，以下是當你想把故事說得更好
時，可以採取的步驟。

- **理解你的事業，並認識自己**：身為故事講者，很難在不了解事業的情況下，
  去講一個商業故事。如果你對事業的願景（這個事業在做什麼、你如何看
  待它的未來）都模糊不清或不成熟，你的故事將反映出這個困惑。無論你
  是得對股票研究分析師說話的老牌企業執行長，還是尋求創投資金的新創
  企業創辦人都一樣。事實上，新創企業創辦人對事業至關重要，你自己在
  故事中的分量，就跟你創辦的事業一樣吃重，這可能需要一些省思（關於
  你在創業中希望扮演的角色）。
- **了解你的受眾**：當你面對不同的利害關係人（員工、顧客或潛在投資人），
  所訴說的商業故事應該會不一樣，因為不同的人對故事中感興趣的部分不

同。員工對於事業的成功雖然可能抱有與你相同的熱忱，但他們也感興趣、甚至更感興趣的，是你打算如何跟他們分享成功果實；以及失敗的話，他們要面臨的個人風險。顧客關心你的產品多過你的獲利，想聽的是你說明你的產品或服務，將如何滿足他們的需求。投資人也想了解產品和服務，但出發點通常是你如何把產品的潛力變成營收和股價。即便是在投資人當中，根據時間範圍（短期和長期）和期待產生的報酬（現金股利或股價成長）不同，感興趣的點也會差很多，你的故事可能會成功吸引某些人，同時讓某些人無動於衷。

● **整理事實**：沒有比歪曲事實，更能削弱你的故事魅力的了。因此，對於你的公司、你的競爭者和你想奪下的市場，你得做好功課。要在發表故事之前核對你的故事，你必須以新聞的五個 W，考量你的事業：

1. 誰（Who）是你的顧客、你的競爭者、你的員工？
2. 你的事業現在看起來像什麼（What），你對它未來的願景為何？
3. 就你所知，你的事業何時（When）或過多久會符合你的願景？
4. 你會在哪裡（Where，就市場或地區而論）營運？
5. 為什麼（Why）你看見自己在該市場成為贏家？

在後面的章節，我們將回到這些問題，看數字將如何協助你處理這些問題。

- **說明要具體**：儘管你的商業故事可能圍繞著市場商機或總體經濟趨勢發展而來，但你需要具體說明打算如何利用這些趨勢。比方說，假設你成立一家社群媒體公司，你主張人們愈來愈倚賴社群媒體來互動、獲知新聞甚至娛樂，光這樣說明是不夠的。你得明確指出身為企業主你將提供什麼，來吸引這些人運用你的產品或服務。

- **要展示，不要說**：賈伯斯為蘋果所做的主題演講引起共鳴，是因為他願意、也渴望在舞台上分享新產品，甚至甘冒產品機能失常的風險。同理，展示你的產品和服務如何運作，能讓你的商業故事不但更難忘，也會更有效果。

- **漂亮收尾**：牢記亞里斯多德的建議，你應該為故事精心製作結尾，讓你的受眾不但熱切渴望行動，還能扼要轉述你努力傳遞的訊息。

我從沒向投資人、員工或顧客賣力推銷過新創事業，你理當對我就這個問題端出來的任何建議抱持懷疑。不過，我是一個教學工作者，而且始終認為好的教學，需要上述六步驟的每一步。

📊 好故事的構成要素

那麼，是什麼造就某些故事比其他故事，更能引起注意呢？畢竟故事可採取不同形式，以不同角色訴說，有不同的曲折，但好故事確實有某些**共通點**。我列

出下列清單，是冒著可能漏掉你可能認為自己具備的某些特質，並添上你沒有的某些特質的風險。我的優良商業故事構成要素如下：

- **故事要簡單**。好的商業故事，其核心訊息在傳達時不會被分散注意力，並且會消除阻礙訊息傳達的複雜難解之處。
- **故事要可信**。在商業世界裡，一則好故事得具備可行性和可達成性，這必然需要通過現實考驗。這可能意味你要對事業的局限性保持開放的心態，同時呈現要獲取成功，你具備哪些優勢。
- **故事要真實**。「真實」是個常被使用，又定義含糊的字眼。但不可否認，當你的故事反映你的為人和你的事業到底在做什麼時，就會引起更多共鳴。
- **故事要有感染力**。我的意思不是指故事講者要在舞台上大哭大喊，而是訴求發自內心的情感。如果你對自己的故事沒有熱忱，要如何期待別人對你的故事產生熱情？

　　比起討論多半冗長的商業準則，我決定向皮克斯（Pixar）一位我最喜歡的故事講者學習。我還記得跟孩子一起看《玩具總動員》時，驚豔於這個故事讓大人跟小孩都全神貫注，我對該動畫工作室說故事能力之欽佩也與日俱增。我欣喜地發現，一直在皮克斯工作的艾瑪・考茲（Emma Coats），根據自身經驗，為說故事寫了一本簡單手冊，書名是《卓越說故事的22個法則》（*22 Rules to Phenomenal Storytelling*），儘管她所列出的法則無法全部直接套用在商業故事

上，但有許多都適合商業情境。拿皮克斯法則來說商業故事，將能把故事修改得讓觀眾感興趣、簡化並聚焦於故事；你將得知最省力的說故事方法，並持續調整，而非追求完美。我發現上述的最後一個建議最重要，因為要知道你的故事哪裡能起作用、哪裡沒效果，沒有比對不同受眾說故事更好的方法了。熟能生巧，說故事亦然。

就個人而言，我是《創智贏家》（*Shark Tank*）的粉絲，這是一個由創業家提出商業點子，遊說成功的創投業者或商業人士（鯊魚們）投資的電視節目。在看這個節目時，我最喜歡做的事之一，就是在聽他們講述商業故事時，思考為什麼有些故事讓人聽了會轉化成投資意願，有些卻不行；以及為什麼有些故事有時能勾起投資意願，但不是從頭到尾都行。

📊 結論

一則好故事的神奇之處，在於創造連結，喚起行動。在本章我試著探討這魔法背後的技能。架構故事的方式，在近兩千年來，意外地變化並不多；數百年來，故事都圍繞著相同結構發展，無論是亞里斯多德根據戲劇的結構，還是坎伯發現了流傳久遠的神話，其核心都是英雄旅程。同理，無論是虛構的故事還是商業故事，都會一再回歸少數幾個基本故事類型。

到本章結尾時，我探討故事的架構和說一個好商業故事的步驟。把一個商業

故事講好，要從故事的架構和類型中學習，得了解事業、受眾跟自己，而且必須把精心研擬的簡單故事，反映現實而非虛妄。那些聽商業故事的人，也應該以開放心態查核事實，並願意接受商業故事不像小說，不會永遠都是令人嚮往的結局。

第 **4** 章

數字的力量
The Power of Numbers

故事創造連結、被牢記在心,但可說服人的是數字。即便是在最不精確的故事裡,數字也會給人一種精確感;而在需要主觀判斷時提出數據,也會讓人在應對不確定性時,比較安心。我將在本章開頭探討數字的歷史,追溯其古文明源頭,考察現代的定量模型(Quantitative Models)。然後檢視數字的力量如何支配人們,為什麼我們利用數字;以及近三十年來,數據如何發展得更易於蒐集、分析和傳播。最後,我會細查過度信任數字的危害,它們能如何誤導你我的想法,讓我們以為自己客觀又掌控著一切,但實際上並沒有。

📊 數字的歷史

最初的數字系統（Number Systems）要追溯到史前，是刻畫在石洞壁畫裡的那種計數系統（Tallying Systems）。古文明都有自家的數字系統版本。瑪雅的數字系統是60進位；埃及被認為發明了奠定現代數學的10進位制；而我們現在所使用的數字雖然被稱為阿拉伯數字，但最早使用的卻是印度人。後來阿拉伯人發現了零的神奇屬性，中國人則是研究出負數的潛在價值。

儘管有這些進步，但自有人類以來的大多數時間裡，由於數據難以獲得和保存、運算費時，分析工具又極其有限，因此只有少數人能使用數字。在中世紀，保險業的誕生和統計理論的進步，拓展數字在商業中的運用。但直到十九世紀金融市場的發展，才使得數字運用的動力增加，也是在此時處理數字的職業變多，加入了精算師、會計師和證券經紀人。

隨著上個世紀中葉電腦的發明，整體環境再度改變。隨著機器取代人工，擴大了處理數字的規模。儘管1970年代發明了個人電腦，但那些能取得大型、昂貴電腦系統的人（通常是大型企業、大學和研究單位）跟我們普通人相比，早已擁有顯著優勢。透過讓更多商人、投資人和記者做上一代只有少數被選上的人能做的事，個人電腦不但把數據的存取大眾化，也把分析數據所需的工具普及化。

📊 數字的力量

　　當機器的力量以指數速度擴張,決策上倚重數字的趨勢愈來愈明顯。企業討論著運用大數據來建議該生產什麼產品、該賣給誰以及如何定價;投資人也變得更加數字導向,因為有一票投資人(量化交易人)完全信任數據和分析數據的複雜工具。在本章,我會把重點放在數字如何吸引人的注意。

數字是精確的

　　在本書前面我提過一本書,叫做《魔球》,這本書的主人公是美國職業棒球隊奧克蘭運動家隊的總經理比利・比恩。[1]棒球在美國是歷史悠久的運動,但諷刺的是,這項運動會產生一大堆和球員的相關統計數據,主要是被用來說故事,說球探如何看見年輕球員的前景、球隊經理在比賽時如何做出正確的情境對策,以及球員如何揮棒或投球。比恩用他對數字的信念,改革這項運動——他藉由球賽所產生的大量統計數據,來決定誰能進他的球隊、在球場上該怎麼打。他成功以極其有限的預算組建出一支世界級的球隊,不但讓自己成為明星經理人,也讓棒球界起而仿效。在許多方面,麥可・路易士濃縮了說故事和數字之間的張力,「示範了面對科學方法時,一個不重視科學的文化會如何回應,或無能回應」[2],來描述傳統棒球圈的人面對比恩的努力時的反應,以為數字立論。

　　數字除了代表理性,也因為比故事更精確而能夠深植人心。正因如此,比

恩對棒球發起的革命才能廣為擴散。如今，由棒球統計學家和比恩的知識導師比爾‧詹姆斯（Bill James）所命名的「棒球統計學」，也出現在其他運動領域，吸引許多運動經理和選手趨之若鶩。奈特‧席佛（Nate Silver）是受過訓練的統計學家，他顛覆了政治權威產業，用數字來挑戰他認為傳統政治專家們所訴說的空洞故事。不意外地，最受數據革命顛覆的領域一直是商業，部分是因為有這麼多數據可供分析，部分則是因為數據運用得當的報酬很可觀。

在第2章，我指出社群媒體已為說故事建立一個平台，但有趣的是，社群媒體也展示其實人們非常在意數字。我們以按讚數來衡量臉書貼文的內容，以回推數量來衡量推特發文的影響力；此外還有證據顯示，人們偶爾會修改自己在社群媒體上的貼文，好吸引更多人注意。

數字是客觀的

我們就學時，都學過（並經常忘記）科學方法。最起碼照某間高中的說法，科學方法的本質是始於假設、進行實驗或蒐集數據，然後根據數據同意或推翻假設。這說法中隱含的訊息是，一個真正的科學家是不帶偏見的，而負責解惑的是數據。

在第2章，當我們檢視說故事的危害，我提到偏誤會滲透進故事，而聽者很難在故事的世界裡反擊。人們對數字這麼著迷，就是因為不管有沒有道理，數字都給人一種公正無私的感覺。儘管這種假設並不正確，但正如下一節各位將看見

的，無可否認的是，如果有人在提案時大幅倚重數據而非故事，儘管聽眾會較少產生共鳴，但還是有較高機率認為提案人是更客觀的。

數字意味著掌控感

在童書《小王子》（*The Petit Prince*）裡，小王子造訪一顆小行星，遇見一個數星星的人，有趣的是這個人認為只要全數一遍，他就能擁有這些星星。這個童話故事會引起許多人的共鳴，是因為許多人覺得只要衡量尺寸、編上號碼，就能讓他們更有掌控感。因此，即便溫度計只能顯示你發燒了，血壓計只能讀出你測量時的血壓，但兩者都能給你更加掌控自身健康的感覺。

在商業世界裡，「**你無法衡量，就無法管理**」成為一句箴言。這句話聽在某些旨在打造、滿足並支持衡量工具的企業耳裡，相當悅耳動聽。在某些事業領域，若能更精準地衡量產出和進展，將能帶來大幅進步。在管控庫存時，能即時追蹤庫存裡每個品項還有多少數量，能讓企業減少庫存的同時，又即時滿足顧客需求。然而，在許多產業裡，箴言卻被調整成：「**你能衡量，就代表已經管理**」，換言之，許多企業似乎是用更多數字，取代嚴謹的分析。

個案研究 4.1：量化投資的力量

　　量化投資的成長，最能體現數字在投資中的力量，推動量化投資的人，也直言不諱地說他們只根據數字而投資。事實上，他們是競相解釋其投資流程有多大比率都交由數據決定，以及他們使用的數據分析工具之威力。追溯量化投資的源頭，竟是被許多人視為「現代價值投資之父」的班傑明‧葛拉漢（Benjamin Graham）。葛拉漢為尋找價值被低估的企業，定下幾個選股條件。在他身處的年代，根據他的條件選股很難，當時數據是手工蒐集的，選股也是人工作業；在今天，選股毫不費力，而且幾乎不必花錢。

　　催生出現代投資組合理論的哈利‧馬可維茲（Harry Markowitz），對量化投資也有所貢獻。馬可維茲在1950年代想找出最有效（在特定風險之內，實現最高報酬率）的投資組合，卻苦於當時數據的取得和分析都受到限制。如今每一位配備個人電腦和網路數據的散戶，都能用股票建構有效的投資組合，但在數十年前，這會花上好幾周。

　　到1970年代後期，歷史報酬率數據和會計資料愈來愈易於取得，一股新的學術研究風潮興起，研究人員專注於過往數據，尋找系統性的模式。這股研究風潮的最早發現，是買入市值小一點的股票，投資報酬率會高於市值大的股票；而低本益比（PE）的股票績效超越大盤，則被

學術界視為反常，因為這不符合古典風險報酬模型的預測。對投資人和投資組合管理者而言，這些都是他們能利用市場的無效率，來產生較高報酬的商機。

　　近十年來，隨著可提供的數據變多（有些是即時提供）、電腦運算能力大爆發，量化投資演變成一種嶄新且帶有隱憂的形式。麥可·路易士在他的作品《快閃大對決》(*Flash Boys*) 裡，探討一群被稱為「高頻操盤手」的投資人，運用高性能的電腦掃描即時股價數據，尋找價格被低估的股票來進行交易。這些「暗池」(Dark Pools，指非公開市場的證券交易) 也因此完全由數字驅動，是投資過程中純由數字驅動的必然終極產物。

數字的危害

　　正如說故事若使用得當則有利，不當則有害；數字的優點如被處理數字的人用來圖謀不軌，也可能會迅速變成缺點。

精確的假象

以往我習慣把「精準」(Precise)和「精確」(Accurate)互用,直到一位數學家向我指出這兩個詞指涉的是不同事物。他用標靶來說明其中差異。「精準」,是指從模型抓到的結果彼此有多接近;而「精確」,卻是指在相同的輸入內容下,跟其他的實際數字相比時,所衡量到的最佳結果(見下圖4.1)。

換言之,你可以建立一個「精準」的模型但其實不「精確」;也能建立一個「精確」的模型但其實不「精準」。這種對比值得提出,是因為處理數字的學科,經常錯誤地重視「精準」大於「精確」。

你愈琢磨數字,就愈快體悟到數字看似「精準」、或被動了手腳以至於看似「精準」,但其實一點也不,尤其是預測未來。事實上,統計學嘗試坦言這種不精準,人們才會學到估算過程要以「**標準誤差**」(Standard Error)來揭露估值中的

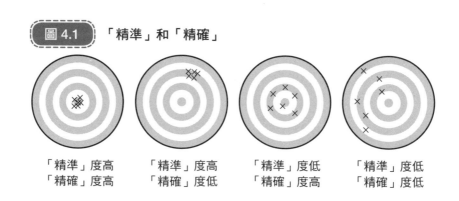

圖 4.1　「精準」和「精確」

| 「精準」度高 | 「精準」度高 | 「精準」度低 | 「精準」度低 |
| 「精確」度高 | 「精確」度低 | 「精確」度高 | 「精確」度低 |

潛在錯誤。在實務上，特別在商業和投資領域，這個建議遭受漠視，評估被當成事實，於是經常導致災難性的後果。

　　數字還有最後一個層面會增加不精準度。行為經濟學的一大發現，便是我們對數字的反應，不但取決於其大小，還有數字如何**被框架**。這是源於零售業者所凸顯出來的人性弱點，他們會把商品標價為 2.50 美元折扣 20％，讓消費者更傾向選購該商品，而非標價 2.00 美元的類似商品。有關框架偏誤，有一個更知名的例子，是在一場實驗中詢問受試者，當 600 人罹患致命傳染病時，要選擇哪一種治療方式，而每種治療方式的結果，如下表 4.1 所示。在正面表述的框架裡，儘管最後算出來的數字相同，但選治療方式 A 的受試者，卻比選治療方式 B 的多了 72％。在負面框架裡，最後算出來的數字也一樣，但選擇治療方式 A 的受試者，只比選治療方式 B 的多出 12％。以此類推，在商業世界的脈絡裡，相同數字若以不同表述框架來指涉，就能賺錢（正面）和賠本（負面），讓事業存（正面）或亡（負面）。

表 4.1　框架效應

框架	治療方式 A	治療方式 B
正面表述	會有 200 人存活	會有三分之一機率讓 600 人全數得救，三分之二的機率無人生還。
負面表述	會有 400 人死亡	會有三分之一機率無人喪生，三分之二的機率全都身故。

個案研究 4.2：歷史股權風險溢酬的「雜訊」

　　簡單來說，「股權風險溢酬」（Equity Risk Premium，以下簡稱 ERP）是跟無風險投資標的相比，投資人把錢放在股票（屬於高風險投資類別）所獲得的酬金價差。例如，假如投資人獲得保證（因有擔保而無風險）可每年賺取 3% 報酬，那麼要他們轉而投資股票，報酬率就得超越這個數字才行。以直覺來看，你會期待 ERP 是一個說明投資人風險趨避程度的函數（因為將更多對風險的厭惡，轉變成更高的溢酬），以及他們所認知的股票風險程度（因為理解風險愈高，會帶來愈高的 ERP）。

　　有鑑於 ERP 是企業財務和估值的重要輸入內容，我們該怎麼評估這個數字呢？多數從業人員將目光投向歷史，檢視過去投資人在股市賺取的報酬率，拿來跟無風險投資標的對照。在美國，這樣的資料庫能回推一百年甚至更久，儘管股市在這段期間早已擴張並成熟。若你假設美國財政部絕不可能違約，其所發行的證券（國庫券和公債）因此是受到擔保、無風險的投資標的，你就能從過去數據評估歷來的 ERP。例如，在 1928 年至 2015 年期間，美國股票年均報酬率是 11.41%，而公債的年息在同一時期則是 5.23%。這相差的 6.18% 報酬率，就被視為歷史 ERP，讓從業人員用於評估未來。

　　再多探究一下這個數字，應該要留意到這個平均數字背後的股市報酬率是波動的，其報酬率範圍，高者在1933年逼近50％，低者在1931年接近-44％。下圖4.2記錄了股市報酬率的這種波動性。

　　評估ERP為6.18％，並未加上其標準誤差為2.30％的警語。這是什麼意思？不嚴謹地說，這意味你的評估，正負都有高達4.60％的誤差，也就是說，你真正的ERP可能只有1.58％，或高達10.78％。[3]

　　若你導入的估算選項影響你的評估，則數字的可靠程度會更低。比起抓1928年至2015年這個區間，你也能抓更短（例如近十年或近五十

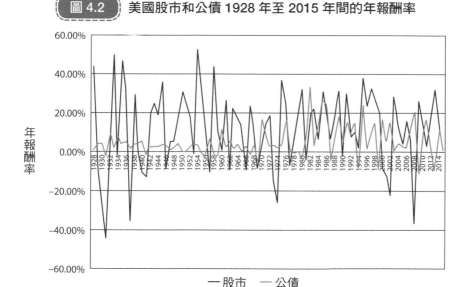

圖 4.2　美國股市和公債 1928 年至 2015 年間的年報酬率

一 股市　— 公債

資料來源：Damodaran Online (http://pages.stern.nyu.edu/~adamodar).

年）或更長（因為某些資料庫能回推到 1871 年）的區間。相較於十年期
公債，你也能選擇三個月期的國庫券或三十年期的債券。最後，你還能
把算數平均數換成複合年均數或幾何平均數。這些選項的每一個，都會
對 ERP 產生不同的估算值，如下表 4.2 所示。

　　因此，使用的時間區間不同、對無風險投資標的的衡量方式不同，
甚至是平均報酬率的計算方式不同，都會對美國的 ERP 之計算產生不
同結果。ERP 絕對只是估值，不是事實。

表 4.2　美國估算選項的年化 ERP 估值

	複合平均數		幾何平均數	
	股票—國庫券	股票—公債	股票—國庫券	股票—公債
1928-2015	7.92%	6.18%	6.05%	4.54%
1966-2015	6.05%	3.89%	4.69%	2.90%
2006-2015	7.87%	3.88%	6.11%	2.53%

客觀的假象

你框架數字的方式，能改變他人回應的方式，這個事實繼續為數字提供第二

個假象──**數字是客觀的**，處理數字的人沒有假公濟私。真的嗎？就如同下一章你將看見的詳情，蒐集、分析和呈現數據的過程，提供了諸多在流程裡摻入偏誤的機會。更糟的是，在老練的數字處理者手中，**數字隱藏的偏誤，會比故事裡隱藏的偏誤更難察覺**。

　　從聽者的觀點來看，有不同偏誤同時在起作用。你如何看待這些數字，以及你選擇哪些數字作為焦點，將取決於你所著重的信念。為了提供例子，我在我的網站上估算美國上市公司所支付的有效稅率。為提供綜合統計數據，我報告了每一個產業部門運用三種不同計算方式所取得的平均稅率，包括該產業部門所屬企業的簡易平均稅率、該產業部門所屬企業的加權平均稅率，以及只計算該產業部門獲利企業的加權平均稅率。年年都有記者、政治人物和工商團體使用我的稅率數據，而且經常用於支持各異其趣的意圖。工商團體旨在顯示他們繳了該納的稅，挑選能證明他們繳了最多稅金的稅率衡量標準。認為美國企業並未依照公平稅率繳納的倡議團體，在同一個表格裡看見的，卻是繳最少稅金的稅率，來支持他們的意圖。兩造都主張事實（和數字）站在他們那一方，沒有一方願意承認偏誤存在。

個案研究 4.3：ERP 的數字和偏誤

　　在個案研究 4.2，我解釋了不同的估算選項對 ERP 能產生非常不同

的估算值。從 2.53％（股市相對於國庫券的十年幾何平均 ERP）到 7.92％（1928 年至 2015 年期間股市相對於國庫券之算術平均 ERP）。我算出 1928 年至 2015 年期間的標準誤差是 2.30％，你應該不會感到意外。

你選擇引用的 ERP 會產生後果，而影響最大的是美國對公用事業（電力、水力）的監管。數十年來，這些產業中的企業，獲准在其所在地區壟斷經營，但回報是由監管委員會決定有多少公用事業能提高產品價格，以實現他們的報酬率。在過去數十年，公允報酬率都是以 ERP 為關鍵要素計算得出的；當 ERP 提高，報酬率也會跟著上揚。

不意外地，受監管的企業和監管當局，對於要用表 4.2 上的哪個數字看法不一。企業力促以其所能規避責任的最高 ERP 來計算，搞不好是用 7.92％ 來算，因為 ERP 愈高，報酬率也會愈高。另一方面，監管委員會偏好較低的 ERP，因為這會抑制產品價格，讓消費者開心。雙方都主張自己估算的 ERP 是根據事實，最後往往交給法律論壇或斡旋小組，得出折衷方案。

掌控感的假象

能衡量，不代表能控制。 就像溫度計能顯示你已經發燒，卻無法幫你治療。衡量投資組合的標準差（Standard Deviation，SD），也只是告訴你風險很高，但

無法為你免除風險。話雖如此，當你能夠衡量，確實能帶給你一種掌控感。你跟數字相處的時間愈多，就愈依賴使用各種衡量工具。

在企業財務和估值這個我畢生花最多時間的領域，我注意到這種現象在許多地方都可見到。首先，是經常出現在估值或專案分析附錄的假設或敏感度分析。在大部分案例裡，這些分析都發生在決策已經做成之後，我能提供的唯一解釋，就是分析師花這麼多時間在這上頭，是因為這給予他們更多掌控感。其次是分析師所留心的，經常是不相關的枝微末節。我會半開玩笑地說，不管是企業估值還是某些專案的投報率，若沒把握，我就會在最終數字的小數點後添加數字。

只因自己擁有先進的衡量工具，便欺騙自己掌控一切，除了會害你讓數字凌駕於普通常識之上，也會害你對眼前的危險不預先做好適當準備。很不幸地，這正是 2008 年金融危機發生在全球各地銀行的情況。在這場金融危機發生的二十年前，這些銀行發展出一種衡量風險的方法，稱為「風險價值法」（Value At Risk，VAR），能讓銀行以數字的形式，理解其金融業務預期虧損的最嚴重態勢。在這段時間裡，風險管理專家和學者們不斷改良風險價值法的計算方式，好讓它更強大、更複雜，並表明這麼做是意圖使其更有效。當銀行管理者愈來愈依賴風險價值法，他們也鬆懈了警惕，並做出結論：如果他們計算出的風險價值在明確的安全範圍內，那麼他們所承擔的風險，就都在掌控之中。2008 年，當風險價值法暴露其核心假設之弱點，假象也隨之被打破，而以為自身能免除災難性風險的各銀行，也終於發現他們並無法倖免。

個案研究 4.4：LTCM 可悲（但真實）的遭遇

如果你非常信任數字，那你該回顧長期資本管理公司（Long-Term Capital Management，以下簡稱LTCM）的經驗。該公司在1990年代初期，由前所羅門兄弟（Salomon Brothers）交易員約翰‧梅韋瑟（John Meriwether）創立，他承諾要招募金融界最頂尖的腦袋，在債券市場裡發掘並利用定價錯誤的機會。梅韋瑟兌現了第一部分的承諾，挖走索羅門幾個最優秀的債券交易員，還延攬了麥倫‧休斯（Myron Scholes）和鮑伯‧莫頓（Bob Merton）這兩位諾貝爾獎得主進來。公司成立的頭幾年，也達成第二部分的承諾，為華爾街的菁英們賺到亮眼的報酬率。在那幾年，LTCM是華爾街豔羨的對象，因為該公司利用低成本債務擴大資本以賺取豐厚報酬的，大多是安全的投資機會。隨著他們可支配資金愈來愈多，該公司必須擴大搜羅風險更高的投資標的，它也確實透過分析數據，找到這些投資標的。這件事本身不具毀滅性，問題是這家公司繼續使用和安全投資標的相同槓桿，在這些風險較高的投資標的上。該公司這麼做是因為其所打造的複雜模型顯示，儘管個別投資標的的根據過往歷史是有風險的，但不會同時爆發，因此該投資組合安全無虞。

1997年，隨著一個市場（俄羅斯）的暴跌擴散到其他市場，該策略崩潰瓦解。當投資組合價值暴跌，LTCM發現本身正面臨其大規模和高

槓桿的不利影響。由於無法在不影響市場行情的情況下平倉其大規模部位,又面臨貸方壓力,擺在 LTCM 眼前的,是注定要破產的結局。由於害怕會拖垮市場上的其他投資人,美國聯準會策動銀行主導的紓困方案,對這家公司伸出援手。

我們能從這場徹底的失敗,學到什麼教訓?除了嘲諷「有高層朋友真好」之外,你還能主張,LTCM 的倒下讓你學會,即便你能運用最聰明的腦袋、最即時更新的數據、最好的投資或商業模型,也不等於一定會成功。

數字能唬人

如果你是企業財務分析師、顧問或銀行家,面對多疑的受眾,讓全場靜默的一個簡單技巧,就是打開一個滿是數字的複雜表格檔案。若你的受眾對數字不自在尤其有效,但即便你的受眾有一定的數字涵養,大腦通常也無法一看到整頁的上百個數字,就能馬上理解。對數字控或他們的受眾來說,數字令人望而生畏並不是祕密。對數字控來說,這種威嚇在中止辯論和探究問題,以免數字中埋藏大規模、潛在的致命弱點被發現時是有用的。對受眾來說,數字為他們的不做功課提供一個藉口。當結果失敗,就像 2008 年對風險價值法那樣,數字處理者和使用者,都把他們的失敗歸咎於模型。

我知道我有能力,用數字嚇唬那些不同意我的估值或投資判斷的人。當被問及戳中我投資論點核心、搞不好還暴露弱點的問題時,我會急著想拉出一條公式,偏離問題或讓提問者對其提問的依據沒有把握;但我也知道,這麼做只會讓我的判斷顯得沒那麼可靠。

模仿問題

如果你的決策像某些純粹數字處理者所宣稱的那樣,全由數字驅動,那麼身為決策者的你將有大麻煩,理由有二。首先,你已經把自己定位成可完全外包的角色,除了能被更廉價的數字處理者取代,就連機器都可以取代你。畢竟,如果你強調自己在決策時能像機器一樣只由數字驅動,那在這樣的任務裡,一台如假包換的機器應該能做得比你更好。這當然就是新金融科技公司承諾提供的自動投資建議:這些公司像財務顧問一樣向投資人索取數字(年齡、收入、財務儲蓄和退休規畫),然後電腦會根據這些數字產出一個投資組合。

如果你反駁外包的說法是,你有比大多數人更好的數據、更強大的電腦,那麼你等於是為自己開啟了第二道問題:純數字驅動的決策流程,很容易模仿。比方說,假如你負責操盤一檔「量化對沖基金」,你打造了精深奧妙的定量模型以尋覓最佳個股並進行交易,那麼我唯一需要做的,就是查看你交易了哪些股票,因為只要我的電腦夠強大,就能複製你的策略。

旅鼠問題[*]

假設你生活在大數據的天堂裡，你跟每一個人一樣，都有龐大的資料庫和強大的電腦，能分析並理解數據。由於你們擁有相同數據，搞不好還使用相同工具，所以你們通常還會幾乎在同一時間，看上相同的獲利機會。當你們同時買賣相同股票，這過程會引發「從眾」（Herding）。這會怎樣呢？「從眾」會形成一種推進力，至少在短期內會讓你的決策更有說服力；但如果這個流程的表層之下（商業、市場或經濟）有結構性的改變，那麼這股推進力同時也會讓你陷入集體錯誤的境地。畢竟數據來自過去，而未來的走向如果跟過去不同，結構性改變的後果便是，依照數據產出的預測將站不住腳。

當我們愈深入數據驅動的世界、愈多人能取得數據，照理說我們將看見比歷史紀錄更多的經濟消長。然而市場的榮景比過去更狂熱，而當泡沫破裂時，死傷也將無可避免地會比過去更加慘重。

故事是解毒劑

如果數字的危險性是因為挾帶著掌控感、精確和客觀的假象，且容易模仿，

---

[*] 泛指在團體中盲目跟隨的行為。曾有紀錄片拍到旅鼠在恐慌時集體跳海自殺，後來證實是人類的誤解。

那要如何把故事加進數字中,來減少這些問題發生呢?第一,故事的本質是模糊不清的,而這提醒了我們無論數字看起來多精確,**改變故事將會改變數字**。第二,若能體會這點,也將消除你能以某種方式產出預測數字的觀念,因為**故事能被超出你掌控的力量所改變**。第三,當你不得不揭露支撐數字的故事,**你的偏誤不但全世界都能看見,你自己也能看見**。我也相信結合故事與數字的能力,會讓你在成功時他人很難效顰。不像模型能輕易拷貝,說故事有更多細微差別、更個人,因此很難精確重現。

不過就算把故事加入數字當中,至少有一個問題在短期內無法得到解決,那就是「從眾」。「團體迷思」會令人們搶購相同的股票和投資標的,因為數字帶領他們發現,也會帶領他們彼此強化故事的刺激。然而,有一種論點是,打破群眾狂熱的最佳辦法,是**結合非傳統(而且更務實)的故事,並以數字為後盾,來提升故事可信度。**

個案研究 4.5:量化投資的沒落

在個案研究 4.1 中我介紹了量化投資,視之為數據革命的真正高潮,是金融市場版的《魔球》,讓數字取代過往的虛張聲勢和說故事。接下來,我想檢視數字的危害——它們不精確、是偏誤的載具,又給人掌控感的錯覺——在量化投資的式微(至少某些方面)中所扮演的角色。

　　我們就從數字的不精確開始吧。如果你是金融市場中的「魔球理論派」，好消息是他們創造了巨量的數據，有些來自公司財務的檔案紀錄，但更多來自市場本身（價格波動、成交量）。壞消息是這堆數據是驚人的雜訊，就像你在個案研究4.2中看到的，就連市場層面，我對ERP所計算的標準誤差也一樣。幾乎每一個量化策略都建構在過往數據之上，而其保證（通常打著擊敗市場或超額報酬的名號）都伴隨著限定條件，表示過去不能用來預測未來，即便這麼做了，結果還是有很大的不確定性。

　　說到偏誤，儘管我們極力避免，卻非但不可能在你處理數字時阻止偏誤悄然而至，就連你解讀數據內容時都不可能。一旦你建立了量化分析策略，掛上你的名字，把它賣給客戶，你就走上一條存有偏見的路且回不了頭——你會沿路發現策略奏效的證據，即使其正在崩潰邊緣。

　　最後，直到付出如2008年市場危機的代價，才暴露了對沖基金對其投資成果的掌控是微乎其微。當已開發的市場歷經近代史中前所未見的扭曲（Contortions），根據歷史數據審慎建立的模型不光只是發出錯誤訊號而已，還為大量的投資人在同一時間發出。

　　我還沒打算判量化投資死刑，因為將其帶往最前線的力量，依舊在你我身邊，但我認為它的成功和失敗，透露了數字的希望與危險。量化投資想要興盛繁榮，必須為說故事找到一個位置，讓故事能跟數字結合。如果做到了，不但能更加成功，也會更難模仿和外包出去。

📊 結論

　　我天生受數字吸引，但出乎意料的是，我跟數字相處愈久，就愈懷疑純由數字驅動的論點。我所從事的金融數據由會計和市場兩者驅動，我知道數據中有多少雜訊，以及要根據這些數據形成預測有多困難。我相信科學方法，但我不相信這世上有許多本身毫無偏誤的科學家。所有研究都帶有偏見，唯一的問題是偏誤的方向跟程度。所以，當有人提出一個由數字所驅動的論點時，我的工作是探查此人論點背後的偏見，一旦找到就調整數字以反映其偏誤。最後，我學到了一件事：只因我在一個程序或變數裡加上一個數字，就認為自己掌控或理解了它，那是我的傲慢。因此，我能提供你許多衡量風險的數字工具，大部分都有卓越的學術背景，但為了理解真正的風險是什麼，以及它如何影響著身為投資人的我們，我還是每天都在跟偏見奮戰。

第 **5** 章
處理數字的工具
Number-Crunching Tools

　　如果你是數字控，現在應該算是黃金年代，因為拜科技之賜，幾十年前要花你好幾個月時間的任務，現在幾秒內就能完成。取得數字和工具是這麼輕易，讓人人都成了數字處理者，結果有好有壞，就像我們在上一章提到的，數字可以被誤用、動手腳或只是單純地誤解。在本章，我把數字處理的流程分成三個環節，始於蒐集數據，繼而分析數據，最後是向他人呈現數據。在每一個階段，我探討處理數字時能用來把偏誤與錯誤減到最少，或是看到別人提出的數字與模型時，能識破偏誤和錯誤的實務做法。

📊 從數據到資訊

現在是數據時代還是資訊時代？我不確定，因為數據（Data）和資訊（Information）代表截然不同的概念，這兩個詞卻可互相替換。數據是我們的起點，是原始數字，照這個定義，則我們是在數據時代，因為我們可以蒐集和儲存這些大量數字。數據必須經過處理和分析才會變成資訊，而這裡就是我們面臨的癥結所在。數據的激增，代表我們不但有更多數據需要處理，同時數據還可能提供自相矛盾的訊號而更難被轉化成資訊。因此，我們面臨的是「數據超載」，而非「資訊超載」。

從數據轉化成資訊的過程有三個步驟，本章將根據這三步驟逐一論述，因為每一步驟都有其希望與危害。

- **蒐集數據**：第一步是蒐集數據。在某些情況裡，這個步驟跟進入電腦資料庫一樣簡單。在其他情況中，則需進行實驗或調查。
- **分析數據**：數據一經蒐集，不但要概括和說明，還得在數據中找出關係，讓你用於決策。這是統計分析發揮作用的階段。
- **呈現數據**：分析數據後，你便能提出，其他人除了可看見、運用你從數據中費力蒐集而來的資訊，你自己也能對該資訊進行理解與判斷。

在這個流程的每一階段，當你涉及蒐集數據的爭論、統計論證，以及何處

該使用長條圖跟圓餅圖時，都很容易在細節裡迷失。你得記住，你最終是要運用資訊幫自己做出更好的決策，對這點有幫助的都有益，而讓你偏離這個目標的一切，都是分心。

蒐集資訊

處理數字流程的第一步是蒐集資訊，在人類大部分歷史中，這項工作耗時又只能人工作業。廣泛來說，**數據可來自有組織的實體**（政府、證券交易所、監管單位、私營企業）所維護的調查、實驗等紀錄。由於我們以電腦進行的交易愈來愈多，數據通常有線上紀錄，建立與維護資料庫的工作因而變得愈來愈簡單。

蒐集數據的抉擇

在使用數據時，有個根本問題是：數據要多少才足夠？冒著過度簡化這個選項的風險，你往往不得不在「嚴謹蒐集較少樣本，並精心整理成數據」以及「擴大樣本數，但挾帶著雜訊與有潛在錯誤的數據」之間抉擇。在做這個決定時，你應該遵循「**大數法則**」（Law Of Large Numbers），這是統計學的基礎之一。簡單來說，「大數法則」是指**樣本量愈大，從樣本中計算得出的統計數字就愈精確**。如果這聽起來不合理，更直覺的說法是：樣本規模愈大，在個別數據可能犯的錯

誤，平均下來就會愈小。

假設想了解這個流程而進行抽樣調查，那麼得決定這些樣本由什麼構成。比方說，在金融數據的情境裡，以下是你所面臨的部分抉擇：

- **上市公司與私營企業數據**：世界上大部分的上市公司，都得面對資訊披露的要求。他們必須公布財報，因此上市公司的數據，比其未上市的對手更容易取得。
- **會計與市場數據**：對於上市公司，我們不但能取得財報數據，還能取得金融市場的價格波動和交易數據（買賣價差、成交量）。
- **區域與全球數據**：許多研究人員，尤其是美國的研究人員，有集中使用美國數據的傾向，部分是因為他們更信任也更了解美國的數據；部分是因為對大部分的美國研究人員來說，更容易取得。隨著企業和投資人雙雙趨向全球化，聚焦於區域已不合時宜，特別是如果你做的決策會帶來全球性的後果。
- **定量與定性數據**：資料庫有嚴重向定量分析傾斜的傾向，部分是因為所蒐集的主要是這類數據；部分是因為定量數據比定性數據更容易儲存與檢索。因此，要獲知上市公司有幾名董事很容易，但要知道公司開董事會時有多少意見不合，就比較難了。社群媒體網站激增的後果之一，便是發展出解讀、分析與儲存定量數據更精細的技術。

你所選擇的數據類型會影響你所獲得的結果，因為你的抉擇可能在你的樣本數中製造偏誤，而且經常隱晦不明。

蒐集資訊的偏誤

對那些堅信數據是客觀的人而言，他們認為只需仔細檢視蒐集資訊的流程，就能消除這種看法。但在抽樣檢測時，通常會出現兩種明顯且具危險性的代表性偏誤。

選樣偏誤

一如我們在統計入門課都上過的，從更大的母體中抽樣，並取得對該母體的結論，絕對是合理的，但前提是抽樣是隨機的。這聽起來很簡單，但在商業和投資的情境中，要實現卻很難。

- 在某些案例裡，當你在樣本中所挑選的觀測值實現了你所要的結果，你所導入的「選樣偏誤」可能很明顯。例如，從一開始目標就是證明企業大都會進行良好投資的研究人員，可能會只採用標準普爾500指數（S&P 500）成分股裡的大企業當樣本。既然這些企業是美國市值最大的企業，他們能達到這個地位是因為過往的成功，他們有進行良好投資的歷史也不奇怪，但這個結果無法類推至市場上的其餘企業。

- 在其他案例裡，偏誤可能隱晦不明，且藏在你得決定蒐集哪些數據時，藏在你原本認為無害的選項中。例如，因為你能用的資料庫裡只有上市公司，所以你的樣本只能取自這些。可是你從這些數據中所獲得的結果，可能無法類推到所有企業，因為私營企業跟上市公司相比，有規模更小也更在地化的傾向。

　　一般來說，我發現在數據抽樣時，順便看一眼我的抽樣裡「排除了什麼數據」是很有用的做法，這麼做只是為了注意偏誤的存在。

倖存者偏誤

　　抽樣的另一個挑戰，是「倖存者偏誤」（Survivor Bias），指忽視了在抽樣範圍中，因故移除某些部分而造成的。說明「倖存者偏誤」的簡單案例，可參考我在紐約大學的同事史蒂芬・布朗（Stephen Brown）所做的對沖基金研究。雖然許多研究著眼於對沖基金的過去績效，並得出他們賺到「超額」（遠高於預期）報酬的結論，但布朗教授認為分析師們犯了一個錯：他們是從現有的對沖基金展開研究，再回溯這些基金的過去績效。分析師們這麼做，就會沒發覺對沖基金業務的殘酷現實，實際上績效最差的對沖基金早被淘汰出局，樣本沒納入這些早被電腦排除在外的報酬率。他的研究結論是，「倖存者偏誤」導致對沖基金的報酬率多算了2％至3％。一般而言，「倖存者偏誤」對失敗率較高的群體來說問題會更大，所以比起關注成熟消費品企業，對那些關注科技新創事業的投資人來說，會

引發更重大的問題。

雜訊和錯誤

在這個電腦數據年代，人工輸入的數據變少，我們已經學會更加信任數據，也許是太信任了。即便是最精心維護的資料庫，都會有**數據輸入錯誤**（Data Input Errors）問題，有些錯誤甚至大到足以改變研究結果。因此，研究人員有必要至少做一次數據檢查，以抓出重大錯誤。

另一個問題是由於數據不可得，或是數據沒進資料庫而造成的**缺失數據**（Missing Data）問題。有個解決辦法是排除缺失數據的觀測值，但這麼做不但會讓樣本數縮水，如果缺失數據在某些母體的子集中比其他子集更普遍，也會帶來偏誤。我愈來愈常面臨這個問題，因為我選擇將數據從美國為主轉向全球。舉個例子，我把租賃承諾（Lease Commitments）視為債務，並在看一家企業欠下多少時將其轉換；美國企業被要求必須披露這些租賃承諾，但在許多新興市場，尤其是亞洲，法規沒有這樣要求。我有兩個選擇，一是回歸傳統的債務定義，傳統定義本來就不包括租賃，但我就得將就這個比較蹩腳的財務槓桿衡量法了，而我本來有一半的全球樣本數，是有揭露租賃數據的；二是為了財務槓桿，排除樣本數中所有未揭露租賃承諾的企業，這麼做不但會少了一半樣本數，還會造成重大偏誤。我接受了折衷辦法：如果是美國企業，我使用租賃承諾；美國以外的企業，我則用當年度的租賃費用，來推算未來租賃承諾的近似值。

📊 分析數據

我對大學時的統計課樂在其中，但我確實覺得統計很抽象，很難連結到現實世界的案例。這很可惜，因為要是我知道統計對於理解數據有多重要，我會花更多心思在上頭。

分析數據的工具

當面對大型資料集，在進行更複雜的分析之前，你會想要先概述數據，做出概括統計量（Summary Statistics）。你著手的頭兩個統計數字是**平均值**與**標準差**，平均值代表所有數據點（Data Point）的簡單平均數，標準差記錄平均值周圍有多少變異數。如果數字的分布沒有平均散落在平均值附近，則平均值可能不是樣本中最具代表性的數字，要是這樣，你可以評估**中位數**（樣本中數字的第50%分位數）或**眾數**（樣本中出現次數最頻繁的數字）。還有其他概括統計量，是設計來記錄樣本中數字的**離度**（Spread）的，**偏度**（Skewness）衡量你樣本中數字的對稱性，**峰度**（Kurtosis）是跟你的平均值相去甚遠的數字出現的頻率。

對那些喜歡將數據的說明更加視覺化的人而言，你將常看到數字畫在圖表上的分布。如果你的數據離散，只能取有限的數值，你可以計算每個數值出現的次數，並建立**次數表**，然後畫成**次數分布表**。例如，在下頁圖5.1中的次數表和分布表裡，我報告了2016年初美國債券的評等（標準普爾評等，採用字母評價的

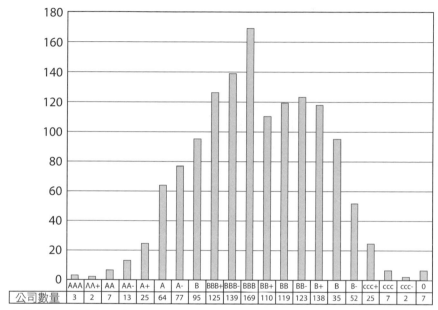

圖 5.1 美國企業的標準普爾債券評等（S&P Bond Ratings）

	AAA	AA+	AA	AA-	A+	A	A-	B	BBB+	BBB-	BBB	BB+	BB	BB-	B+	B	B-	CCC+	CCC	CCC-	0
公司數量	3	2	7	13	25	64	77	95	125	139	169	110	119	123	138	35	52	25	7	2	7

資料來源：標普智匯（S&P Capital IQ）之原始數據。

離散衡量法）。

　　如果你的數據是連續的（換言之，你可以取最大值跟最小值之間的任意數值），那麼你可以把數字再細分編組，計算每一組的數字，將結果畫成**直方圖**。如果你的直方圖接近標準化的機率分布（常態分布、對數常態分布、指數分布），便能利用這些標準化分布的屬性，對你的數據進行統計判斷。為了說明，我畫了美國企業市盈率的分布圖，其市盈率可在 2015 年底計算得出（見下頁圖 5.2）。

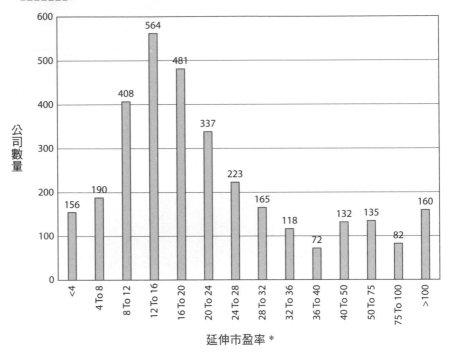

圖 5.2　美國企業市盈率，2016 年 1 月

資料來源：Damodaran Online (http://www.damodaran.com)

最後，還有用來衡量兩個或兩個以上的變數，如何相互移動的統計測量工具。這當中最簡單的是**相關係數**，是一個介於正一（當兩個變數全然一致地往同一方

---

* 　Trailing PE Ratio，指以企業過去 4 季盈利總和計算出來的市盈率。市盈率又稱為本益比，是以每股市價除以每股盈餘。

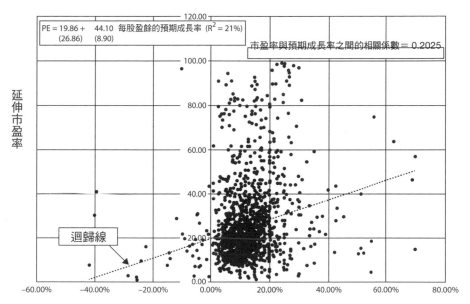

圖 5.3　美國企業的延伸市盈率與未來五年的每股盈餘（EPS）預期成長率，2016 年 1 月

向移動）與負一之間的數字（當兩個變數全然一致地往相反方向移動）。有個很相近的變體是**共變數**，共變數也衡量兩個變數的連動，但其數值不受限於正負一之間。要將兩個變數之間的關係視覺化，最簡單的方式是散布圖，上頭會標示出一個變數的數值相對於另一個變數數值的位置。例如圖 5.3，我畫出美國企業市盈率和盈餘預期成長率（根據分析師的估算），來看坊間認為高成長企業的市盈率更高的說法，是否為真。

　　總體而言，好消息是市盈率和成長率之間是呈現正相關的；但壞消息是相關性沒那麼強，只有20％。如果目標是用一個變數預測另一個變數，適合的工具是迴歸，你可以用它來找出最適合兩個變數的迴歸線。以圖表來說，散布圖中的**簡單迴歸**是最容易視覺化的，我在上頁圖5.3中標示了市盈率對預期成長率的迴歸結果。迴歸中括弧裡的數字是統計值t，當t大於2，表示顯著性差異。根據迴歸，預期成長率每上升1％，市盈率就會增加0.441，如此，你便能利用迴歸，以預期成長率10％來預測一家公司的市盈率：

$$預測市盈率 = 19.86+44.10（0.10）=23.27$$

　　需注意這個預測市盈率範圍很廣，反映出迴歸的低預測力（抓到的 R^2 值為21％）。迴歸最大的優勢是可擴展至多個變數，以單一因變數（你嘗試解釋的那一個）連結至多個獨立變項。例如，如果你想調查這些企業的市盈率與風險、成長率及獲利能力的關係，就能用成長率、風險與獲利能力的指標（獨立變項），進行市盈率的多重迴歸（因變數）。

分析中的偏誤

　　事實上，我們能任意使用統計工具，進行所有在上一節所描述的一切，甚至更多，這有好有壞，因為這為最適合歸類為「垃圾進，垃圾出」（指將錯誤、無

意義的數據輸入電腦，電腦也會輸出錯誤、無意義的結果）的分析，開啟了一道
大門。以下是我檢視商業和金融之數據分析情形的一些觀察：

- **我們太過相信平均值**：以我們可任意使用的一切數據和分析工具，你不會
  料到這一點，但是商業和投資決策中有相當大的占比，依然以平均值為基
  礎。我目睹過投資人和分析師爭辯著股價便宜，是因為本益比低於產業平
  均值；或一家企業負債太多，是因為資產負債率（Debt Ratio，總資產與
  總負債的百分比，是企業長期償債能力的指標）高於市場平均值。平均值
  著重分布卻不對稱，不但是個拙劣的集中度量，也讓我覺得不用其他數據
  是浪費。雖然1960年代的分析師可能會反駁說使用所有數據既浪費時間
  又難以管理，但是在今天的數據環境下，這算什麼可信的藉口？
- **常態並非常態**：統計課最可恥的後遺症是我們大多只記得常態分布。這是
  個極端優美又方便的分布，因為它不但僅以兩個概括統計量——平均數和
  標準差——就能充分表現其特色，還能自己提供機率陳述，例如「由於跟
  平均值差了三個標準差，這只有1％機率會發生」。可惜現實世界的大部
  分現象都不是常態分布，我們在商業與金融方面看到的數據尤其如此。就
  算這樣，分析師與研究人員還是繼續沿用常態分布來做他們預測和建立模
  型的基礎，然後又不斷為結果落在他們預計的範圍之外而大感意外。[1]
- **離群值問題**：離群值的問題，是它們讓你的調查結果變弱。不意外地，研
  究人員對離群值的回應是甩開這麻煩的根源。然而，移除離群值是危險的

博弈；這為偏誤開啟大門，因為離群值中不符合你的先驗（Priors）者很快被移除，符合先驗的則會保留下來。事實上，如果你認為你在商業與投資上的工作是處理危機，那麼你可以主張你最該關注的是離群值，而不是數據是否剛好符合假設。

呈現數據

如果你是為自己的決策蒐集與分析數據，在分析數據後，你可能已經準備好要下你的最佳判斷了。不過，如果你是為決策者或團隊處理數字，或需要向他人說明你的決策，你就需要設法向既不熟悉也不感興趣的受眾呈現數據。

呈現的選項

你所能呈現的第一個方式是**表格**，而表格有兩種類型。第一種是內含大量數據，能讓人在各別區塊中查閱特定數據的**參考表**，例如我在網站上依照產業部門製作的稅率數據表，就是參考表的一例。第二種是**說明表**，這是一種一覽表，目的是展現數據的次群組之間的差異（或缺乏差異）。

第二個方式是**圖表**，儘管有許多不同圖表，但最常使用的是以下三種：

- **折線圖**：折線圖最適合用來呈現數據中跨越時間的趨勢線，和比較不同的系列。在下圖 5.4 中，我檢視了從 1960 至 2015 年，美國股市的股價風險溢酬（ERP）和每年的美國債券利率。折線圖不但能說明在不同時期的升降情形，還能看出它們如何隨著無風險利率移動。
- **柱狀圖與長條圖**：柱狀圖與長條圖最適合用來比較幾個次群組的統計數字。例如，你可以比較五個不同市場或不同產業部門的公司市盈率，看當中是否有離群值。

 **圖 5.4** 1961 至 2015 年的 ERP 和債券利率

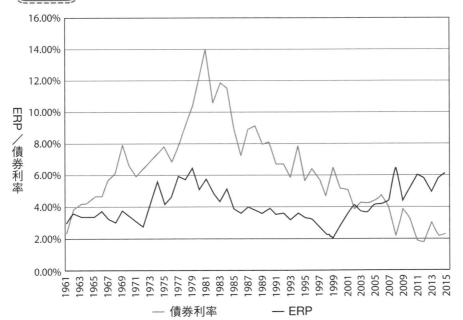

資料來源：Damodaran Online (http://pages.stern.nyu.edu/~adamodar).

- **圓餅圖**：圓餅圖是用來闡釋一個整體中由什麼部分組成。因此，我能用圓餅圖闡釋一家經營多種事業的企業，其營收或業務的各個部分。

我是統計學家愛德華‧塔夫特（Edward Tufte）的粉絲，在呈現數據方面他很有遠見，我同意他說的，我們需要超越愚笨的表格程式的限制，創造出更能在數據裡傳達故事的圖像。事實上，更有創意地呈現數據本身就是一門學科，並催生出研究新的視覺化工具（資訊圖表），以及進一步使用這些工具的新事業。

呈現數據的偏誤與原罪

我們已經在本章提到偏誤如何悄悄溜進這個流程，無論是隱含的還是說白的。在蒐集數據階段，它化身為帶有偏見的樣本，實現你想要的結果；在分析數據階段，則在你如何處理離群值時出現。不意外地，在呈現數據時，它也會找到辦法以細微但影響重大的方式溜進去，從縮小尺度來讓改變看起來更大，到利用資訊圖表來誤導而非讓人了解。

若說你在呈現數據階段該注意一個重點，那就是**少即是多**，你的目標不是讓決策者淹沒在3D圖表可疑的內容裡，而是為了更好的決策，加強呈現數據的方式。所以只提到兩個數字時，不要用到表格；當表格就夠用時，不要插入圖解；當2D圖解就夠用時，不要用到3D。我感到有罪，因為我曾幾度違反以上所有規則，搞不好本書後面我還會再犯，要是我違反了，希望你能告發我。

個案研究 5.1：製藥業——研發與獲利力，2015 年 11 月

　　為了解製藥產業，我的分析始於 1991 年。這一年起，美國健保支出開始激增。當時的藥廠是提款機，仰賴前期研發的大量投資。透過研發產生、通過 FDA 的核可流程，然後投入商業製造的藥品，一向除了支付研發總成本，還能滋生龐大的超額利潤。此一過程的關鍵是藥廠享有定價權，這是專利程序受到良好保護、健保支出大幅成長、醫療保險公司分裂，以及各個層面（從病患到醫院到政府）缺乏當責的結果。在此模式下，不意外地，投資人根據藥廠花在研發上的費用（認為成本一定會轉嫁給顧客）以及商品通路的成熟與平衡，而加以投資。

　　那麼，在過去十年，這個故事發生了什麼變化呢？健保成本的成長率放緩，使藥廠的定價權變弱。造成這種情形的原因很多，健保法規的變遷只是驅動因素之一。第一，我們看見更多醫療保險業者的合併，使其對於藥廠的藥價，增加了潛在的議價能力。第二，政府運用醫療補助的採購影響力，議出更好的藥價，政府也能對藥廠施壓，要求藥廠降低成本。第三，代表藥品分銷網路的許多藥房，也已經藉由私有化及合併，獲得定價流程的話語權。上述這些改變的最終影響，是提高研發回報的不確定性，不得不向其他大型投資案一樣受到評估：只有在為企業創造價值時，才是有益的。

　　為驗證藥廠在1991年至2014年間失去議價能力，以及研發不再像過往一樣是營收功臣的假設，我開始檢視下圖5.5中藥廠的平均獲利率，以不同的獲利衡量方式（淨收入、營業利益、稅前息前折舊攤銷前獲利和研發）逐年檢視：

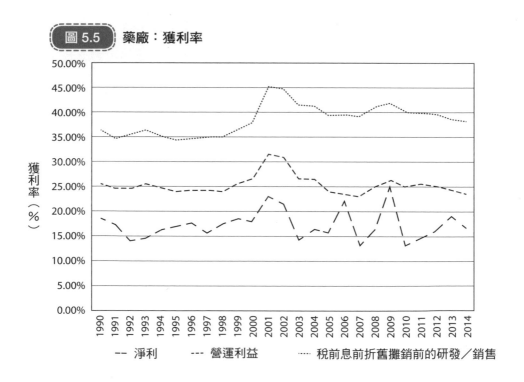

圖 5.5 　藥廠：獲利率

-- 淨利　　---- 營運利益　　…… 稅前息前折舊攤銷前的研發／銷售

由於這段期間獲利率只有微幅下降，變動不大，故支持這段期間定價權減弱的假設證據薄弱。

我接著在下頁表 5.1，根據營收成長率來看研發的投報率是否隨時間而放緩，方法是看 1991 年至 2014 年期間，研發費用占每年銷售的比率，和同年的營收成長率比較。

我知道研發費用和營收成長率之間有很大的時間遞延，但作為同期研發回報的簡化衡量法，我推算了研發對銷售成長的成長率：

研發費用比的成長＝營收成長率／研發費用占銷售的比率

儘管有其局限，但這個比率說明了藥廠研發費用的投報率衰退，在 2011 年至 2014 年期間趨近於零。

我們能從這項分析中學到什麼？第一，儘管美國醫療保險業發生重大變化，藥廠還是維持獲利。第二，藥廠裁減內部研發費用的情況，並未如某些報導所說的那麼多。第三，研發費用表格顯示，藥廠應減少研發支出而非增加，因為研發投報的成長率變得愈來愈低。最後，這項分析至少解釋了某些藥廠邁向併購之路的部分原因：鎖定購買年輕、規模小的企業，以獲得其研究路線的產品。

表 5.1　用營收成長率看研發的投報率

年度	研發費用占銷售的比率 （研發／銷售）	營收成長率	研發費用比的成長
1991	10.17%	49.30%	4.85
1992	10.64%	6.40%	0.60
1993	10.97%	3.58%	0.33
1994	10.30%	15.85%	1.54
1995	10.37%	17.32%	1.67
1996	10.44%	11.38%	1.09
1997	10.61%	13.20%	1.24
1998	11.15%	19.92%	1.79
1999	11.08%	15.66%	1.41
2000	11.41%	8.15%	0.71
2001	13.74%	−8.17%	−0.59
2002	13.95%	4.80%	0.34
2003	14.72%	16.26%	1.10
2004	14.79%	8.17%	0.55
2005	15.40%	1.49%	0.10
2006	16.08%	2.86%	0.18
2007	16.21%	8.57%	0.53
2008	15.94%	6.21%	0.39
2009	15.58%	−4.87%	−0.31
2010	15.17%	19.82%	1.31
2011	14.30%	3.77%	0.26
2012	14.48%	−2.99%	−0.21
2013	14.28%	2.34%	0.16
2014	14.36%	1.67%	0.12
1991–1995	10.49%	18.49%	1.80
1996–2000	10.94%	13.66%	1.25
2001–2005	14.52%	4.51%	0.30
2006–2010	15.80%	6.52%	0.42
2011–2014	14.36%	1.20%	0.08

個案研究 5.2：埃克森美孚油價揭露，2009 年 3 月

　　在第 13 章我將說明埃克森美孚（ExxonMobil）在 2009 年 3 月的估值，當時我面臨的主要問題是在進行估值之前，油價大跌了 6 個月（跌至每桶 45 美元），但埃克森美孚發布的大量財務數據（包括營收與獲利），反映的卻都是前一年平均油價每桶逼近 80 美元的情況。儘管很顯然的理解是近 12 月的獲利過高，但由於油價下跌，我還是面臨挑戰，依照較低的油價嘗試調整公司獲利。

　　為理解埃克森美孚獲利對油價的敏感程度，我蒐集了營業利益和每年平均油價的歷史數據，從 1985 年至 2008 年。數字見下頁圖 5.6。

　　我也對埃克森美孚的營業利益和每年的平均油價進行迴歸分析。結果公司的營業利益幾乎全由油價水準決定（R^2 值超過 90％），但你能運用迴歸分析獲得營業利益調整後的數字，這個數字是以普遍的油價每桶 45 美元計算的。

　　埃克森美孚油價調整　＝ -6,394.9 百萬美元 ＋ 911.32 百萬美元（45）
　　後的營業利益　　　　＝ 34,615 百萬美元

　　儘管這 345 億美元的營業利益遠低於前 12 個月的財報數字，但各位

會看到我是以這個營業利益數字,來為埃克森美孚估值。

圖 5.6　埃克森美孚的營業利益和每年平均油價

個案研究 5.3:價值毀滅的局面——巴西石油

　　在將數據分析轉化為說故事的簡報時,我並非特別有創意。但我還是對 2015 年 3 月我對巴西石油(Petrobras)如何置身股價毀滅的循環,使其市值蒸發近千億美元的分析(見下頁圖 5.7),感到自豪。

圖 5.7　摧毀股價的路徑圖：巴西石油，2015

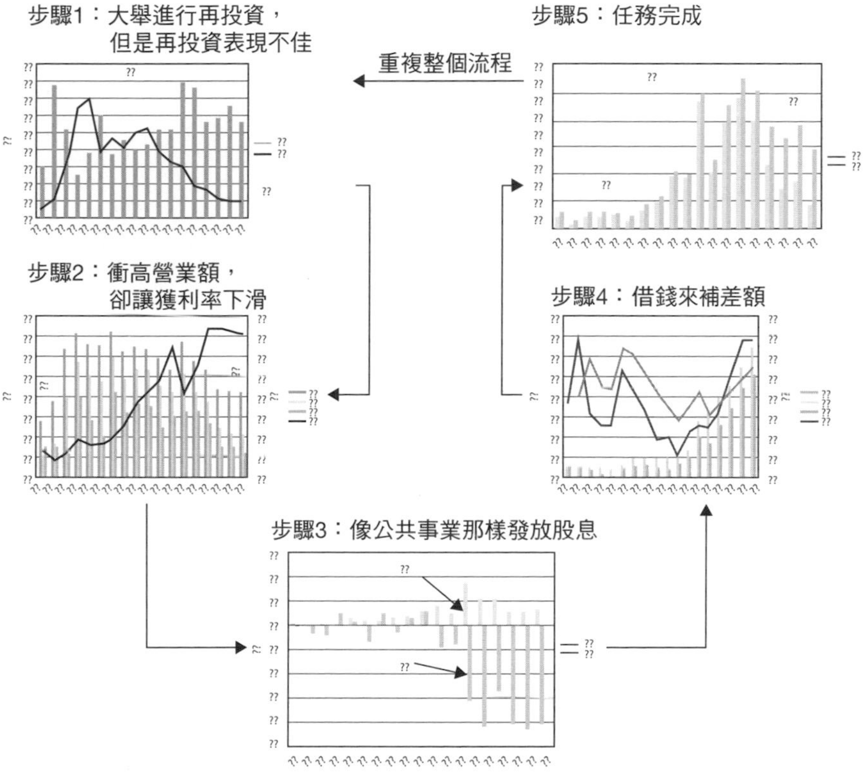

我確實是違反了許多數據資訊化的規則，嘗試在一張圖裡塞進太多東西，但我設法傳達的，不光是巴西石油一切措施的總和導致股價下挫，還包括這些措施如何合乎邏輯地從一個導向另一個。例如，無視獲利就大手筆投資新服務，必須發行新債以獲得融資，因為公司想要繼續

支付高股息。其最終影響是一個摧毀股價的循環，並一再發生，讓股價
以指數的速度下殺。

結論

在本章，我檢視了運用數據的三個步驟，從蒐集、分析，最後到如何以最好
的方式呈現數據。在每一步驟中，你都得和把數據塑造成符合你先入之見的強烈
欲望相對抗。如果你願意保持開放的心態，向數據學習，這三個步驟將增進你說
故事的技巧，從而引領你做出更好的投資與商業決策。

第 **6** 章

為故事建構一個說法
Building a Narrative

　　我已經提出說故事和處理數字的各種過程，現在該具體說明了。我在第 1 章探討了商業故事，亦即講述商業的故事，以及打造這些故事的過程。閱讀本章時，各位會注意到大部分內容聚焦在故事講者身上，所以如果你是聽眾，可能會納悶這些課程對你而言是否適用。畢竟，故事講者和投資人的利益有時可能背道而馳。例如，如果你是公司創辦人或經理人，你往往想要推銷事業突飛猛進的故事，因為這麼做可能會帶來更高的附加價值。而身為被推銷的投資人，你不但得檢查同一則故事的可信度（因為是拿你的錢去冒險），還得為這家公司發展出自己的故事說法（可能跟創辦人的版本相反）。就我的觀點而言，**一則好的商業故事，是聽者和故事講者的利益能夠交會、具有持久力，又有成功事業支持的故事。**如果你是某家上市公司的潛在投資者，你往往必須同時是故事講者（發展出鞏固價值的故事）與聽者（探究你的故事最無說服力的環節）。也就是說如果只是身

為一個被動投資人，最終將得不到利益；以及無論你是創辦人、經理人還是投資人，你最終都得扮演好故事講者角色。

📊 好說法的要素

在第4章，我探討了好故事的構成要素，在建構故事時我能從中汲取教訓，以支持一門事業或一筆投資。尤其是商業故事需要以下的構成要素發揮作用：

- **說法要簡單**。一則簡單而合理的故事，會比複雜且很難產生共鳴的故事，為聽者留下更持久的印象。
- **說法要可信**。商業故事必須要給予投資人根據故事採取行動的信心。如果你是個技巧夠純熟的故事講者，或許能僥倖不留下一個沒有解釋的未決事項，因為這些未決事項最後可能會危及你的故事，甚至是你的事業。
- **說法要啟發思考**。追根究底，你說商業故事不是為了拿到創意獎，而是激勵你的受眾（員工、顧客與潛在投資人）對這個故事買單。
- **說法要帶起行動**。一旦你的受眾對你的故事買單，你就會希望他們有所行動：員工選擇到你公司上班、顧客購買你的產品與服務，以及投資人把錢投入你的事業。

商業故事的說法，重點不在夠不夠具體跟詳細，而在整個大局與願景。

📊 前置工作

在為一門事業建構故事前，無論是故事的講者或聽者，都有一些功課要做。對於你所要說的故事，必須回顧該事業的歷史沿革，了解企業所經營的市場，並衡量競爭的情況。

企業

一則商業故事最合理的起點，就是你要介紹的企業。如果公司已營運一段時間，可從公司歷史開始，試著描述過去的成長、獲利能力和業務方向。儘管你在建構對企業未來的說法時，可能不受過去歷史的束縛，但你還是得知道過去的事實。

年輕企業從省思過去中得到的收穫將會比較少。研究年輕新創企業的財報，通常不意外地會得到以下結論：公司近期並未產生多少（如果有）營收，而且報告虧損時才會報營收。對於這些公司，身為投資人，藉由檢視經營這些事業的創辦人／所有人，以及他們的過去，和相同產業其他已獲公認的企業比較，你或許能學到更多。

市場

第二步是檢視企業經營或打算要經營的更大的市場。下頁表6.1包含一份清單，裡頭或許有部分問題，是你正努力想找出答案的。

對在成熟市場已經成名的企業而言，這份分析相對簡單，因為市場特性（市場成長率、獲利力和趨勢線）顯著，而且往往可以預測。如果你的公司正在成長或改變業務，你的工作會難得多，有的改變來自一門事業的充分發展；有的來自消費者行為的轉移（就像娛樂內容產業的消費者，轉移到串流上）；也有監管規定或限制的改變（例如解除監管後的電信業），或地理上的變動。在這些情況中，你除了要判斷事業的當前情況，還包括你如何隨著時間理解事業的成長。

也許最具挑戰的劇本，是要你嘗試為一家不斷成長又改變業務的年輕企業建構一個說法。例如在2013年為推特估值時，我必須研判它是否還算線上廣告業（這是推特2013年的營收主要來源），或是它可望利用其用戶數拓展至零售業，甚至搖身變成訂閱驅動模式（subscription-driven model）？以投資人身分看推特，你可能會很想推特的老闆與主管們給出答案，但你也深知他們跟你一樣不確定答案，而且往往更加心懷成見。

有些事業比其他事業更容易估值與理解。通常，評估與理解已經穩定的事業，會比正處轉變中的事業輕鬆些；而這兩種企業，前者以多數上市企業為代表，後者則以小型私營企業為主。也就是說，為較難評估的事業進行評估與理解，會比較好評估的更值回票價。

表 6.1　市場分析

項目	問題	註解
成長	整體市場的成長速度有多快？ 市場中有哪個區塊的成長比其他區塊更快嗎？	除了檢視一段時間內的平均成長率，你還會想查出跨產品線與跨區域市場有哪些轉變。
獲利能力	整體而言，該產業的獲利能力如何？ 隨著時間的推移，獲利能力有無趨勢可言？	檢視獲利率（毛利率、營業利益率和淨利率），並隨著時間算出報酬率的趨勢。
為成長而投資	這個產業裡的企業想要成長，必須投資什麼資產？ 為了帶來成長，公司在這個業務裡總共投資了多少金額？擴大規模有多容易？	製造業通常投資於廠房、設備和產線，科技與製藥業則多以研發的形式進行投資。
風險	營收與獲利隨著時間的變化程度如何？ 哪些因素導致營運數字改變？ 從事該產業的企業，傾向於承擔多少債務（或固定承諾）？ 從事該產業的企業，會因什麼風險而失敗？觸動失敗的因素為何？（支付到期債務或燒光現金）	企業的營收／獲利波動，可能是總體經濟的變數造成的，這可能包括利率、通膨、商品價格與政治風險，也可能是企業特定的變數造成的。

競爭

前置作業的最後一個區塊,是評估你當前的和潛在的競爭對手。根據成長、獲利能力、投資與風險這幾方面,來評估整個經濟部門或產業,你現在可以檢視市場裡的企業這些方面的差異。下頁表6.2包含的問題,可更能幫助你理解這個流程。

在評估過該產業裡的企業後,你將必須盤查你的企業如何適應這個競爭局面,並設想你的獲利途徑。在做這些決策的過程中,很容易預設這個世界靜止不動,而你的公司會快速從這個商機移動到下一個商機,開創新局並產生獲利,但這種假設往往不切實際。當你看見龐大商機,請放心,別人也一樣看見了;當你斷然利用這些商機時,別人也同樣準備好要採取相同的行動。你可以向「賽局理論」學習,這是經濟學的一個分支,研究多人競賽並嘗試預測賽局會怎麼進行。不光預測你自己會怎麼採取行動,也預測其他玩家的動向。你不會永遠是賽局裡口袋最深、最聰明或動作最快速的玩家,且如果你不是,評估時誠實以對(雖然很難)是有益的。

個案研究 6.1:汽車產業,2015 年 10 月

接下來幾章,我將為兩家汽車公司進行估值:接下來4章是法拉利,

表 6.2　競爭分析

項目	問題	註解
成長	該產業中不同企業的成長是否差異很大？ 如果差異很大，決定這些差異的因素為何？	如果產業裡企業之間成長速度不同，你將嘗試評估是否跟大小、區域或市場區隔有關。
獲利能力	該產業中不同企業的獲利能力是否差異很大？ 如果差異很大，決定這些差異的因素為何？	如果產業裡企業之間獲利程度不同，你將注意哪種類型的公司賺最多，哪種類型的公司賺最少。
為成長而投資	有無一個標準化的投資模式，是市場裡所有企業都在使用的？ 如果沒有，這些企業的獲利能力與成長有無因為模式不同而產生差異？	當公司在該產業中成長，你將查核其投資需求是減少（規模經濟與網路利益）還是增加（有了更多競爭對手）。
風險	該產業中不同企業的風險（盈餘變異性與存亡）是否差異很大？ 如果差異很大，決定這些差異的因素為何？	你關心企業之間的風險是否有差異（營運與存亡），以及如果有，是什麼導致這些差異。

從故事到估值依序闡述，並順帶提到福斯汽車（Volkswagen），以考察醜聞可能會（也可能不會）推翻一個故事的情形。我對這兩家企業，都會根據當前的汽車產業情形來假設其往後的改變。

　　汽車產業的歷史已久，能追溯到二十世紀初。其成長為製造工業經濟奠定基礎，有一段時間，只要汽車公司表現亮眼，國家經濟也會跟著成績斐然。然而這些璀璨的日子已成過去，如今的汽車產業含有不良產業的特性──企業集體賺得比資本成本少，大多數企業都在毀滅其價值。這話如果聽起來像是自以為是的過度概化，它其實是規模最大的汽車公司之一：飛雅特克萊斯勒汽車（Fiat Chrysler）執行長馬奇翁（Sergio Marchionne）的觀察。馬奇翁不害怕用投資人的語言說話，除了對公司遭遇的問題，對整個汽車產業的問題也都持開放態度。他已經提出這樣的主張一段時間，有時在公開場合、有時對其他汽車公司高層，更在一場分析師電話會議中，將他的主張具體化，發表名為「一個資本毒癮者的告白」之簡報。[1]在簡報中，他認為汽車產業在過去十年的進帳大多低於資本成本，如果沒有重大的結構性改變，將繼續表現不佳。

　　那麼，是什麼原因導致汽車產業（至少就整體而言）表現如此拙劣？放眼整個產業，以下是支撐汽車產業的三個特質：

- **是低成長產業**：汽車產業是景氣循環產業，其盛衰反映經濟的循環，但即便考量到循環特質，汽車產業也已是成熟產業。這一點反映在汽車公司的營收成長率上，參見下頁表6.3。在此期間，亞洲和拉丁美洲的新興市場經濟提供了銷售的顯著動能，但即便有這樣的動能，汽車產業整體的複合年成長率，從2005年至

表 6.3　2005 年至 2014 年，汽車公司的營收與成長

年度	總營收	成長率（％）
2005	$1,274,716.60	11.54
2006	$1,421,804.20	30.44
2007	$1,854,576.40	−1.94
2008	$1,818,533.00	−13.51
2009	$1,572,890.10	15.47
2010	$1,816,269.40	8.06
2011	$1,962,630.40	7.54
2012	$2,110,572.20	2.28
2013	$2,158,603.00	−3.36
2014	$2,086,124.80	5.63
複合成長率：2005-2014		

資料來源：標普智匯

2014 年，還是只有 5.63％。

- **獲利率很差**：馬奇翁提到一個關鍵問題：汽車產業裡的公司，基於其成本結構，普遍獲利率太低。為說明這一點，也為了著手評估法拉利的價值，我計算全球所有上市、且市值超過 10 億美元的汽車公司的稅前營業利益率（見下頁圖 6.1）。結果發現，非但虧損的企業超過四分之一，其稅前營業利益率的中位數，也只有 4.46％。

- **有高昂的再投資需求**：汽車產業一直都有廠房與設備的重大投資

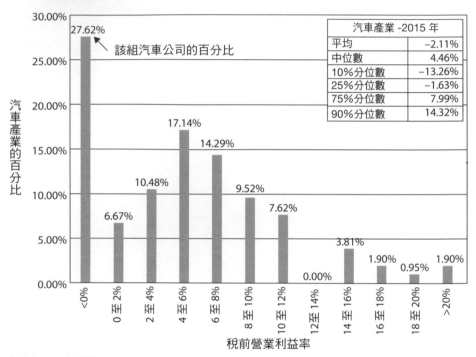

圖 6.1　汽車產業的營業利益率，2015 年 10 月

該組汽車公司的百分比

汽車產業 -2015 年	
平均	−2.11%
中位數	4.46%
10%分位數	−13.26%
25%分位數	−1.63%
75%分位數	7.99%
90%分位數	14.32%

汽車產業的百分比

稅前營業利益率

資料來源：標普智匯

需求，但近年來，汽車相關技術的成長，也推升汽車公司的研發支出。要衡量這對現金流量掣肘的情形，方法之一是檢視整個產業部門的淨資本支出（資本支出扣除折舊後的餘額），和研發占銷售額的百分比（見下頁圖6.2）。在2014年，汽車公司總共拿了其營收的5％回頭再投資，且大部分是花在研發上。

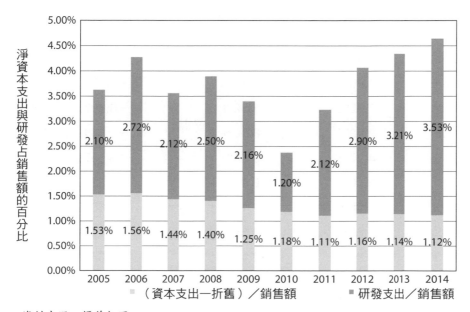

圖 6.2 汽車公司再投資金額占銷售額的百分比，2005-2014

淨資本支出與研發占銷售額的百分比

（資本支出－折舊）／銷售額　　　　研發支出／銷售額

資料來源：標普智匯

正是因營收成長疲軟、獲利稀薄，加上愈來愈高的再投資金額的組合，導致這個產業報酬低於資本成本，如第 128 頁表 6.4 所顯示。

在 2004 年至 2014 年之間，十年中有九年，汽車公司整體的資本回報率，是少於資本成本的。

捍衛維持現狀的人勢必會主張，這麼差勁的績效是整體樣本造成的，有部分企業表現比較好。

表 6.4 汽車產業的資本回報率和資本成本

年度	資本回報率	資本成本	資本回報率—資本成本
2004	6.82%	7.93%	−1.11%
2005	10.47%	7.02%	3.45%
2006	4.60%	7.97%	−3.37%
2007	7.62%	8.50%	−0.88%
2008	3.48%	8.03%	−4.55%
2009	−4.97%	8.58%	−13.55%
2010	5.16%	8.03%	−2.87%
2011	7.55%	8.15%	−0.60%
2012	7.80%	8.55%	−0.75%
2013	7.83%	8.47%	−0.64%
2014	6.47%	7.53%	−1.06%

為回應這個論點，我從市值、區域和市場重點（奢侈品與大眾車市場）來審視汽車公司，以下是我的發現：

- **公司市值大小**：把汽車公司依照市值分成五類的話（見下頁表 6.5），平均來說，市值最大的企業獲利率高於市值較小的企業，但資本回報率則是全都不出色。

- **已開發市場和新興市場**：既然過去十年汽車銷售額的大部分成長

表 6.5　從市值來看汽車公司獲利能力，2015 年 10 月

市值規模	公司數	營業利益率	獲利率	稅前資本回報率
最大 （大於 100 億美元）	31	6.31%	5.23%	6.63%
2	16	5.24%	5.57%	10.72%
3	14	2.43%	3.19%	3.40%
4	20	1.51%	-0.40%	2.02%
最小 （小於 10 億美元）	26	2.46%	2.56%	2.74%

表 6.6　已開發和新興市場的汽車公司，2015 年 10 月

類別	公司數	營業利益率	獲利率	稅前資本回報率
新興市場	73	5.01%	6.13%	7.54%
已開發市場	34	6.45%	4.91%	6.52%

是來自新興市場，新興市場的汽車公司表現優於已開發市場，是
有可能的。在表 6.6 中，我比較了這兩組企業的獲利能力。再一
次地，結果差強人意。就營業利益率而言，新興市場汽車公司的
獲利低於已開發市場的汽車公司；而在獲利率與資本回報率方
面，得分也只比已開發市場高一點點。

- **大眾市場和奢侈品市場**：超級豪華的汽車製造商（法拉利、奧斯頓馬丁、藍寶堅尼、布加迪等）以驚人的產品標價迎合超級富豪的需求，銷售量的成長速度也比汽車產業其餘公司快速，獲利也較高。比別人多出來的大部分成長來自新興市場的新興富人，尤其是中國。

我在為法拉利估值時，將利用這些對汽車產業的全體調查結果，精心建構這家公司的故事說法。

個案研究 6.2：共乘風貌，2014 年 6 月

我是在 2014 年 6 月讀了一篇新聞報導後，開始對優步產生興趣，報導指出優步在一輪創投（VC）中估值為 170 億美元。我在 2014 年 6 月發布了我對優步的首次估值，視之為具有在地（但非全球化）網路優勢的都會汽車服務公司。當時我的初步任務是評估該市場的規模與構成方式。但我碰到一個重大問題：至少在 2014 年中那時，汽車服務市場是很區域性的，不同城市有不同的規則與架構，而且有系統的資訊很少，導致這個行業比汽車產業更難加以估值。

- **市場規模**：我開始嘗試評估整體市場規模，方法是檢視全球計程車市場最大的城市（東京、倫敦、紐約，以及一些其他大城市），並查看貿易團體網站和監管機構對市場規模的評估。以紐約為例，我可以從紐約市計程車暨禮車委員會（New York City Taxi & Limousine Commission），取得2013年黃色計程車和有照汽車服務公司的總營收。可惜許多新興市場城市無法取得這類資訊，因此我估算都會汽車服務市場為1000億美元，當中有局部數據是推測的。

- **市場成長**：研究也顯示市場的成長率變低了，已開發市場約2％、新興市場約4至5％。這些資訊同樣是來自監管機構持續記錄與報告計程車年營收的市場。

- **獲利能力**：構成這個市場的私營計程車公司通常不肯公開帳冊，但我用兩個數字回推出結論，這是個相當有利可圖的市場，至少在共乘產業進來前是如此。第一個數字來自檢視全球少數上市的計程車公司，所發布財報中的稅前營業利益率多在15％至20％之間。第二個數字是看計程車經營權的市價，這在某些城市是公開資訊。以紐約市為例，2013年12月黃色計程車牌照的交易價格約落在120萬美元，於是推定每年獲利大約是10萬至12萬美元。

- **投資**：投資人若要從事這門生意，傳統方式是付錢拿到牌照經營

權（一次付清），再買輛計程車；如果投資人不打算自己開計程
車，那就雇用司機（固定薪資或讓司機抽成）。所以投資主要是
買下牌照，其次是買車。想要成長，你得兩者都投資。

• **風險**：監管對進入汽車服務業的限制，帶來了獲利與現金流量穩
定的整體結果，儘管在地的經濟情形還是會對計程車的營收造成
影響。2002 年時，紐約市經濟蕭條，計程車的收入也跟著減少，
更概括地說，該城市的計程車服務業反映了這段時間金融服務業
的健康情況。部分計程車公司暴險高於其他業者的唯一理由，是
因為借了更多的錢，或是出租他們的汽車，而這些固定支出必須
從縮水的收入中扣除。

　　2014 年的汽車服務業由於監管與分化的競爭，代表競爭對手之間
差距拉大，是由於監管限制而非公司特性造成的。

故事

只要你了解你經營事業所在的市場結構，便是準備好估值和建構你的企業故

事的第一步。由於這是一個疊代過程*，我的建議是，要是沒把握，可以從故事開始，然後在碰到障礙或矛盾的數據時重新探討。順著這個過程，你將不得不做出選擇，因為你的故事可以格局恢宏，也能細膩專注；可以維持現狀，也能挑戰既定的做生意方式（破壞）；可以訴說你打算長期經營的事業（發展中的事業），並涵蓋成長的光譜（從高成長到衰退）。當然，你說的故事必須符合你的企業實況。下一章，我將探討驗證故事是否不符企業實況的方法。

格局恢宏與細膩專注

在格局恢宏的故事裡，你描述一門目光遠大的事業，打算進入許多產業及／或許多地區；而在細膩專注的故事中，你對公司的願景只限特定產業及／或特定地區。你說，後者完全不是對手？確實，格局恢宏的故事較受員工和投資人的期待，也能讓你的事業標價標得比較高，尤其是在這個流程的早期階段。但格局恢宏的故事也會導致兩種代價：第一，當你同時受許多產業吸引時，可賠不起失焦的後果，而這將對你的企業有破壞性的影響；第二，你把期待值推高，要是沒做到，就會受懲罰。

也許這話我講得太早，但這是我在 2015 年 9 月，看到發生在優步和 Lyft 這兩

---

* iterative process，疊代指為了逼近所需目標或結果，重複反饋過程的活動。每一次對過程的重複稱為一次疊代，而每一次疊代得到的結果，會作為下一次疊代的初始值。

家共乘企業身上的對比。我在2014年6月對優步的初步估值時，評價它是一家都
會汽車服務公司，但優步接下來一年的言行舉動讓我重新思考我的說法，轉而視
其為一家全球後勤企業，並因此擴大其潛在價值。同一時間，Lyft窄化其經營重
心，先是在業務上（宣告將限於共乘），然後是區域上（決定只在美國本土拓展
業務）。我將在第14章重新探討這些企業，來看這些明顯差異對企業估值的影響。

建立與破壞

　　如果你描繪的企業遵循既定的商業模式，亦即就現狀而言它是怎麼營運的，
那麼你的故事很簡單。你還是得找到一個商業特點，如較低的成本結構，或是能
夠收取溢價，讓你能跟競爭者有所區別。相對地，一家打算挑戰既定商業實務的
企業，遵循的是破壞模式。同樣地，你選擇何者，取決於你正在評估的企業，以
及你鎖定的產業。

　　如果一家企業早已是現狀的重要成員，為它寫一個破壞市場的故事就很難有
說服力，這就是為什麼說特斯拉是一家搞破壞的企業，比說福斯會顛覆現狀容易
多了。事實上，如果你明白管理學家克里斯汀生（Clayton Christensen）的理論：
破壞式創新通常來自沒什麼可損失的企業，那你便可輕鬆訴說在企業生命周期早
期階段的公司，是如何搞破壞的故事。

　　這是這個訴求也需禁得起檢驗的另一個環節。一門事業要是經營得很有效
率，就很難被破壞。不光是早就站穩腳步的企業更能擊退破壞，顧客也沒那麼喜

歡轉移陣地。如果一門事業經營不善，以至於產業中的玩家賺得很少或賺不到錢，提供的產品與服務也令顧客感到不滿，那就是破壞風暴的完美產地。因此，優步有更強烈的理由去破壞市場，因為傳統計程車產業受到過度管制，績效不佳，處境狼狽，且沒人（計程車司機、顧客、監管機構）感到滿意。

繼續經營與有限生命

在訴說上市企業故事時，有個優勢是你可假設它們會永續經營，是擁有無限壽命的合法實體。雖然你在為上市企業估值時往往會選擇這條路，但有時另一種觀點可能會更好用。當你評估的是私營的法律事務所或醫療執業診所，或公開上市的自然資源信託（其股份是擁有自然資源礦藏，直至耗盡那一天），那麼你的故事會有生命期限，當期限來臨，你會完成工作（清算你的資產），為這個故事畫下句點。

有些人可能會主張，這些自然資源公司（石油、採礦）的故事本來就有生命期限，因為自然資源礦藏本來就有耗盡的一天。因此，當你說的故事是埃克森美孚「石油」公司時，你可能會決定，設定為「有期限的生命」會比較適合這個故事。相對地，如果你把埃克森美孚視為「能源」公司，那麼當石油耗盡，埃克森美孚接下來的事業重心將轉往下一種能源，則期限將會解除，於是你便可將這家公司視為能持續經營的企業。

成長光譜

你面臨的最後一項抉擇，是把公司放在成長光譜的哪個位置。一個大市場裡的新創企業，其成長可能是無可限量的；但在萎縮市場的衰退企業，你的故事很可能需要你隨著時間把公司規模縮小。不妨用接下來幾章我將分析的一些企業為例，一些高成長的故事顯然適合優步或特斯拉，卻不適合福斯汽車。對於像亞馬遜這樣的企業，這個抉擇可能是故事裡最有爭議的一點，因為對那些覺得亞馬遜規模已經很大的人而言，很難理解其高成長，而給予這家公司較低估值；而對那些相信亞馬遜會找到新市場和新產業的人，則認定其能維持兩位數的營收成長率。我將在第14章對傑西潘尼（JCPenney，全美最大連鎖百貨商店）這家公司進行估值，對這家公司來說，因為主要業務持續惡化，因此問題不是成長率將有多高，而是公司規模會縮小多少。

個案研究 6.3：優步的故事，2014 年 6 月

2014 年 6 月，我初次為優步估值，當時我對這家公司的產品和做法沒有太多觀察經驗。在研究這家公司如何營運時我很快就下結論，判定它不是計程車業，至少不是傳統定義的那種，因為它既沒有計程車，員工裡也沒有司機。反之，它擔任媒合者，媒合司機／車和找車搭的顧客，

圖 6.3　優步的商業模式，2014 年 6 月

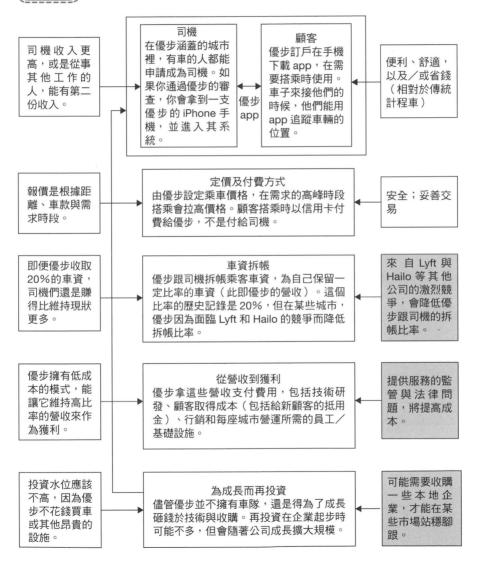

並從提供搭乘服務所收取的費用中抽成分潤。對乘客而言，其價值來自篩選過的司機／車（確保安全與舒適）、定價／付費機制（由顧客選擇服務級別，而且都已經報價）及便利（可在手機螢幕上追蹤要來接你的車）。

上頁圖6.3記錄了我在2014年中所理解的優步商業模式、我對優步在每一階段所提供的服務，以及該服務是否獨一無二的評論。

優步自2009年創立以來，一直都能維持指數速度的成長，其執行長特拉維斯·卡蘭尼克（Travis Kalanick，已於2017年卸任）宣稱公司規模每六個月就能翻倍。

要全盤了解優步，我仔細檢視故事一連串的關鍵環節，並對每一個環節寫下以下判斷，至少在2014年6月，我的判斷是如此：

- **業務**：優步目前是、未來也將維持是一家都會汽車服務公司。儘管它能拓展至都會的近郊並進入其他產業，但需求會減弱，擴張也不會有成本效益。
- **市場成長**：優步（和其他共乘服務）將會吸引新顧客（有些本來搭乘大眾運輸工具，有些本來開私人汽車）進入都會汽車服務市場。這將推升汽車服務市場的成長。
- **網路優勢**：優步的網路優勢將是在地的，這表示，如果優步成為某座城市最大玩家，會發現它在該座城市中要變得更大是很容易

的。然而，這樣的成功無法讓不同城市受惠——當另一個城市的共乘公司對手可能是最大玩家，並享有自身的網路優勢時。

- **競爭優勢**：車資跟司機二八分帳，對一家共乘企業來說是獨斷的，但卻被視為標準接受了，至少在美國是如此。優步的競爭定位夠強，讓它得以維持這個共享協議，並因此維持其定價權。

- **商業模式**：優步擁有低資本密集度的模式，讓它可以不必為了服務而取得車輛，並使其在擴張時維持很小的基礎設施投資額。該模式被認為可持續，優步也將持續這個商業模式。

- **風險**：優步是一家年輕公司，正在賠錢、需要新的資本持續挹注。它在實現成長率與取得健康的私人資本方面的成功，將使這家公司燒光資金的機率持續偏低，但依然是一門有潛在營運風險的事業。

這個故事會錯嗎？當然，但這就是投資與商業的本質。在下一章，我將會開始建立與故事一致的數字。

個案研究 6.4：法拉利的故事，2015 年 10 月（在首次公開募股前）

法拉利的故事要從恩佐·法拉利（Enzo Ferrari）說起，他熱衷賽車，

在1929年成立公司是為了協助、贊助駕駛愛快羅密歐（Alfa Romeos）的賽車手。恩佐在1940年製造出他的首輛賽車（名為Tipo 815），名為法拉利的汽車製造公司則是在1947年創立，當時製造廠在義大利的馬拉內羅（Maranello）。這家公司早期都由法拉利家族私營，據說恩佐本人認為，法拉利主要是一家賽車公司，只是剛好也對外販售汽車。1960年代中期，恩佐陷入財務困境，把公司50%股份出售給飛雅特（Fiat）。到1988年時，飛雅特持股已經來到90%（法拉利家族持有剩下的10%）。從那時起，這家公司一直都屬於飛雅特的一小部分（但很賺錢）。

　　要說明法拉利俱樂部的排他性，在2014年一整年，這家公司只出售了7255輛車，這個數字在過去五年沒什麼變化。這家公司在義大利扎根，銷量卻仰賴全球超級富豪，如下頁圖6.4所示，我在圖中畫出法拉利在世界各地的銷售情形。

　　請注意營收有好大一塊來自中東，且法拉利和許多其他全球企業一樣，成長愈來愈依賴中國。這種排他性與定價權所帶來的附帶結果，是法拉利在首次公開發行（IPO）前，財報中近十二個月的營業利益率為18.20%，比全球汽車產業平均值高出逾3倍。這家公司最終安然度過前十年的市場危機，而且表現亮眼，其銷量、定價權和獲利率，幾乎毫無損傷。

　　以這些數據為基礎，我對法拉利在2015年IPO時所建構的故事說

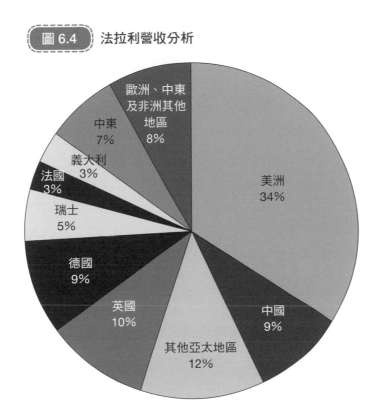

圖 6.4　法拉利營收分析

歐洲、中東
及非洲其他
地區
8%

中東
7%

義大利
3%

法國
3%

瑞士
5%

德國
9%

英國
10%

其他亞太地區
12%

中國
9%

美洲
34%

法是，它依然是家超級排他的汽車公司，維持低產量與高定價。這個策略的好處是高營業利益率，部分因為產品價高，部分因為該公司不必花太多錢在昂貴的廣告活動或銷售上。由於沒有產能擴張的必要，法拉利還將維持最低限度的再投資需求，但該公司還是會繼續投資研發以維持其優勢（速度與造型）。

此外，藉由鎖定世界各地非常小的一群超級富豪，法拉利可能比其他走豪華路線的汽車公司，受總體經濟因素的影響更小。接下來兩章，我將為這家公司，把故事轉變為估值的輸入內容並進行估值。

個案研究 6.5：亞馬遜，夢幻成真模式，2014 年 10 月

亞馬遜是真正精彩絕倫的成功故事。在 1990 年代時以網路書店起家，在那一個十年成為網路泡沫狂潮的典型代表；更了不起的是，它在網路泡沫破滅後存活下來。2000 年 1 月接近泡沫高峰時，我為亞馬遜進行估值，認為接下來十年其營收將成長 40 倍，同時也將轉虧為盈。[2] 此後數年，這家公司兌現的營收成長超越 40 倍，但並未達到我預期的獲利目標（我在 2000 年的預測），如下頁表 6.7 所示。

但請注意，沒有獲利不是因為計算錯誤或大環境不好，這是亞馬遜採用自身策略的結果，為追求更高營收而犧牲獲利。為實現此一目標，亞馬遜持續以低於成本的價格提供新產品及服務（Prime 會員、電子閱讀器 Kindle 和亞馬遜平板 Fire），來吸引和留住客戶。

2014 年 10 月，我為亞馬遜所寫的故事說法是，它正在追求如電影《夢幻成真》（*Field of Dreams*）的情節，向投資人承諾只要營收變多，

表 6.7　亞馬遜的營收與獲利：預測與實際情況

年度	營收（百萬美元）		營業利益（百萬美元）		營業利益率	
	我在 2000 年的預測	實際情況	我在 2000 年的預測	實際情況	在 2000 年的預測	實際情況
2000	$2,793	$2,762	−$373	−$664	−13.35%	−24.04%
2001	$5,585	$3,122	−$94	−$231	−1.68%	−7.40%
2002	$9,774	$3,392	+$407	−$106	4.16%	2.70%
2003	$14,661	$5,264	+$1,038	−$271	7.08%	5.15%
2004	$19,059	$6,921	+$1,628	−$440	8.54%	6.36%
2005	$23,862	$8,490	+$2,212	−$432	9.27%	5.09%
2006	$28,729	$10,711	+$2,768	−$389	9.63%	3.63%
2007	$33,211	$14,835	+$3,261	−$655	9.82%	4.42%
2008	$36,798	$19,166	+$3,646	−$842	9.91%	4.39%
2009	$39,006	$24,509	+$3,883	−$1,129	9.95%	4.61%
2010	$41,346	$34,204	+$4,135	−$1,406	10.00%	4.11%
2011	$43,827	$48,077	+$4,383	−$862	10.00%	1.79%
2012	$46,457	$61,093	+$4,646	−$676	10.00%	1.11%
2013	$49,244	$74,452	+$4,925	−$745	10.00%	1.00%
2014（近12個月）	$51,460	$85,247	+$5,146	−$97	10.00%	0.11%

獲利自然隨之而來。[**]

　　在我的故事裡，我主張亞馬遜將繼續走擴大營收之路，在不久的將

** 《夢幻成真》電影情節是，男主角聽到一個聲音說，只要在田裡蓋好球場，他的棒球偶像就會來打球。

來，繼續以低於成本的價格出售產品或提供服務，並最終會開始利用其
市場力量[***]實現獲利，但其市場力量也將受到零售業新進玩家所抑制。

個案研究 6.6：阿里巴巴，中國的故事，2014 年 9 月

要了解阿里巴巴，應該造訪其最重要的服務網站：淘寶。這是一個
混亂又繽紛的中心，個人與企業都能在此提供全新或二手商品，以固定
價格或可以殺的價格販售。雖然模仿 eBay，但淘寶有兩點不同：一是
較偏向中小型零售商，提供新商品販售，而非個人販售二手商品；二是
阿里巴巴不像 eBay 收取交易費，其營收主要來自廣告。

2010 年，阿里巴巴以天貓，為其事業開拓新陣線。天貓是一個網
站，旗下有經過挑選、規模較大的零售商名單，在此過程中扮演擴張角
色，負責攻占更大的交易大餅。在天貓網上，零售商支付一筆保證金給
阿里巴巴，要是買家收到仿冒品時用來賠償買家；還要支付一筆科技服
務費，支應維持商店營運的固定成本；以及一筆根據交易價值來決定的
銷售佣金。阿里巴巴還開發支付寶，這是一種類似 PayPal 的第三方支付

*** market power，指買方或賣方以不適當的方式影響商品價格的能力，如減產拉高市場價格，
或如亞馬遜用低於成本價以擴大市占率。

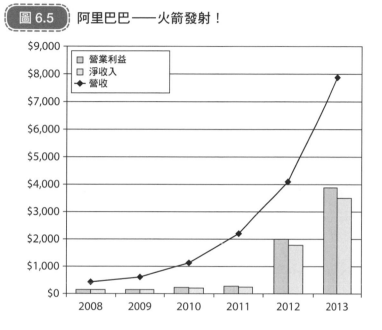

圖 6.5　阿里巴巴——火箭發射！

平台，過去幾年的成長已在中國線上支付市場占有壓倒性優勢。然而，我們評估阿里巴巴的IPO時，需注意投資人將不會得到支付寶的股份，因為支付寶已跟阿里巴巴分家，以獨立實體的身分營運。

　　阿里巴巴在兩方面雙雙告捷，一是協助網路零售商在中國站穩腳跟；二是在這麼做的同時變得非常賺錢。2013年，這家公司從80億美元的營收中產生逼進40億美元的營業利益，且它從小型新創企業到賺錢巨獸的進化速度超快，追蹤記錄參見圖6.5。

我認為阿里巴巴在中國網路零售業成功登頂的關鍵,有四個要素:

- **及早進入一個成長的市場,並將之塑造成優勢**:1999年阿里巴巴剛創立時,中國的網路零售業才剛起步。當時美國規模最大的網路玩家(亞馬遜、eBay 等)對這個市場不是漠視就是處理不當,而阿里巴巴不但適應了中國的情勢,還在中國躍升為世界第二大線上市場的過程中,在中國電子商務市場的演進和成長上扮演關鍵角色。中國電子零售市場與美國線上零售之間有個關鍵差異是,前者在歷史上不曾如此依賴線上市集(而不是實體零售商的線上網站),這主要是因為阿里巴巴的影響。

- **差異化與支配地位**:阿里巴巴如何打敗 eBay 和亞馬遜,對策略故事講者來說很有用,但其核心是阿里巴巴為什麼贏(eBay 輸了)的三個理由。第一是夠划算,阿里巴巴最初完全不收交易費,只仰賴不多的廣告費進帳,讓零售商覺得相對於其他競爭對手,阿里巴巴很划算。第二是阿里巴巴將其所提供的服務,塑造得符合中國文化與消費者行為,《經濟學人》將淘寶的特性描述為商店街,這個形容詞相當貼切,因為網站的設置正是為了讓買家和賣家彼此討價還價。第三,該網站還調和了中國零售市場一盤散沙的事實,數千名中小規模的零售商,欠缺能見度、信用和線上支付處理技能,而淘寶全都提供。能見度來自網站流量,信用來

自阿里巴巴系統的獨立驗證，費用由賣家支付；支付程序則由支付寶來處理。在 2013 年，中國透過阿里巴巴眾多網站完成的線上零售業務，約占 75％ 以上。

- **不貪心**：儘管中國大部分零售交易都是透過阿里巴巴的網站進行，但阿里巴巴抽成分潤的比率非常小。尤其是淘寶，其營收只有零售商為了在網站上架而支付的廣告費用，占總體交易價格的比率非常低。在天貓，阿里巴巴營收中的交易費占比高一些，因為有收取交易費，但也只占營收的 0.5％ 至 1.5％。收這麼少看起來或許不是好事，但已證實是阿里巴巴的競爭優勢，因為讓競爭對手很難暗中破壞，為顧客與零售商提供更好的交易條件。

- **避免自我標榜**：阿里巴巴似乎是不費吹灰之力（也沒花到什麼行銷成本）就產生這些營收，且這家公司並不渴望技術創新，研發成本可忽略不計。結果這些因素為這家公司帶來相當出色的統計數字：2013 年，稅前營業利益率近乎 50％，獲利率逼近 40％，以任何標準來看都非常高。

我為阿里巴巴寫故事情節時，適逢 2014 年該公司 IPO，後來我看到該公司繼續走相同路線，在中國市場上居於支配地位，獲利率非常高。同時，我把這家公司在中國市場的優勢視為弱點（如果其嘗試前進其他市場），並最終認定該公司是中國線上零售巨人，但不是全球玩家。在

第7章，我將在另一個故事版本中，把阿里巴巴視為全球玩家來進行估值。

📊 結論

一則好的商業故事要簡單、可信，有說服力。然而，說一則這樣的故事，需要同時理解企業和企業所經營的市場。這需要的不光是蒐集兩者的數據，還要運用第5章所闡述的工具，將數據轉化為資訊。不過，此一過程的關鍵，是體認到**數據不會說故事**。你是故事講者，這表示你必須願意下判斷，儘管判斷是依據數據和資訊，但還是需要判斷。你可能也會錯判，但那不是反映出你的判斷力薄弱，只是因為不確定性造成的。

如果有人為了尋求你的認可或資金而說故事給你聽，你必須照著故事講者做過的功課重做一遍（了解業務、市場和競爭對手），並運用所知找出最脆弱的環節。最後，如果你決定根據某個故事投資一門事業，你還得把它變成你的故事，才能消除故事講者和聽者之間的那條界線。

故事試講
Test-Driving a Narrative

　　虛構故事的限制，只有想像力能走多遠；而商業故事得根據真實。在本章，我將展開真實的流程——透過測試，依序核對**故事的可能性**（possibility）、**言之成理**（plausibility）和**發生機率高低**（probability）。在此過程中，我將檢視故事可能如何偏離正軌，從不可能發生的故事（童話）開始，以及創辦人與投資人如何以及為什麼，有時會並肩同行；接著繼續探討言之不成理的故事，以及為什麼這種故事有時會獲得市場青睞；最後是不太可能成真的故事，以及當中有些故事，是如何實現的。

📊 3P 測試：有可能發生、言之成理、很可能成真

當建構好一則企業故事時，第一個測試是確保故事**有可能發生**。如同你在本章後面將看到的，有些故事連這個非常弱的測試都過不了關，也因此，這些故事注定要變成商業童話。你可能會問，怎麼會有人的錯誤認知大到能講出一個不可能發生的故事？然而當沉浸在說故事的激動中，身邊又都是想法跟你一樣的人，這就有可能發生。

第二個測試是確定所說的故事**言之成理**，這是一個更強的測試。故事要言之成理，你必須提供一些證明它可能發生的證據，先指出其他公司做到了，再提出自家公司的歷史與這些成功企業的相似處。

第三、也最難的測試是確定說的故事**很可能成真**，這需要你願意量化你的故事，盡你所能地判斷故事將如何以數字呈現。不是所有有可能發生的事都言之成理，許多言之成理的故事在這個測試裡都栽了跟頭。

為什麼你該在意這個區別？傳統估值法大多建立在很可能成真的故事上，你可以根據機率，以營收、獲利和現金流量的形式，用公式算出期望值。言之成理的故事有一個好機會，主要是你所預期的未來成長率。至於「有可能發生」（亦即可能發生但你沒把握，你甚至不知道會發生什麼），傳統估值法有失敗的傾向，而且你必須利用所謂的「實物期權評估模型」（real options models）。我把這些差異，記錄在下頁圖 7.1。

要舉例，可以想想我曾提過的 2014 年 6 月的優步，當時我描述這是一家都會

圖 7.1 評估可能發生、言之成理與可能成真

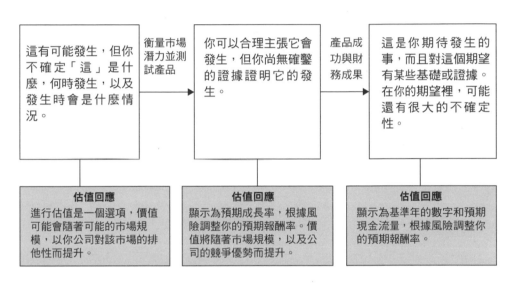

發生的機率

無法評估　　　　　　　　　　低　　　　　　　　　　升高

| 這有可能發生，但你不確定「這」是什麼，何時發生，以及發生時會是什麼情況。 | 衡量市場潛力並測試產品 → | 你可以合理主張它會發生，但你尚無確鑿的證據證明它的發生。 | 產品成功與財務成果 → | 這是你期待發生的事，而且對這個期望有某些基礎或證據。在你的期望裡，可能還有很大的不確定性。 |

估值回應
進行估值是一個選項，價值可能會隨著可能的市場規模，以你公司對該市場的排他性而提升。

估值回應
顯示為預期成長率，根據風險調整你的預期報酬率。價值將隨著市場規模，以及公司的競爭優勢而提升。

估值回應
顯示為基準年的數字和預期現金流量，根據風險調整你的預期報酬率。

汽車服務公司。這樣的特質顯然符合「有可能發生」和「言之成理」測試，因為優步當時早已在數十座城市中營運。在我所預測的未來營收和現金流量當中，我運用了機率，並盡我所能地判斷可能的結果。當時估值時，有談到優步進入郊區市場跟租車公司競爭，這是對其既有商業模式的合理擴張。我認為整體市場擴張以及該市場成長率將會更高，是有可能發生的。最後，有些人主張優步將侵蝕汽車市場，可能導致都會區買家不買汽車，郊區家庭略過購買第二輛車，這聽起來有可能發生，但在 2014 年 6 月我沒看到這個情形發生的證據，也就沒納入對優步

圖 7.2　優步的「有可能發生、言之成理和很可能成真」之分析，2014 年 6 月

優步（我的故事版本）

有可能發生
汽車持有市場
期權價值

言之成理
郊區汽車服務與租車市場
更高的成長率

很可能成真
都會計程車市場
整體市場規模、
營收與盈餘

的初步估值當中，雖然我可能會考慮加個「期權價值」（option value）。圖 7.2 概括了優步的這三個範疇。

　　有可能、言之成理和很可能成真之間的分野，不是每一次都那麼容易區別，不過我發現一種簡單的技術，在思考**不**可能發生（impossible）、言之**不成**理（implausible）和**不**太可能成真（improbable）的區別時很有用。「不可能發生」和「不太可能成真」是可量化的，前者是因為將事件即將發生的機率確定為零；後者是因為替即將發生的事件加上一個機率數字（雖然很低）。「言之不成理」是中間的糊塗帳，因為不能證明它不會發生，又很難加上一個機率的判斷。冒著聽

不可能發生	言之不成理	不太可能成真
發生的機率為零	「聽起來不對」的故事，但你無法證明它不會發生，或加上一個可能發生的機率	發生的機率很低，但可以量化

圖 7.3　懷疑的連續體

起來摸不著頭緒的風險，我在圖7.3把它放在「懷疑的連續體」的中間位置。

　　用這個光譜來拆解故事，還能讓我們理解不同的投資方法，將如何思考投資故事和投資價值。有經驗的價值投資人不再使用葛拉漢在《證券分析》[1]一書中以「股息」為基礎的估值模型，並提出箴言，將投資在故事「非常有可能成真」的公司——即便抱怨，他們還是偏好具有完全確定性的那些企業。比較積極的價值投資者，可能會在機率的路上多冒點險，買進收穫機率低一點的高價股。成長股投資人必須更願意押注在「言之成理」的故事情節上，將它們納入成長預測中，接受這些預測將伴隨更多風險。晚期（Later-stage，指新創企業接近IPO之際的「新創」晚期）的創投業者傾向於集中在「言之成理」光譜的較低端，投資於有前景和潛力的企業（另一種聯想到故事言之成理程度低的方式）。早期的創投業者則正抓住「有可能發生」的故事，很清楚這其中只會有一部分變得「言之成理」，更少故事能成功走到「很可能成真」的光譜那一端。下頁圖7.4記錄了投資方法的範疇，以及其落在「有可能發生」到「很可能成真」的何處。

圖 7.4　故事與投資類型

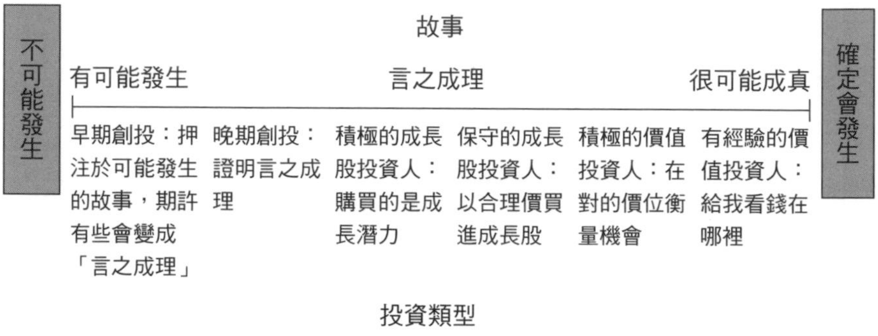

為什麼你應該在意這個區別？一則故事要有效，你必須找到正確的受眾。對一家年輕、商業模式還不成熟的科技新創企業來說，如果受眾是在奧瑪哈舉辦的波克夏年度股東會裡的價值投資人的話，一場卓越的銷售簡報將徹底失敗；同理，矽谷的創投業者也不會接受精彩的銷售簡報，是來自會發現金股利、低成長的企業。

📊 不可能發生的故事

會讓一則故事「不可能發生」的原因是什麼？當故事中的企業在某個時間點，打破了不可違反的數學、市場或會計限制。在許多案例裡，故事講者甚至沒

意識到自己已經越線，因為引發犯規的動機曖昧不明或自動執行。在此節，我會列舉一些這類不可能發生的故事。

比經濟體更大

在講述一則成長故事時，主張你的公司會隨時間拓展完全沒問題，不過我想我們都同意，**沒有企業能拓展到比其所在的經濟體更大**。這或許人盡皆知，但我很驚訝，我經常看見在估值裡違反這個簡單的數學限制。

當檢視一家公司的內在價值，或是這種價值最常見的形式：「現金流量折現法」（discounted cash flow valuation，DCF，指計算未來的現金收入，折算成現在的價值），在幾乎所有產業裡，最大現金流量都是最終價值。這個數字通常估算未來 5 年或 10 年，應該能反映該企業在未來某個時間點的內在價值。在真正的內在價值裡，最終價值可用以下兩種方式擇一計算。一是**清算價值**，如果你的企業壽命有限，並打算在企業結束營業時清算資產，便可使用。更常見的是，起碼在持續經營下，最終價值的計算是**假定現金流量會以恆定不變的速率成長**，產生一個數學的無窮級數，以及在這個數值之外的一個所有現金流量當前價值的無期限成長公式：

第 N 年的終值＝第 N+1 年的預期現金流量／（貼現率－預期成長率）

　　該公式經常在世界各地的財經課堂上教學、被分析師不假思索地套用，且由於種種錯誤的理由，這個公式是估值時令人不安的源頭。

　　當分析師要計算一家企業的價值，而以8％的資本成本與9％的預期成長率代入這條公式，並得出一個負數的終極價值時，往往會感到心煩意亂。在他們對這個模型大發雷霆之前，他們應該知道，這個模型裡的預期成長率是恆定不變的，而預設一個永遠9％的成長率（以美元計算），就是在逼出一個不可能發生的故事。如果一家企業在夠長的時間裡以9％的速度成長，它將變成一個經濟體，而即便有全球化的優勢，到了某一個限度，也會無法再繼續成長。簡單來說，任何恆定不變的成長率，都不能超越一個經濟體的名目成長率。

比市場更大

　　在估算獲利與現金流量時，通常從未來幾年的營收開始算起。當企業具有高成長潛力，看到營收成長隨時間以指數速度成長並不令人意外。但有一個警示：**無論你認為一家公司在市占率爭奪戰中能多成功，最終其市占率都不可能超越100％。**

　　許多估值也違反了這個明顯限制，而會這樣，有個理由是我們信任過去的成長。在為一家企業建構故事時，很自然（也很明智）會去查看過去成長有多快速，而這些過去的成長率對企業生命周期尚處早期階段的公司來說，都可能是天文數字，部分原因是這些公司是從很小的基數開始成長。例如，一家公司營收從100

萬美元增加到 500 萬美元,財報說成長率為 400%。如果你的故事建立在假設這家公司能長期維持這個成長率,你的營收很快就會接近整體市場,然後超越。

要控制這一點,你必須加入一項假設條件,預設**企業愈大,規模擴大的難度愈高,未來幾年將低於過去幾年的成長率**。就像一次健全性測試(sanity check,一種快速估算結果是否可能或合理的基本測試),評估你進入後的整體市場以及未來幾年你為公司打下的市占率,也是一件好事。

獲利率逾 100%

獲利率的算法是「公司的獲利除以營收」。如果你正在評估一家擁有強勢定價權的企業,建構一個以高獲利率驅動價值的說法很合理。話雖如此,獲利率也不得超過 100%,無論這家企業的定價權有多強勢。

最有可能違反這條不可能定律的故事是**效率故事**,這種故事主張企業(無論是因為流程創新還是管理創新)將可隨時間實現獲利的高成長,即便營收持平或成長緩慢都一樣。這種故事裡的成長,短期來看十分合理,但如果說這樣的成長能長期噴發,那就是幻想。記住,只要你削減成本(藉由提高效率),你的獲利率就會提升,但要是預設獲利率會提升很久一段時間,後續看見獲利率破 100%,就不該感到意外。

零成本的資本

事業成長需要資本，而供應資本的人是為了賺取報酬而投資。如果資本來自債務，債權人要求的報酬會先講明，而且會採取利息的形式；但如果是股票，會有很多一廂情願的想法，因為大部分成本是隱含的。換言之，當投資人買下股份，他們希望能以一或兩種形式獲得報酬：一是持有股票時發放股利；二是賣出股票時賺到價差。股利代表公司明確的現金流量，而價差則曖昧不明。

正是股票報酬未先言明的價差部分，讓許多企業把其發行的股票視為零成本，或接近零成本。我聽過一些財務長主張現金殖利率（股利占股價的百分比）是其股票的真實成本，這讓股票成本的數字很低，也讓美國60％不發放股利的企業成本為零。這是個禁不起檢驗的論點，因為沒算到預期的股票價差，也是股票投資報酬的一部分。

📊 言之不成理的故事

許多故事都糾結在言之是否成理，特別是故事講者對市場動態所做的假設，其中又以他們預設競爭對手、顧客、員工與監管機構將如何回應公司的行動為最。

市場動態

　　假設你的故事說到一家公司，這家公司在一個非常競爭的產業裡經營，而你認為這家公司將拿下更高的市占率。這聽起來言之成理，但要是你還宣稱這家公司能同時提高產品價格與獲利率，那就言之不成理了。畢竟，在一個競爭激烈的產品市場，如果提高價格，市占率應該變低而不是變高。幾乎對故事裡的每一個環節，你都要考量別人聽了將作何反應，以及根據他們的反應，你的答案是否還站得住腳。如果你的故事是砍員工的薪資福利來增加獲利，那麼只有在員工被砍薪酬後還繼續為你工作，這個故事才有效。

大市場錯覺

　　在某些案例裡，個別公司言之成理的情形，放到整體來看卻可能變得言之不成理。有個經典例子，我稱為**大市場錯覺**，是企業注意到一個大市場（中國、雲端、共享、線上廣告）並被所看見的商機吸引。要理解（近乎）理性且（大多）精明的個人，如何被大市場潛力蒙蔽而陷入集體非理性，你可以假設你是一位企業家，想出一種很有市場潛力的產品，根據你的評估，你能說服創投業者投資你的事業（如下頁圖7.5所示）。

　　注意，在這張圖裡，人人的表現都很理性。創業家設計出一個在他或她看來能滿足一個大市場需求的產品；而創投業者們支持這個創業家，是因為看見產品

圖7.5　當企業家看見大商機

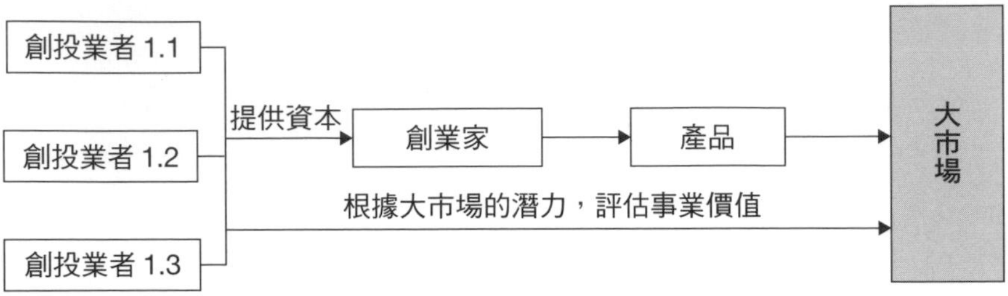

背後的獲利潛力。

現在假設還有另外六個創業家在幾乎同一時間，跟你一樣看見大市場的潛力，並做出產品來滿足市場需求，而且每一位也都找到創投業者，來支持他們的產品與願景。下頁圖7.6描繪了這個世界。

為讓賽局變得更有趣，讓我們把這些企業家變得更聰明、對產品更了解，同時也讓創投業者更精明、更懂商業。如果這是一個理性市場，每一位企業家和他／她的創投業者後盾們，都應該評估市場潛力和勝算，以及當前和未來的競爭，再來對他／她的事業進行估值。

現在讓我們增加一個導致理性偏離的意外變化，並讓創業家與創投業者都過度自信——前者覺得自己的產品勝過競爭對手，後者太過相信自己挑選贏家的能力。這個假設既非原創，也不會特別激進，因為已有大量證據顯示這兩個群體（創業家與創投業者）會吸引過度自信的人加入。現在賽局變了，每一個事業群組（創業家與支持他們的創投業者）將高估自身成功的能力和成功機率，從而導致以下

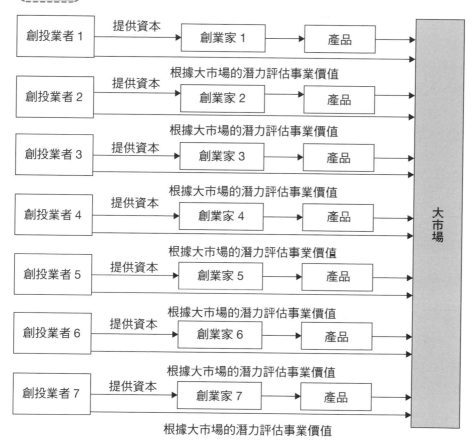

圖 7.6 許多創業家看見大市場

結果。第一，目標鎖定大市場的企業將被集體高估。第二，市場會隨時間變得玩家更多、競爭更激烈，特別是那些被高估的估值而吸引進來的新進者。於是，市場的整體營收成長可能非常符合對大市場的期待，但個別企業的營收將低於預

期，營業利益率也會比預期更低。第三，該產業部門的整體價值最終將會衰退，某些新進者會倒閉，但將會產生一些贏家，這些創業家和創投業者將獲得他們投資的豐碩回報。

這些大市場的企業被集體高估，看起來將會像是泡沫，而上漲後的回落將導致對泡沫常見的憂慮以及市場供過於求。但禍首其實是過度自信——一個對在創業和創投領域取得成功而言，幾乎不可或缺的特質。話雖這麼說，但估值過高的程度不一而足，取決於以下因素：

- **過度自信的程度**：創業家對自家產品、投資人對自身投資能力，展現出的過度自信程度愈高，就愈會估值過高。這兩群人先天就容易過度自信，不過隨著他們在市場上成功，過度自信的傾向也會跟著加重。所以，不意外地，當某個商業領域的市場繁榮持續愈久，該商業領域估值過高的情況就愈嚴重。事實上，你可以合理主張，當市場裡有更多經驗老道的創投業者和多次創業的創業家時，市場過度自信就會加劇，因為經驗常會增加過度自信。
- **市場的規模**：隨著目標市場把餅做大，可能會吸引更多新進者，而如果他們把過度自信帶進這個賽局，集體的估值過高情況就會加劇。
- **不確定性**：對商業模式和把能力變成目標營收愈沒把握，過度自信愈有可能對數字帶有偏見，導致市場上更嚴重地估值過高。
- **贏家全拿的市場**：在具有全球網路優勢（例如成長率能自給自足）的市場

裡，估值過高的情況會更嚴重，而且贏家可輕取豪奪市占率。由於在這些市場成功的報酬更豐厚，錯估成功機率對估值的影響也會比較大。

大約每隔10年，這種集體估值過高的現象就會在年輕市場上演——1980年代的個人電腦企業、1990年代的網路公司，以及數年後的社群媒體企業。每一次估值過高都被修正（往往稱為泡沫破滅），投資人、監管機構和群眾都用「絕不再犯」表示他們已記取教訓，會防止再度發生。我認為只要你有市場經驗，這種集體估值過高是市場的特徵——而且未必不受歡迎。

個案研究 7.1：2015 年 11 月的線上廣告事業——這會是大市場錯覺嗎？

2015 年是最適合在線上廣告市場進行這個實驗的時間點，因為社群媒體企業在前幾年湧入這個市場。為了實驗，我找出進入線上廣告領域的每一家企業之市值，推算出往後10年的預期營收。要這麼做，我必須假設估值裡的其他變數（資本成本、目標營業利益率和銷售資本比）維持不變，同時變更營收成長率，直到達到目前的市值為止。

下頁圖 7.7 以臉書為例，說明如何進行這個流程，以 2015 年 8 月 25 日的企業價值 2456.62 億美元、基本營收 146.40 億美元（過去 12 個月）

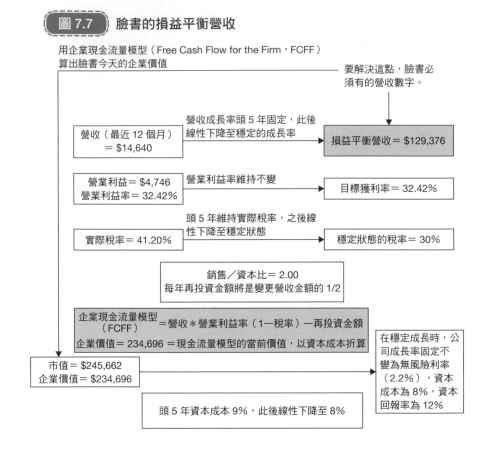

圖 7.7 臉書的損益平衡營收

用企業現金流量模型（Free Cash Flow for the Firm，FCFF）
算出臉書今天的企業價值

要解決這點，臉書必
須有的營收數字。

營收（最近 12 個月）
＝ $14,640

營收成長率頭 5 年固定，此後
線性下降至穩定的成長率

損益平衡營收＝ $129,376

營業利益＝ $4,746
營業利益率＝ 32.42%

營業利益率維持不變

目標獲利率＝ 32.42%

實際稅率＝ 41.20%

頭 5 年維持實際稅率，之後線
性下降至穩定狀態

穩定狀態的稅率＝ 30%

銷售／資本比＝ 2.00
每年再投資金額將是變更營收金額的 1/2

企業現金流量模型
（FCFF）＝營收＊營業利益率（1－稅率）－再投資金額
企業價值＝ 234,696 ＝現金流量模型的當前價值，以資本成本折算

市值＝ $245,662
企業價值＝ $234,696

在穩定成長時，公
司成長率固定不
變為無風險利率
（2.2%），資本
成本為 8%，資本
回報率為 12%

頭 5 年資本成本 9%，此後線性下降至 8%

以及資本成本為9％為基準。將目前的獲利率維持在32.42％不變，我就
能在圖7.7推算10年的設算營收。

　　我假設臉書目前來自廣告的營收占比（91％）未來十年維持不變，
得出2025年臉書的廣告設算營收為1177.31億美元。來自廣告的營收占

比維持不變是有問題的，至少對清單上的其他公司來說是如此，因為投資人可能會為新市場的成長定價，算進估值當中。

我對其他有重大線上廣告進帳的上市公司重複此一過程，每家企業都使用固定的資本成本和當期獲利率的目標稅前營業利益率或 20 %（看哪一個更高）。注意這兩個假設都很激進（考慮到競爭，則資本成本可能設得太低，而營業利益率可能太高），而且兩者都將第 10 年的設算營收推低（見下頁表 7.1）。

在 2015 年 8 月，該名單上所有上市公司計入市值的線上廣告收入，總額為 5230 億美元。請注意，這份名單並不全面，因為排除了部分營收中包括線上廣告進帳的小型公司，以及其他產業的公司（如蘋果）從線上廣告中產生的不容忽視的間接營收。這份名單也沒納入像圖片分享軟體 Snapchat 這類私營企業的估值，這家公司在 2015 年已準備好振翅高飛。因此，我現在其實是低估被市場定價的線上廣告設算營收。

要評估這些設算營收是否可行，我檢視了全球整體廣告市場和其中的線上廣告部分。2014 年，全球整體廣告市場總額約為 5450 億美元，其中 1380 億美元來自數位（線上）廣告。整體廣告的成長率可能反映了企業營收的成長，但線上廣告在整體廣告的占比將持續上升。在第 167 頁表 7.2 中，我考慮了 2015 年至 2025 年整體廣告市場的不同成長率和轉往數位廣告的不同比率，以估算 2025 年全球的數位／線上廣告市場。

表 7.1　線上廣告企業的損益平衡營收

企業	市值	企業價值	當期營收	損益平衡營收（2025）	線上廣告占比	線上網告設算營收（2025）
谷歌	$441,572.00	$386,954.00	$69,611.00	$224,923.20	89.50%	$201,306.26
臉書	$245,662.00	$234,696.00	$14,640.00	$129,375.54	92.20%	$119,284.25
雅虎	$30,614.0	$23,836.10	$4,871.00	$25,413.13	100.00%	$25,413.13
領英（LinkedIn）	$23,265.000	$20,904.00	$2,561.00	$22,371.44	80.30%	$17,964.26
推特	$16,927.90	$14,912.90	$1,779.00	$23,128.68	89.50%	$20,700.17
MPandora	$3,643.00	$3,271.00	$1,024.00	$2,915.67	79.50%	$2,317.96
N 評論網 Yelp	$1,765.00	$0.00	$465.00	$1,144.26	93.60%	$1,071.02
線上房地產公司 Zillow	$4,496.00	$4,101.00	$480.00	$4,156.21	18.00%	$748.12
社交遊戲服務商 Zynga	$2,241.00	$1,142.00	$752.00	$757.86	22.10%	$167.49
美國	$770,185.90	$689,817.00	$96,183.00	$434,185.98		$388,972.66
阿里巴巴	$184,362.00	$173,871.00	$12,598.00	$111,414.06	60.00%	$66,848.43
騰訊	$154,366.00	$151,554.00	$13,969.00	$63,730.36	10.50%	$6,691.69
百度	$49,991.00	$44,864.00	$9,172.00	$30,999.49	98.90%	$30,658.50
搜狐網	$18,240.00	$17,411.00	$1,857.00	$16,973.01	53.70%	$9,114.51
韓國入口網 Naver	$13,699.00	$12,686.00	$2,755.00	$12,139.34	76.60%	$9,298.74
俄羅斯搜尋引擎 Yandex	$3,454.00	$3,449.00	$972.00	$2,082.52	98.80%	$2,057.52
日本雅虎	$23,188.00	$18,988.00	$3,591.00	$5,707.61	69.40%	$3,961.08
新浪	$2,113.00	$746.00	$808.00	$505.09	48.90%	$246.99
網易	$14,566.00	$11,257.00	$2,388.00	$840.00	11.90%	$3,013.71
俄羅斯 Mail.ru 集團	$3,492.00	$3,768.00	$636.00	$1,676.47	35.00%	$586.76
日本社群網站 Mixi	$3,095.00	$2,661.00	$1,229.00	$777.02	96.00%	$745.76
日本最大比價網站 Kakaku	$3,565.00	$3,358.00	$404.00	$1,650.49	11.60%	$191.46
非美總計	$474,131.00	$444,613.00	$50,379.00	$248,495.46		$133,415.32
全球總計	$1,244,316.90	$1,134,430.00	$146,562.00	$682,681.44		$522,387.98

表 7.2　2025 年的線上廣告營收

線上對整體廣告的占比	整體廣告支出的年複合成長率（CAGR）				
	1.00%	2.00%	3.00%	4.00%	5.00%
30%	$182.49	$203.38	$226.42	$251.81	$279.76
35%	$212.90	$237.27	$264.15	$293.77	$326.38
40%	$243.32	$271.17	$301.89	$335.74	$373.01
45%	$273.73	$305.07	$339.63	$377.71	$419.64
50%	$304.15	$338.96	$377.36	$419.68	$466.26

　　即便套用對整體廣告成長率最看好的假設條件，再加上線上廣告占比來到50％，我估算出，2025 年整體線上廣告市場，也只有4660億美元。在我清單上的上市企業，他們的設算營收早就超越這個數字，因此，可以合理推論，這些企業對該市場（線上廣告）估值已經過高。

　　隨著愈來愈多企業前仆後繼進入這個領域，股價所反映的市場規模和實際的市場之間的落差也跟著擴大，但投資人即便意識到這個落差存在，也將繼續為這些企業挹注資金。畢竟這就是過度自信的特質：創辦人和投資人都堅信估值過高並未發生在他們的公司，而是市場其他地方。總有一天算總帳時，市場將意識到這個落差，股價將會修正，但在這個群體裡，還是會有贏家。

不太可能成真的故事

我相信無論消息多靈通，都沒有人能成為一言堂；也相信明理、知情的人士，對一家企業的估值意見不一致是合乎情理的。如同你在接下來的個案研究中所看到的，我對優步、法拉利、亞馬遜和阿里巴巴，有我自己建構的故事說法，但每家企業也各自有其可以接受、言之成理的反對說法。話雖如此，這些企業和其他企業所建構的某些故事逾越了界線，變成不太可能成真的故事。

那麼，是什麼造成一則故事不太可能成真？這並不是指你不同意故事講者對營收成長、獲利率、再投資或風險的看法，而是故事講者的看法在內部不一致，

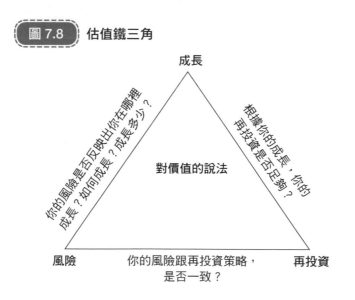

圖7.8 估值鐵三角

亦即這些看法自相矛盾。我找出這些不一致之處的最簡單手段，是運用我所謂的
「估值鐵三角」（見上頁圖7.8）。

　　就像各位將在下一章所看見的，這三個角——成長、風險和再投資——是一
門事業的價值驅動因素。每一個變數對估值的影響都可以預測。當成長率提高，
估值就會變高；但是當風險和再投資增加，估值就會變低。不意外地，當故事講
者意圖建構一家企業更有價值的論點時，會結合高成長率和低風險與低再投資，
但這種故事通常言之不成理，因為不一致。一家高成長的企業，通常需要高額的
再投資來實現其成長，而且其風險在大部分時間都高於平均值。

個案研究 7.2：法拉利，排他的汽車俱樂部

　　在我為法拉利建構的故事裡，我假設其會努力維持「獨家俱樂部」
的調性，不會嘗試增加出售的產品及產量，而是維持限量並鎖定超級富
豪客層。此一說法，往好處看是法拉利能維持高獲利率並降低在總體經
濟方面的暴險，但往壞處看就是公司將維持低營收成長率。

　　我們來思考一個替代策略，我稱為「加速」策略。根據這個策略，
法拉利擴大客戶基礎，或許推出定價低一點的車款，這將是仿效瑪莎拉
蒂（Maserati）在推出 Ghibli 車款時所做的事。這麼做會帶來更高的營
收成長率，但和瑪莎拉蒂一樣，法拉利勢必得放棄部分的營業利益率，

因為這個策略將要求降低價格，提高銷售成本。尋求更大的市場也將使法拉利暴露於更大的市場風險中，因為它某些顧客現在只是有錢而已（不到超級有錢），容易受景氣影響。這顯然是一個通過「言之成理」測試的可行方案。

舉個「言之不成理」的例子，你可以主張法拉利將增加銷售額，方法是引進一種新模式，和瑪莎拉蒂一樣，卻能維持歷史獲利率又不受風險的影響。這個策略產生估值提高的數字組合（高營收成長＋高營業利益率＋低風險），但這是一個言之不成理的組合。最後，舉個不太可能成真的例子，你可以幫法拉利編故事，說它產生數十億美元的營收和獲利，是來自銷售商品，包括服飾、手錶與玩具。儘管這種故事有可能發生，但機率看起來很低，至少就我在 2015 年底的觀察是如此。

個案研究 7.3：亞馬遜的故事，2014 年 10 月

在個案研究 6.5，我把亞馬遜的故事定調為「夢幻成真」，說這家公司在轉而追求改善獲利能力之前，將持續以零獲利或低獲利來追求高營收成長。由於這家公司激起強烈反應，支持、反對都有，但不意外地，有許多人不同意我的意見，有些認為我的說法太過樂觀，有些卻覺得太過悲觀。

有個更樂觀、更言之成理的反對說法是，亞馬遜不是零售企業，其涉足雲端運算和娛樂領域，坐享兩邊好處，透過深入和獲得市占率來實現高營收成長，同時賺取比這些市場中的企業更高的獲利率。

有個較悲觀的說法則是說，亞馬遜將繼續追求營收成長，設法趕走實體零售商店的現有對手，但隨後將發現自己面臨新一波的線上競爭者，這些競爭者將持續削價模式。在這個故事裡，亞馬遜最終會得到高營收，但長期而言獲利將持續稀薄。

還有一個近乎偏執狂的說法，有些人把亞馬遜視為終極競爭破壞者，挾其所取得的資本和有耐心的投資人之基礎，欺負現有的競爭對手。在這個故事中，亞馬遜權力大到隻手遮天，可以隨心所欲定價，因為顧客也沒別處可消費了。該故事的結局是亞馬遜拿到高營收，以及比今天該產業裡的企業高出一大截的獲利。

個案研究 7.4：阿里巴巴，全球玩家

在個案研究 6.6，我把阿里巴巴當成中國故事來寫，描述在 2014 年中國 75％的線上零售，都是透過這家公司進行，在我看來，未來它將繼續主宰中國線上商務，但同時也無法將觸角伸到地理上的其他市場。許多人對這樣的看法提出異議，認為阿里巴巴的優勢包括有領袖魅力的

執行長馬雲、取得資金的管道,將能助其在其他市場成長,先從東南亞起步,終將擴張到已開發地區。如果這個故事要言之成理,必須考慮到這個更有野心的新成長意圖,不能排除以下後果:

- **低獲利率**:阿里巴巴在中國的獲利,反映出它稱霸市場而掌握強大的網路優勢。然而在其他市場,它的獲利率會低很多,因為得和當地根基更深的玩家競爭。
- **更多的再投資**:要進入這些新市場,阿里巴巴必須自己投入資金;或更有可能地,然而在當地收購既有競爭者。這些再投資的投報率,會低於阿里巴巴在中國進行的投資。

這個阿里巴巴全球故事的實際影響,將是更高的整體市場(以及營收),伴隨較低的獲利能力和較高的再投資,阿里巴巴將權衡這會不會有助推升企業價值。

為說明一個不太可能成真的故事該如何衡量,可假設阿里巴巴既能成為全球玩家,同時還維持在中國擁有的超高營業利益率,又不必為了插旗全球市場而付出大量投資金額。

📊 結論

　　商業故事必須可信到說服投資人。在本章，我提出一則故事的三層考驗，始於這個故事是否可能發生，然後評估是否言之成理，最後是分析發生機率。我檢視不可能發生的故事，當中有些企業推斷自己將變得比所經營的市場更大（市占率逾100％），或獲利率超越100％。然後接著探討言之不成理的故事，其中有一部分故事可能會發生，但發生機率很小。最後是不太可能成真的故事，故事中每個環節看起來都言之成理，但整體來看卻又不可能，因為每個環節互相矛盾。

第 **8** 章

從故事到數字
From Narratives to Numbers

假設你有一則商業故事,是根據事實且通過言之成理的測試。在本章,我將探討故事如何連結決定商業價值的數字。開頭我會很快介紹一下估值,不會對理論太深入探究,而是將估值連結上可適用於不同產業與不同企業生命周期階段的事業之關鍵驅動因素。接著我會說明不同故事的價值驅動因素,從大市場故事到低風險故事都有。本章最後,我以我挑選的企業(優步、法拉利、阿里巴巴和亞馬遜)為例來說明這個流程,這些企業涵蓋不同的生命周期光譜、成長與產業部門。

📊 拆解估值

要製造故事與價值之間的連結，得從最基本的內在價值開始。你在別的地方可找到更深入的探討，不過內在價值的基本原理不難概述。內在價值，就是你根據基本面（現金流量、預期成長率和風險）所認定的資產價值；其本質是你可以在沒有市場如何為其他資產定價的任何資訊下（雖然擁有這些資訊肯定有幫助），為特定資產估算出內在價值。至於其核心原則，如果你忠於其原則，那麼現金流量折現法（以下簡稱DCF）是一種內在價值模型，因為你評估資產時是根據預期現金流量，而且會根據風險調整。如果你認定會計師所估算的固定資產與流動資產的價值，就是一門事業的真正價值時，就連帳面價值法也可以是內在估值法。

在DCF中，內在價值法的估算方式，是以公式計算綁定預期現金流量的價值，而這些預期現金流量包含你所估算的成長率，和經過加權以反映風險的貼現率（見下頁圖8.1）。

這張圖，也聚焦於任何企業共有的價值驅動因素。首先是現有資產創造現金流量的能力，獲利能力更優的資產，估值會高於獲利能力低的資產。其次是成長率的價值，權衡其利益的計算結果，包括成長中的營收與盈餘，再扣除公司為了產生這樣的成長率，必須投入的再投資成本。第三是風險，風險愈高則貼現率愈高，因此估值就愈低。

DCF有一個局限是，它是設計來估算**繼續經營的企業**之價值，也就是說，你預期某家企業會持續營運很長一段時間時，要是它有相當大的機率撐不下去，這

圖 8.1　內在價值的「原則」

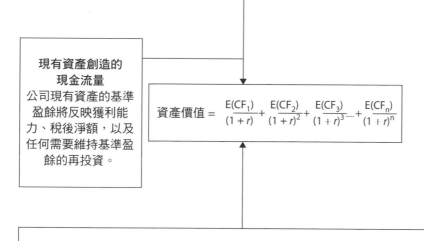

成長率的價值
無論盈餘是來自營收成長還是提升獲利率，未來現金流量將反映出盈餘在
未來會成長得多快的期待（正數），以及該公司為實現這樣的成長，投入
多少資金於再投資（負數）。計算的結果，將決定成長率的估值。

現有資產創造的
現金流量
公司現有資產的基準
盈餘將反映獲利能
力、稅後淨額，以及
任何需要維持基準盈
餘的再投資。

$$資產價值 = \frac{E(CF_1)}{(1+r)} + \frac{E(CF_2)}{(1+r)^2} + \frac{E(CF_3)}{(1+r)^3} \cdots + \frac{E(CF_n)}{(1+r)^n}$$

現有資產創造的現金流量
公司現有資產的基準盈餘將反映獲利能力、稅後淨額，以及任何需要維持
基準盈餘的再投資。

個估值就會過高。年輕企業要是無法通過嚴酷考驗讓營運上軌道，以及負債累累
的老牌企業又遭逢衰退，撐不下去的風險就會很高。在此情況下，要計算預期估
值，應該確實地把投資人遇到企業倒閉的機率跟後果納入考量，得出調整後的估
值，如下頁圖 8.2 所示。

圖 8.2　估值與截斷風險

事業的預期價值　＝　繼續經營時的價值＝內在價值或 DCF 價值 × 繼續經營的機率　＋　經營失敗時的價值＝清算價值 × 經營失敗的機率

以上看起來像是內在價值的粗略解釋，但確實在我為個別公司估值時，提供了全局的展望。

📊 將故事連結到輸入內容

前面幾章都聚焦於講述一家企業的故事，故事須符合公司情勢、公司所投身的商業競技場，而你面臨的挑戰是如何在故事裡表現出價值。儘管有很多種方法可以做到這一點，但要讓幾乎所有故事都適用，最多功能的架構是採用估值模型的結構。例如，如果你把現金流量視為最終目標，你可以先計算營收，以你所看見的公司瞄準的**整體市場**，和你估計它將在這個市場裡吃下多少市占率。把營收數字乘以**稅前營業利益率**，得到的數字便是該公司的營業利益，再減去稅額後，便是稅後營業利益。再扣掉公司**為了成長必須投入的再投資金額**，得到的數字便是自由現金流量。最後，以**經過風險調整後的貼現率**來打折，就會得出估值。

圖 8.3　將故事連結到輸入內容

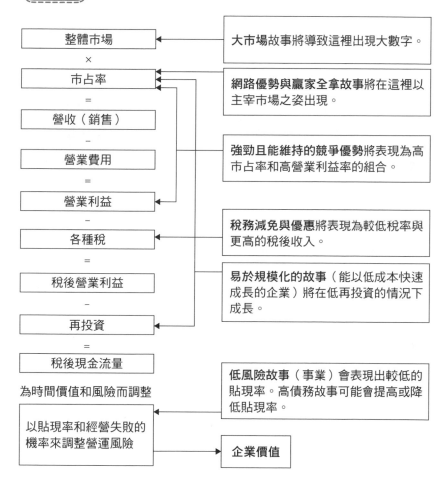

　　每一則故事，都有一個輸入內容最適合反映對價值的影響。如果你要說一個**大市場故事**，那便是由整體市場來反映；在大市場，連市占率小都能產生巨大的營收。如果你正在兜售的是**強力的網路優勢故事**，這種故事承諾你的公司將在擴大經營後更容易成長；或是**市場優勢故事**，是指你的公司將壓制競爭對手，則市占率將是輸入內容中，讓你納入這對價值的影響之處。如果你正在評估的企業有**強勁且能維持的競爭優勢**，你將看見收益出現在高營業利益率與收入當中。如果一門事業將受惠於**稅務減免**，稅率將會比較低，進而推高稅後收入與現金流量。如果你的事業奠基在低資本密集度，代表能**輕易規模化**，則再投資的數字將顯示這個優勢：再投資的數字壓低，營收卻能大幅成長。如果是一門**低風險**事業，你用來還原現金流量的貼現率將會更低（估值則更高）。上頁圖8.3概括了這些影響。

　　這個架構或許有過分簡化之嫌，但其也明確表達不同產業、生命周期不同階段的企業之故事情節中的要素。

個案研究 8.1：優步——從故事到數字

　　前情提要：

　　　個案研究6.2：共乘的風貌

　　　個案研究6.3：優步的故事

　　在個案研究6.2與6.3中，我講到優步2014年6月的故事，說它是

一家都會汽車服務公司，將吸引新用戶進入汽車服務業，同時運用其競爭優勢（取得資本、先行者）來維持地方網路優勢和營收共享模式，而且全都以其現有的低資本商業模式辦到。把這個故事變成估值輸入內容，結果如下：

- 優步身為都會汽車服務公司，追求的市場是計程車市場和大城市裡的汽車服務市場。把這些城市的計程車與汽車服務的營收加總起來，得出的是價值1,000億美元的都會汽車服務市場。

- 在地的網路優勢將讓優步主宰部分城市的市場，但同時在其他城市面臨競爭（包括國內與國外）。當營運穩定，我為該企業設定的市占率為10％。儘管在這個分裂割據的市場裡，這個占比遠高於現有對手的最高市占率，但其上限是10％，不是30％或40％，因為我的故事並不假定全球網路優勢。

- 優步的先行者地位、強大的資本定位及其科技優勢，將讓該公司得以維持營收共享協議（八成歸司機，兩成歸優步），以及持續強勁的營業利益率（在穩定狀態是40％）。

- 優步繼續走不持有汽車、也不投資基礎設施的占優勢之路，這讓公司得以每1美元的資本投資，產生5美元的營收。為提供參考，全美企業這個數值的中位數大約是1.5（每投資1美元，銷售額為1.50美元），而銷售資本比為5.0，大約落在所有企業的第90百

圖 8.4　2014 年的優步——估值輸入內容

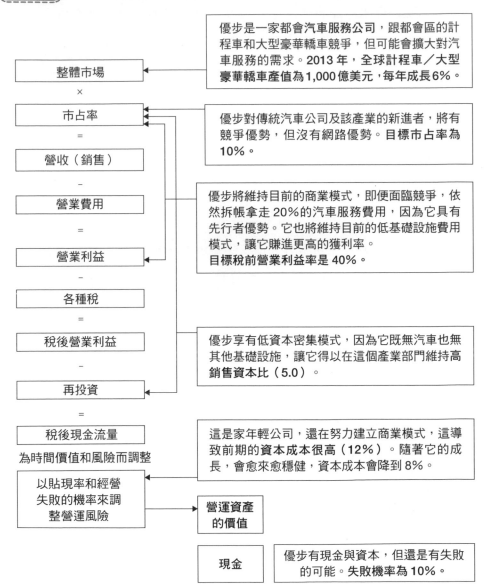

整體市場

優步是一家都會汽車服務公司，跟都會區的計程車和大型豪華轎車競爭，但可能會擴大對汽車服務的需求。2013 年，全球計程車／大型豪華轎車產值為1,000 億美元，每年成長6%。

×

市占率

優步對傳統汽車公司及該產業的新進者，將有競爭優勢，但沒有網路優勢。目標市占率為10%。

＝

營收（銷售）

－

營業費用

優步將維持目前的商業模式，即便面臨競爭，依然拆帳拿走 20%的汽車服務費用，因為它具有先行者優勢。它也將維持目前的低基礎設施費用模式，讓它賺進更高的獲利率。目標稅前營業利益率是 40%。

＝

營業利益

－

各種稅

＝

稅後營業利益

優步享有低資本密集模式，因為它既無汽車也無其他基礎設施，讓它得以在這個產業部門維持高銷售資本比（5.0）。

－

再投資

＝

稅後現金流量

為時間價值和風險而調整

這是家年輕公司，還在努力建立商業模式，這導致前期的資本成本很高（12%）。隨著它的成長，會愈來愈穩健，資本成本會降到 8%。

以貼現率和經營失敗的機率來調整營運風險

營運資產的價值

現金

優步有現金與資本，但還是有失敗的可能。失敗機率為 10%。

分位數。圖8.4概括了這些輸入數值。

當然，這個故事無時無刻不受到質疑，我將在第10章探討這些質疑。

個案研究 8.2：法拉利——從故事到數字

前情提要：

　　個案研究6.1：汽車產業

　　個案研究6.4：法拉利的故事

　　個案研究7.2：法拉利，排他的汽車俱樂部

在第6章，我概述了法拉利的故事，說它是一家超級排他的汽車公司，這種排他限制了其營收成長，但也協助它維持高獲利率和低風險的概況。在下頁圖8.5，這則故事找到了跟估值輸入內容的連結。

在第7章，我概述了一個言之成理的反面說法：法拉利渴望更高的成長率，為實現這種成長率，實施了低成本模式，並增加廣告支出。下頁圖8.6顯示這個說法如何轉換成估值的輸入內容。

儘管兩個版本都言之成理，但從價值的效果來看，沒有哪一個版本

圖 8.5 排他的俱樂部──估值輸入內容

估值輸入	故事	估值輸入內容
營收	維持稀缺	接下來 5 年的每年營收成長率是 4%（以歐元計算），第 10 年縮減至 0.7%。轉換成產量，則是未來十年增加 25%。
營業利益率與稅務		
營業利益	高價	法拉利的稅前營業利益率維持在 18.2%，在汽車產業中落在第 95 百分位數。
再投資	不太需要產能擴張	銷售資本比維持在 1.42，亦即每投資 1 歐元產生 1.42 歐元的銷售額。
現金流量	客戶是超級富豪，不受衰退影響	資本成本為 6.96%，以歐元計算，而且無違約風險。
貼現率（風險）		
價值		

圖 8.6 加速版的故事──估值輸入內容

估值輸入	故事	估值輸入內容
營收	推動銷售	接下來 5 年的每年營收成長率是 12%（以歐元計算），第 10 年縮減至 0.7%。轉換成產量，則是未來十年增加 100%。
營業利益率與稅務	採用低價模式和銷售成本	法拉利的稅前營業利益率將落到 14.32%，在汽車產業中落在第 90 百分位數。
營業利益		
再投資	投資於額外產能	銷售資本比維持在 1.42，但是更高的銷售將創造更多的再投資。
現金流量		
貼現率（風險）	客戶是非常有錢的人，對景氣較敏感	資本成本為 8%，以歐元計算，無違約風險。
價值		

較占優勢。排他俱樂部的故事劇本銷量較低,但獲利較高、風險較低。

在第9章,我們將檢視兩個版本的估值結果。

個案研究 8.3:亞馬遜──從故事到數字

前情提要:

個案研究6.5:夢幻成真模式

個案研究7.3:亞馬遜──其他故事版本

我最初為亞馬遜建構的故事,說它是一家夢幻成真公司,願意接受低獲利、甚至沒有獲利,來換取因多種業務帶來更高的營收成長率(零售、娛樂、雲端計算),並預期它在未來將產生更高的獲利率。下頁圖8.7顯示這則故事轉換成價值輸入內容的結果。

如同我在第7章提到的,亞馬遜有許多不同故事版本都言之成理,也因而估值結果相當分歧。我提出兩個極端情形:一是營收成長但沒有獲利,變成一種穩定模式;一是亞馬遜無情的擴張也扼殺大量競爭對手,讓亞馬遜擁有強勢定價權。在第187頁圖8.8,我檢視了這兩種版本。

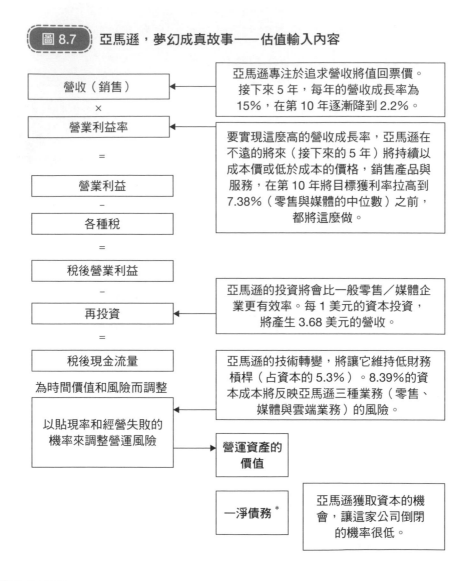

圖 8.7　亞馬遜，夢幻成真故事──估值輸入內容

營收（銷售）
×
營業利益率
=
營業利益
各種稅
=
稅後營業利益
−
再投資
=
稅後現金流量
為時間價值和風險而調整
以貼現率和經營失敗的機率來調整營運風險
營運資產的價值
一淨債務*

亞馬遜專注於追求營收將值回票價。接下來 5 年，每年的營收成長率為 15%，在第 10 年逐漸降到 2.2%。

要實現這麼高的營收成長率，亞馬遜在不遠的將來（接下來的 5 年）將持續以成本價或低於成本的價格，銷售產品與服務，在第 10 年將目標獲利率拉高到 7.38%（零售與媒體的中位數）之前，都將這麼做。

亞馬遜的投資將會比一般零售／媒體企業更有效率。每 1 美元的資本投資，將產生 3.68 美元的營收。

亞馬遜的技術轉變，將讓它維持低財務槓桿（占資本的 5.3%）。8.39%的資本成本將反映亞馬遜三種業務（零售、媒體與雲端業務）的風險。

亞馬遜獲取資本的機會，讓這家公司倒閉的機率很低。

---

* 指資產負債表中，債務總額減去現金和現金等價物的債務額。

圖 8.8　亞馬遜：相反的說法

	樂觀版本： 亞馬遜統治世界	悲觀版本： 亞馬遜的末日情景

營收（銷售）

樂觀版本：亞馬遜進軍娛樂業與雲端計算，將接下來 5 年的每年營收成長率推升至 20％，並在第 10 年降至 2.2％。

悲觀版本：亞馬遜進軍娛樂業與雲端計算，將接下來 5 年的每年營收成長率推升至 15％，並在第 10 年降至 2.2％。

×

營業利益率

樂觀版本：亞馬遜的低獲利策略將帶動零售和娛樂產業的競爭，產生 12.84％ 的營業利益率，這個數字接近零售和媒體業的第 75％ 分位數。

悲觀版本：亞馬遜的所有業務，都將面臨新崛起者的競爭，使其營業利益率壓縮至 2.85％，接近零售和媒體業的第 25％ 分位數。

=

營業利益

−

各種稅

=

稅後營業利益

−

再投資

亞馬遜的投資將會比一般零售／媒體企業更有效率。每 1 美元的資本投資，將產生 3.68 美元的營收。

=

稅後現金流量

為時間價值和風險而調整

以貼現率和經營失敗的機率來調整營運風險

亞馬遜的技術轉變，將讓它維持低財務槓桿（占資本的 5.3％）。8.39％ 的資本成本將反映亞馬遜三種業務（零售、媒體與雲端業務）的風險。

營運資產的價值

　　雖然不同版本的營收成長率存在差異，但最重大的差異是目標營業利益率，我的故事之假設基礎是亞馬遜的獲利率將收斂在7.38%，這是零售和娛樂業的中位數，樂觀的版本主張獲利率為12.84%（第75個百分位數）；悲觀的版本則主張獲利率為2.85%（第25個百分位數）。

個案研究 8.4：阿里巴巴——從故事到數字

　　前情提要：
　　　　個案研究6.6：阿里巴巴，中國故事
　　　　個案研究7.4：阿里巴巴，全球玩家

　　在第6章，我將阿里巴巴定位為中國故事，說阿里巴巴將長期在中國線上零售業主宰市場、成長與獲利。中國線上零售業的規模與成長率，形成了阿里巴巴價值主張的基礎，且因為阿里巴巴市占率獨大與低成本結構而進一步擴大與提升。下頁圖8.9顯示我的阿里巴巴營收成長故事，跟中國線上零售市場的成長軌跡有多接近。

　　在第190頁圖8.10，我總結了這個故事和我的估值輸入內容（全以美元計算，部分是反映阿里巴巴規畫在美國IPO的事實，部分是為了方便）。

　　不過，這個故事可能遺漏了阿里巴巴的全球野心，而我在第 7 章提過另一個言之成理的故事版本，是阿里巴巴將中國的成功拓展到其他市場，包括美國，甚至可能進軍其他產業。我在這個版本裡說，阿里巴巴可能產生更高的營收成長率，但同時營業利益率會變低，也會增加再投資金額。第 191 頁圖 8.11 概述了這個全球玩家故事的結果。

　　跟之前提到的一樣，最後結果是全球加分還是讓阿里巴巴估值扣分，還有待觀察。

圖 8.9　阿里巴巴的營收成長與中國線上零售

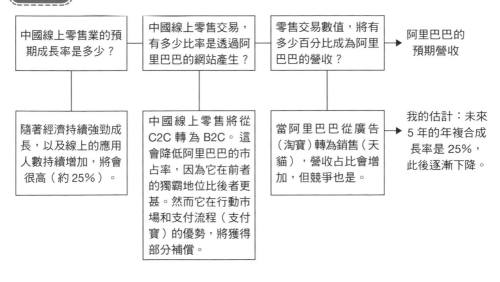

中國線上零售業的預期成長率是多少？　→　中國線上零售交易，有多少比率是透過阿里巴巴的網站產生？　→　零售交易數值，將有多少百分比成為阿里巴巴的營收？　→　阿里巴巴的預期營收

隨著經濟持續強勁成長，以及線上的應用人數持續增加，將會很高（約 25%）。

中國線上零售將從 C2C 轉為 B2C。這會降低阿里巴巴的市占率，因為它在前者的獨霸地位比後者更甚。然而它在行動市場和支付流程（支付寶）的優勢，將獲得部分補償。

當阿里巴巴從廣告（淘寶）轉為銷售（天貓），營收占比會增加，但競爭也是。

我的估計：未來 5 年的年複合成長率是 25%，此後逐漸下降。

圖 8.10　阿里巴巴，中國故事

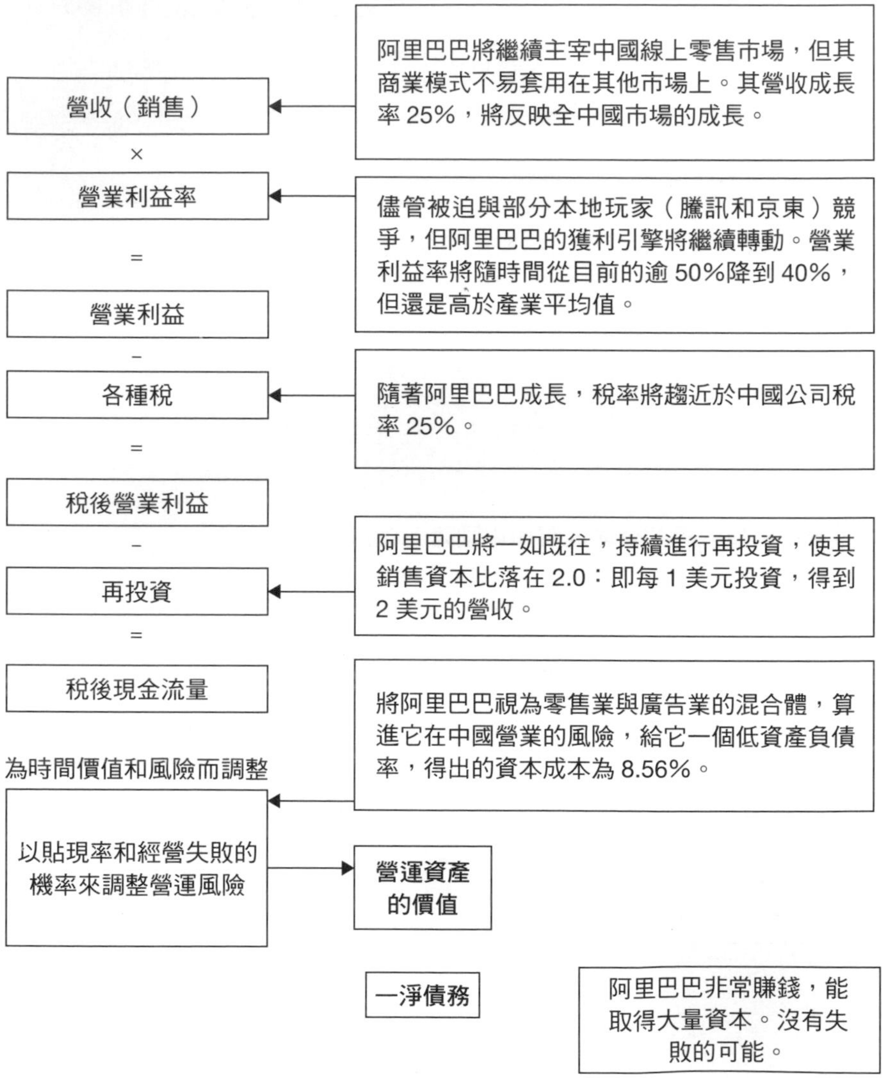

營收（銷售）	阿里巴巴將繼續主宰中國線上零售市場，但其商業模式不易套用在其他市場上。其營收成長率 25%，將反映全中國市場的成長。
×	
營業利益率	儘管被迫與部分本地玩家（騰訊和京東）競爭，但阿里巴巴的獲利引擎將繼續轉動。營業利益率將隨時間從目前的逾 50% 降到 40%，但還是高於產業平均值。
=	
營業利益	
-	
各種稅	隨著阿里巴巴成長，稅率將趨近於中國公司稅率 25%。
=	
稅後營業利益	
-	
再投資	阿里巴巴將一如既往，持續進行再投資，使其銷售資本比落在 2.0：即每 1 美元投資，得到 2 美元的營收。
=	
稅後現金流量	將阿里巴巴視為零售業與廣告業的混合體，算進它在中國營業的風險，給它一個低資產負債率，得出的資本成本為 8.56%。

為時間價值和風險而調整

以貼現率和經營失敗的機率來調整營運風險 → 營運資產的價值

－淨債務

阿里巴巴非常賺錢，能取得大量資本。沒有失敗的可能。

圖 8.11 阿里巴巴，全球玩家

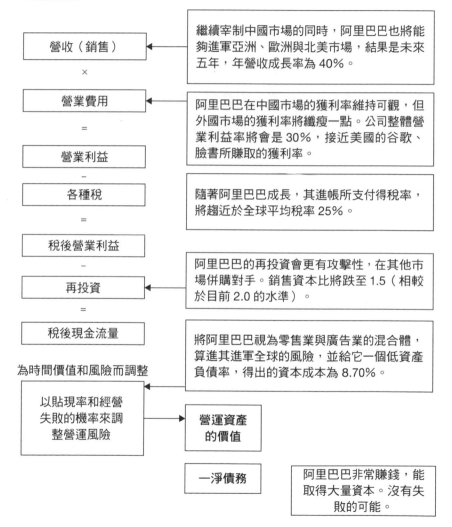

📊 定性符合定量

當討論轉向定性因素時，故事人和數字人之間的隔閡最明顯。對故事人來說，估值模型最明顯的缺點，是似乎沒考慮到企業文化、管理品質與員工素質，以及影響企業價值的多種軟性因素。對數字人來說，定性因素變高是警訊，暗示只是利用淺薄思維與流行術語賦予溢價正當理由。我覺得我處在中間，因為我認為兩邊都有道理。

定性因素會影響估值嗎？當然會！一家企業的價值，怎麼可能不取決於管理階層能否有策略地思考、受雇者是否忠誠又受到良好訓練，以及隨著時間建立起來的品牌名聲呢？在你把我歸入故事人陣營之前，讓我很快補充一點，身為投資人，你無法在企業文化、策略因素或品牌名聲等這些用來給人炫耀的本錢裡領取你的股利。所以，關鍵是彌合這個鴻溝，並甘冒招來兩邊訕笑的風險，我認為**任何定性因素，不管多模糊不清，都可以轉變成數字。**

如果你回顧本章我所建立的估值，我評估的每一家企業，其成功的核心都有定性優勢。優步由一個承擔風險的團隊管理，他們積極尋找商機，背後又有技術支持，但這就是為什麼我有信心假設他們在未來10年將征服共乘市場。法拉利曾是全世界最馳名的品牌，但正是這個品牌賦予其定價權，讓該公司每輛汽車售價高出別人百萬美元，在汽車市場保有名列前茅的獲利率。亞馬遜有貝佐斯（Jeff Bezos）當執行長，他既務實又有遠見，這或許解釋了投資人為什麼願意接受他的夢幻成真模式，這個模式營收現在就已經達標，但你必須等待獲利。阿里巴巴

受益於中國最大玩家的身分，這是一個有巨大潛力的市場，大到讓我假設這家公司未來幾年，營收成長率為25％，同時獲利率也非常高。

　　我相信兩邊都會從這樣的對話中受惠。天生受定性因素吸引的故事人將不得不把故事講得更具體，以確認說法是否言之成理。例如，主張一家公司受到良好管理沒什麼意義，除非你開始解釋造就「良好」管理的因素是什麼。對數字人而言，導入定性因素會為他們的數字帶來深度，搞不好還會導致重新評估這些數字是否站得住腳。

　　最後，連結定性與定量讓投資人能有一個辦法，詳細檢查創辦人與經理人對事業的說法。一家獲利率低於該產業部門中位數的企業，應以懷疑的眼光來審視其品牌故事；一家過去10年發布財報的營收成長都只有個位數的企業，其高成長故事也該受到質疑。

為故事定價

　　在本章，我專注於把故事轉變成內在價值架構中的數字。然而，還是有許多投資人覺得內在價值的估值流程太過複雜，有更簡單有效的方式為企業定價，而不是幫它們估值。定價的形式通常是計算一個定價倍數（營收驅動因素、營收、獲利或帳面價值），在「可比較」的企業之間比較這個倍數。在這個章節，我將展示連結定價與故事的結構，這是許多股票研究分析師遵循的老路，並解釋這個

方法的潛在危害。

定價的本質

　　為了建立比較表，讓我從評估估值和定價過程的差異開始。企業價值取決於現金流量的大小、這些現金流量的風險／不確定性，以及企業將實現的成長率水準與效率。交易資產（股票）的價格則是由供需決定，企業價值可能只是這個流程裡的一個輸入內容，是許多因素當中的一個，而且甚至不是主導因素。市場的推力與拉力（動量、短暫的狂熱和其他定價因素）和流動性都可能引起價格有自己的動態變化，也可能導致市場價格跟企業價值不一致。

　　評估企業價值和價格的工具，反映出這兩者的流程不同。要估算價值，就像本章前面提到的，我們使用DCF，對驅動價值的基本面做出假設，然後算出價值的數值。要算出價格，辦法簡單多了。我們檢視市場「類似」資產的現在價格，然後根據企業的特質，嘗試算出一個市場會考慮附加在該企業之上的價格。定價流程有三步驟：

- **找出市場中可比較或類似的資產**：儘管相關估值的傳統做法，至少在評估股票時，是在你要定價時，檢視相同產業部門的其他公司，但這最終還是一種主觀判斷，且很大程度上取決於市場投資人把公司歸為哪一類。例如，如果投資者認為特斯拉是科技公司而不是汽車公司，那麼你在定價

時，很可能也必須這樣做。

- **尋找投資人在為這些企業定價時，所使用的價格指標**：在為企業定價時，不是根據你的情況或想法，來決定投資人**該用什麼**來為企業定價，而是根據他們**正在用**的指標。例如，如果投資人一心一意要以「用戶數量」來為社群媒體公司定價，那你也應該使用相同指標。

- **為你的企業定價**：現在你有了一個或數個，投資人用來為企業定價的指標了，你可以根據這些指標和可比較的企業之間的比價，來為企業定價。再次以社群媒體為例，如果社群媒體公司訂價是根據用戶數量，2013 年平均市價是每位用戶價值 100 美元，那麼你就可以為推特定價。2013 年 10 月推特有 2.4 億用戶，所以定價為 240 億美元。

定價流程可能會算出一個跟企業估值流程非常不同的數字。至於要用哪個數字，端看你是投資人還是交易人，後者沒有負面涵意。投資人關注價值，其投資是基於相信價格最終會向價值靠攏。交易人關注價格，其交易是根據他們對價格波動方向的判斷是否正確。

把故事連結到價格

在我看來，公開市場的大部分人，包括許多自稱是價值投資人的人，實際上都是交易人，他們也害怕被稱為投機者，因為認為這是淺薄的分析而害怕承認這

個標籤。在私募創投市場,這種錯亂更深切,因為大部分創投業者很少對價值感興趣,而是不停地專注在看價格。事實上,創投(VC)估值模型是一種把定價交給出場倍數的定價工具,如圖8.12所示。

由於出場倍數是從可比較的企業之定價而來,目標報酬率又是虛構的(與其說是貼現率,更是一種議價工具),這個流程幾乎毫無定價可言。

如果你正在玩的是定價遊戲,那麼你的挑戰是把故事帶進定價遊戲裡。要這麼做,你的故事必須繞著定價指標來塑造,無論這個指標是什麼,這個任務都比內在價值成熟的估算流程簡單明瞭多了。例如,如果你的新創企業是社群媒體公司,市場又確實在意用戶數量,你的故事就該以用戶數量為中心來斟酌。又或者,假如市場定價的基礎是獲利,你就得把你的故事跟未來獲利綁在一起。

圖 8.12 創投估值(定價)法

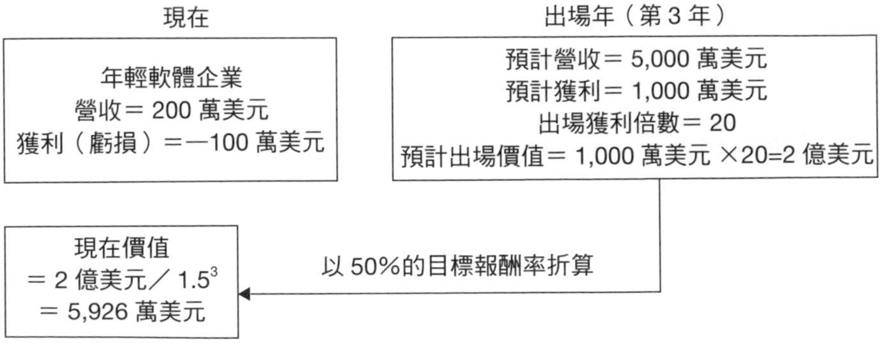

現在

出場年(第3年)

年輕軟體企業
營收 = 200 萬美元
獲利(虧損)= —100 萬美元

預計營收 = 5,000 萬美元
預計獲利 = 1,000 萬美元
出場獲利倍數 = 20
預計出場價值 = 1,000 萬美元 ×20=2 億美元

現在價值
= 2 億美元/ 1.5^3
= 5,926 萬美元

以 50%的目標報酬率折算

故事定價的危害

我們被定價故事的簡單和直接吸引。但它們確實有一些弱點，或許是走捷徑的後果：

- **中介變數**：無論定價時使用什麼指標，充其量也只是估值的一個中間步驟，或者最糟的情況下，是沒什麼實質意義的替代品。根據用戶數量為一家社群媒體公司定價，是隱含著一個假設：認為未來營收、獲利與最終價值，都跟目前的用戶數量相關。即便是更加價值驅動的指標，像是獲利，也是預設今天的獲利是未來獲利的好指標，但在不穩定又動盪的產業裡，這是一個既危險又讓人覺得不可思議之舉動。

- **市場無常**：要是你試圖反駁，說你的工作就是履行市場想要的一切（用戶數量、營收或獲利），那麼你該記住市場是反覆無常的。尤其是年輕企業，都會面臨我所謂的「成年禮時刻」，此時市場的注意力突然從某個變數轉移到截然不同的另一個變數。第 14 章談到企業生命周期時，我會再回頭討論這個問題。

- **公司參與的競賽**：如果投資人真的愈來愈關心某個指標，企業不但會開始以這個指標為中心來形塑故事，還會開始改變商業模式，專注於達成這個指標。如果把數字競賽的機率也算進去，當會計與衡量工具都被扭曲成用來實現指標裡的更高數字，那麼你等於是蒐集了製造一場風暴的所有因素。

📊 結論

　　如果估值是故事和數字之間的橋梁，那本章就是將兩者連接在一起的大樑。本章把故事內容轉變成價值模型的輸入內容，這將讓你在下一章得以進行估值的最後步驟。這個過程未必每次都照順序完成，當你把估值輸入內容再放回故事裡時，若覺得需要重看一次故事前面的部分，並進行微調或大改，是完全有可能的。我相信這個流程能讓你的故事更加結實，讓你的估值更具可信度。

第 **9** 章

從數字到估值

Numbers to Value

我從第6章的說一則故事、第7章測試一則故事是否言之成理,到第8章將故事與價值驅動因素連結。在本章,我將運用價值驅動因素進行估值,以得出此一流程的結果。本章開頭我會先回到第8章介紹的估值模型,探討評估一家企業與呈現該估值的方法。運用我在第8章用來舉例說明的企業,我所得出的估值,和我說的企業故事是一致的。本章第二部分,我會把這個流程倒過來,探討如何利用故事中既有的估值(經常以數字呈現),並運用這些故事研判估值是否合理。

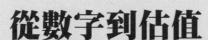 從輸入內容到估值

如果你已將故事轉化為估值輸入內容,那麼估值裡最吃力的工作,大部分都

已完成了，因為將價值輸入內容與估值連結，是最具技術性的部分。

估值的基礎

評估一門事業的價值時，我們會先評估現有投資，然後根據成長率所創造或破壞的價值，來提高該價值，之後再根據風險調整現金流量。相關步驟參見圖9.1。

圖 9.1　估值的步驟

納入成長率的影響
未來現金流量將反映出盈餘在未來會成長得多快的期待（正數），以及公司為實現這樣的成長，必須投入多少資金於再投資（負數）。

現有資產創造的現金流量
公司現有資產的基準盈餘將反映獲利能力、稅後淨額，以及任何需維持基準盈餘的再投資。

$$資產價值 = \frac{E(CF_1)}{(1+r)} + \frac{E(CF_2)}{(1+r)^2} + \frac{E(CF_3)}{(1+r)^3} \cdots + \frac{E(CF_n)}{(1+r)^n}$$

為風險而調整
你以貼現率來調整風險，風險愈高則貼現率愈高、現金流量的價值愈低。這個經風險調整的貼現率，通常以資本成本來計算。在資本成本中，風險由股票投資人和貸方承擔，前者要求更高的預期報酬率（股權成本）；後者要求公司付給他們更高的利差。

　　當你檢視這則故事的技術部分，應該強調的是，這些輸入內容都互相連結，牽一髮而動全身。例如，如果你決定提高估值中的成長率，就得考量要實現這樣的成長，需要如何調整再投資的金額，以及是否必須改變業務組合（以及該組合的風險）和財務槓桿。

　　DCF 估值模型有個面向是「終值」的角色，會造成失誤與麻煩。當為一門事業估值，幾乎無法避免終值成為評估當前價值的重要促成因素，這幾乎占當前價值的 60％、70％，甚至 100％以上。與其把它視為模型的缺點（有些人傾向這麼做），不如把它想成是反映在一門事業中，身為股票投資人要如何賺錢。股票投資人的投資會以現金股利形式產生現金流量，但他們主要的報酬是來自股價上漲。終值代表股價上漲，而不意外地，當一家企業成長潛力上升，終值對現值的貢獻也會增加。如果你接受這個對終值的解釋，那麼你第二個可能擔心的問題是你對終值的假設條件，可能操縱了整個估值。思考以下這個用來計算一家持續經營的公司之終值公式：

　　持續經營的終值$_n$ ＝ E（現金流量$_{n+1}$）／穩定成長的資本成本－成長率

　　我在第 7 章介紹了這個計算結果的第一個限制：終值公式的成長率，不得高於或等於企業所經營的經濟體（國內或全球）的名目成長率。我會把這個限制再更縮緊，建議用無風險利率（risk-free rate，指無風險的投資可獲得的投資報酬率，通常使用美國國債利率）來取代經濟體的名目成長率，從而把貨幣選擇納入

成長率估算；如果你使用的是高通膨貨幣，你的無風險利率和預期成長率永遠都會高很多。還有第二項限制需要考慮：就是企業的再投資，要足以維持終值的「穩定」成長率。事實上，有個計算再投資率的簡單方式，是當一家公司能產生穩定成長率時，先算出資本回報率，再用這個數字回推再投資率：

$$終期再投資率＝穩定成長率／資本回報率$$

例如，假設你所投資的新專案要產生12％資本回報率，你需要永遠都把25％的稅後營業利益拿去再投資，才能產生一年3％的成長率。事實上，如果你產生的資本回報率等於你的資本成本，終值將不會隨成長率改變而改變，因為成長率變成一個中性變數。這不但能讓你保持終值的受限，還帶來一個強烈暗示。你在穩定成長率中所計算的成長率，其附加價值是一個函數，代表你相信一家公司能否長期維持競爭優勢。如果不能，其資本回報率將跌回到它的資本成本，你所假設的成長率對估值將沒有影響。如此一來，你為公司詳細闡述的故事會需要一個結尾，你在結尾要判斷公司可維持超額報酬和持續成長、繼續經營的能力。

估值的未決事項

當你算出現金流量、以貼現率來調整風險、並計算出一個目前價值或營運資產的價值數字，可能會覺得估值最吃力的工作都已完成，但如果你這麼想的話就

錯了。從營運資產價值到一家企業的股東權益價值，以及從股東權益價值到上市公司的每股價值，需要以下判斷：

- **債務與現金（淨債務）**：大部分估值中，淨債務是估值結尾的一個無足輕重的細節，是營運資產必須扣除才能得出股東權益價值的一個數字。這確實掩蓋了這些數字的一或兩個計算問題。對於債務，關鍵問題變成你該把哪些項目納入其中，而答案是不但包括你在資產負債表上看見的付息貸款，還包括公司的合約承諾。例如，租賃承諾應被視為債務而計入債務數字，這對擁有大量營運租約的零售企業和餐廳來說，其債務價值將會產生重大影響。對於現金，你有兩個細節需要解決，首先是美國專有的現象，主要是美國公司稅法所造成的結果。美國稅法要求美國企業須為海外收入支付美國公司稅，但前提是收入匯回美國。不意外地，美國企業選擇不匯回現金，導致現金被滯留在國外。2015 年年底時，蘋果 2,000 億美元的現金餘額中，約有 1,200 億滯留在國外的營運據點，因為要是匯回美國，得支付近 200 億的稅款。在為蘋果估值時，身為該公司的股票投資人，你得決定是否要面對這個稅務不良影響，以及如果要面對，那是什麼時候。第二是在某些市場裡，現金餘額可拿來投資高風險證券，這種債券的帳面價值（財報中的數字），可能跟當前價值相差很大。
- **交叉持股**：公司持有其他企業股份的情況並不少見，而身為一個投資人，你參與這些持股也很正常。因此，你的估值也得納入這些持股的估值，而

要這麼做，首先得了解公司如何說明這些持股。根據美國和國際會計準則，持股可大致分成**多數持股**，表示你對另一家企業擁有控股權，通常（但不一定總是）持股過半。或是**少數持股**，表示你持有的另一家企業的股份較少。對於多數持股，你需要合併財務報表，有如你完全擁有這家子公司，並相應地申報營運數字（營收、營業利益、資產、負債等）。這需要會計師算出子公司不屬於母公司的價值部分，並把它放在負債，這部分稱為少數股東權益或非控股權益。對於少數持股，營運數字中不必列出你的持股，但你必須調整淨收入的部分，以反映你在子公司分到的收益。通常，你只需在資產表上列出你投資這些持股的帳面價值即可。這種組合令人眼花撩亂，也難怪交叉持股是估值當中最混亂的項目。不過，有一個簡單規則，可協助你減少這種困惑。如果可以，你應該只根據母公司的財務狀況對母公司進行估值，再對每個子公司（有自己的成長率、風險與現金流量特色）分別估值，然後根據你對每一家子公司的持股比率，總計其價值。

- **員工認股**：近20年來，許多企業開始以「認股」來獎勵員工，無論形式是限制性股票（限制交易）或認股權。由於這是員工的薪酬，即便這牽涉到以期權定價模型來為認股權估值，也無法想像在授予員工時不認列為營運費用。雖然會計規則的制定者花了點時間才弄清楚，但現在這已是世界大多數地區的會計準則做法了。然而，分析師與企業卻經常暗中破壞這個流程，把這些費用加回去，且理由千奇百怪。有個理由是，這些配股是非現金的費用，是公司為活絡現金流量，以實物或股票支付的。然而上

述發生的一切只是跳過了一個步驟，因為如果這些公司是對公開市場發行認股權或限制性股票，再把收到的現金支付給員工，那就會是一個現金流量。另一個理由是這不是經常性費用，這是每年企業發生這些費用時的奇怪推論，於是便衍生出第二個問題，特別是員工的認股權是在過去授予。這些認股權如果尚未行使，代表對公司股票的索取權，必須進行估值，從股東權益價值中扣除，才能算出每股價值。有分析師嘗試調整這些現有認股權的流通量，但這不是一個好做法，因為不光是這種「價外」（Out-the-money，指現貨價低於選擇權的履約價）的認股權在調整時經常被視為沒有價值，還包括你忽略了來自行使認股權的現金流量，以及當你這麼做時，認股權的時間價值。

　　儘管你會嘗試以機械的方式處理這些未決事項（現金、交叉持股和員工認股），但你應該把它們的存在和影響收進你的故事裡，因為它們代表相關事業慎重的抉擇。畢竟，沒有企業非得借錢、持有現金、投資其他企業，或授予員工認股權不可。簡單以 Netflix 為例，如果檢視這家公司的現有商業模式，會看見它的故事是建立在購買內容企業的電影專屬權利，通常附帶多年的付款承諾，然後尋找為了觀看電影而每月支付訂閱費用的訂戶。在這個故事說法裡，Netflix 的風險是內容供應商可能會力促播放承諾而導致其負擔沉重，卻又無法將成本轉嫁給訂戶。這可能刺激該公司轉向自行製作內容（例如《紙牌屋》），或許這是 Netflix 故事轉變的前兆。至於任天堂的情況，這是一家手上現金餘額逼近公司價值一半

的企業，管理階層先天的保守主義導致這家公司現金部位龐大，鮮少或沒有債務，所以在你訴說這家企業的故事、計算其企業價值時，也都該安排進去。最後，如果你正在評估的是一家控股公司，則組成這家公司的子公司不是故事的結尾，而是故事的全部，你估值時應研究管理階層在收購這些子公司時的表現有多好，並把它們變成這家公司的故事。

估值的精益求精

我相信大部分對DCF估值法給出「僵硬死板」的評價，都是冤枉了它，因為大多數分析師從沒用上其最強大的功能。我曾用DCF估值法評估年輕與老化企業、不同產業與國家的企業，以及獨立經營的資產，而我始終都對這個模型的靈活彈性感到驚喜。以下是這個估值法提供的兩項功能，而這兩項功能，許多從事者不是不知道，就是不理會。

- **貨幣的不變性**：DCF的模板適用於任何一種貨幣以及任何匯率條件，只要你的現金流量和貼現率，對通貨膨脹的假設條件保持一致。簡單來說，就是如果你以低通膨率來為你的公司估值，則你的貼現率也將會是低的，但你的預期成長率也將會如此（因為都採用同樣的低通膨率）。如果你換成一個高通膨貨幣來估值，你的貼現率跟成長率都會變高，才能反映通膨。
- **動態的貼現率**：大部分對DCF估值法的說明，都要求你為一家企業預估

一個貼現率，然後這個貼現率在整個估值過程裡就沒再更動過，這麼做既不合理，也不連貫。當你預測公司成長率與事業組合將有變動時，你就該料到貼現率會隨著公司的變動而改變。事實上，假設你的公司事業組合不變，股債組合也會隨著時間而改變，貼現率當然也會跟著變。

許多創投業者對使用DCF估值法抵死不從，他們對DCF估值法的鄙視，或許反映出他們對這個估值模型感到死板僵化的成見。而我在本書為了說明故事如何與數字連結，廣泛使用DCF模型為企業（從新創企業到衰退企業）估值，理由之一便是我想讓大家徹底了解DCF估值法夠靈活，能適用任何估值需求。

估值的診斷

當對一家企業的估值完成，不意外地，焦點全在財報上的最後一行——**你為企業及其股份（如果是上市公司）所估的數字**。然而，當你是該公司的投資人，則應看出估值的輸出內容中含有重要資訊，因其所傳達的不光是完整的估值，可能還會透露你該持續追蹤什麼：

- **成長率、再投資和投資品質**：我在本書前面介紹過「估值鐵三角」，指成長率、再投資和風險之間的平衡，造就了前後一致的估值。要檢查一致性，有個簡單方法是把你正在估算的企業，其高成長階段的營業利益數字加總

起來，除以你所估算的同一時期再投資數字。

$$資本邊際回報率＝營業利益數字／再投資$$

資本的邊際回報率可用來**粗估企業的投資，在未來的優良程度**。如果太高或太低，拿來跟該公司的資本成本、歷史資本回報率或產業平均值比較，就能做出判斷。這個數字，也是你必須重新審視你的成長率和再投資假設條件的警訊。

- **風險和資金的時間價值**：將現金流量貼現的程序，是你為估值進行的調整，用以反映資金的時間價值（換言之，你當然寧願早一點、而不是晚一點取得現金流量），以及企業持續經營下的營運風險。要了解你的企業會因時間價值與風險產生多少不利影響，可以考慮加總名目現金流量（尚未貼現），比較這個數字和這些現金流量的當前價值。即便你很清楚資金的時間價值——這是財金課堂上最早介紹的基礎概念之一——你可能還是會很驚訝，現金流量在受到耽擱時會縮減多少價值，特別是在高風險或高通膨的情況下。
- **現金流量的價值**：如果你擁有一家年輕、高成長的企業，你的早期現金流量可能為負，部分是因為初期獲利很低或者是負數；部分是為了實現高成長需要進行再投資。然而，這些負值的現金流量在捕捉稀釋

的影響時（意指股票投資人的所有權將因未來股票的發行，造成股權被稀釋的問題）將扮演關鍵角色。由於這些未來發行的股份，是為了彌補負值的現金流量，因此**你捕捉稀釋影響的方式，是把這些現金流量的當前價值納入合併價值**。簡單來說就是，在DCF估值法的計算中，你的股份不必因為未來發行的股份進行估值與調整，因為已經包含在你的估值裡了。

- **負值的股東權益價值**：你的現金流量當前價值加總後，就是你營運資產的價值，而這個數字跟淨債務的數值相減，就是你的股東權益價值。可是萬一你所獲得的營運資產數值低於淨債務呢？股東權益價值可以是負數嗎？答案是**可以**，以及**不可以**。**不可以**，是因為市價不可以低於零；而**可以**，是因為有時企業即便處於這種不健全的狀態，但因為受到希望的鼓舞而**繼續存在**，認為只要好轉就能提升營運資產的價值，在這種情況下，股東權益價值帶有選擇權的特徵，所以投資人應該這樣看待這家公司。

個案研究 9.1：優步──都會汽車服務公司的估值

前情提要：

個案研究6.2：共乘的風貌，2014 年 6 月

個案研究6.3：優步的故事，2014 年 6 月

個案研究 8.1：優步——從故事到數字

　　我在第 6 章提出優步 2014 年 6 月的故事版本，說它是一家都會汽車服務公司，而在第 8 章將故事連結上估值輸入內容，從營收成長到資本成本，都概括在表 9.1。

　　這些估值輸入內容最後提供一個估值模型，其輸出內容則總結於下頁表 9.2。雖然我對優步的估值結果約為 60 億美元，但還是要注意故事說法如何凸顯估值裡的每個數字。**驅動這個估值的是故事，並非一張表格裡的一大堆輸入內容。**

表 9.1　優步的估值輸入內容

輸入內容	假設
整體市場	在基準年，都會汽車服務公司整體規模為 1,000 億美元，在優步出現前，年成長率為 3%。優步與其他共乘企業將吸引新用戶進入這個產業，將預期成長率提高為每年 6%。
市占率	優步的整體市占率將達到 10%，市占率會逐年上升，直到達到這個水準。
稅前營業利益率 & 稅	優步的營業利益率將從 7% 上升到 40%，而優步將從當前的稅率（31%）逐漸上升到美國的邊際稅率（40%）。
再投資	優步將維持目前的低資本密集模式，產生的銷售資本比為 5.0。
資本成本	優步的資本成本第一年會從 12%（美國企業的第 90 分位數）開始，然後逐步下降，在第十年（成為成熟企業時）降到 10%。
失敗機率	鑑於虧損與資金需求，優步有 10% 失敗率。

表 9.2　優步，都會汽車服務公司

故事
優步是一家都會汽車服務公司，吸引新用戶進入汽車服務的產業部門。它將享有在地的網路優勢，同時保有目前的營收拆帳比率（八二分帳）與資本密集度（不持有汽車、亦不雇用司機）。

假設					
	基準年	第 1-5 年	第 6-10 年	10 年之後	故事連結
整體市場	1,000 億美元	每年成長 6.00%		成長 2.50%	優步汽車服務＋新用戶
整體市占率	1.50%	1.50% → 10.00%		10.00%	在地的網路優勢
營收拆帳	20.00%	維持在 20.00%		20.00%	維持營收拆帳
營運利益率	3.33%	3.33% → 40.00%		40.00%	強勁的競爭定位
再投資	無資料	銷售資本比為 5.0		再投資率＝ 10%	低資本密集度模式
資本成本	無資料	12.00%	12.00% → 8.00%	8.00%	在美國企業中為第 90 分位數
失敗風險		10%的失敗率（股權價值為零）			年輕公司

現金流量（百萬美元）					
	整體市場	市占率	營收	EBIT(1-t)*	再投資	FCFF†
1	$106,000	3.63%	$769	$37	$94	$(57)
2	$112,360	5.22%	$1,173	$85	$81	$4
3	$119,102	6.41%	$1,528	$147	$71	$76
4	$126,248	7.31%	$1,846	$219	$64	$156
5	$133,823	7.98%	$2,137	$301	$58	$243
6	$141,852	8.49%	$2,408	$390	$54	$336
7	$150,363	8.87%	$2,666	$487	$52	$435
8	$159,385	9.15%	$2,916	$591	$50	$541
9	$168,948	9.36%	$3,163	$701	$49	$652
10	$179,085	10.00%	$3,582	$860	$84	$776
最後一年	$183,562	10.00%	$3,671	$881	$88	$793

估值	
終值	$14,418
現值（終值）	$5,175
現值（未來 10 年的現金流量）	$1,375
營運資產的價值＝	$6,550
失敗率	10.00%
萬一失敗，價值為	$-
經風險調整的營運資產	$5,895	此時創投業者的優步定價為 170 億美元。

*EBIT (1 - t) ＝（營收＊營業利益率）（1- 稅率）
†FCFF ＝對企業的自由現金流量

個案研究 9.2：法拉利——排他汽車俱樂部的估值

前情提要：

　　個案研究 6.1：汽車產業，2015 年 10 月

　　個案研究 6.4：法拉利的故事，2015 年 10 月

　　個案研究 7.2：法拉利，排他的汽車俱樂部

　　個案研究 8.2：法拉利——從故事到數字

　　我在第 6 章提出法拉利的故事，說它將持續做一家排他的汽車俱樂部，安於低成長、高獲利與低風險。我也在第 7 章探討了法拉利另一個版本的高成長故事，儘管獲利率變低、風險又提高。在第 8 章，我將這兩個故事都連結上輸入內容，表 9.3 是這些數字的概要。

表 9.3　法拉利的估值輸入內容

	我的排他俱樂部版本	加速版本
貨幣選項	歐元	歐元
營收成長	未來 5 年 4.00％，在穩定成長後降到 0.7％。	未來 5 年 12.00％，在穩定成長後降到 0.7％。
稅前營業利益率 & 稅	營業利益率維持在 18.20％（目前水準），稅率為 33.54％。	未來 10 年，營業利益率降到 14.32％，這是壓低汽車定價和行銷成本增加的結果。
再投資	銷售資本比為 1.42，但再投資金額很低，因為營收成長也低。	銷售資本比為 1.42，但需要更多的再投資，因為銷售增加更多了。
資本成本	資本成本為 6.96％，反映其顧客為超級富豪。	資本成本為 8.00％，因為非常（但不到超級）有錢的人，比較會受景氣影響。

表 9.4　法拉利，排他的俱樂部

故事
法拉利將持續身為一家排他的汽車俱樂部，以超高價格銷售相當少量的汽車，不打廣告，銷售對象為超級富豪，不太受景氣起伏影響。

			假設		
	基準年	第 1-5 年	第 6-10 年	10 年之後	故事連結
營收 (a)	€2,763	CAGR* =4.00%	4,00% → 0.70%	CAGR* = 0.70%	以低成長率維持排他性
營業利益率 (b)	18.20%	18.20%		18.20%	高價＋無廣告成本＝時尚
稅率	33.54%	33.54%		33.54%	維持不變
再投資 (c)		銷售資本比為 1.42		再投資率＝4.81%	低成長，低再投資
資本成本 (d)		8.00%	8.00% → 7.50%	7.50%	受到總體經濟的影響輕微

		現金流量（百萬美元）			
	營收	營業利益率	EBIT(1-t) †	再投資	FCFF††
1	€2,876	18.20%	€348	€78	€270
2	€2,988	18.20%	€361	€81	€281
3	€3,108	18.20%	€376	€84	€292
4	€3,232	18.20%	€391	€87	€303
5	€3,362	18.20%	€407	€91	€316
6	€3,474	18.20%	€420	€79	€341
7	€3,567	18.20%	€431	€66	€366
8	€3,639	18.20%	€440	€51	€389
9	€3,689	18.20%	€446	€35	€411
10	€3,715	18.20%	€449	€18	€431
最後一年	€3,740	18.20%	€452	€22	€431

估值	
終值	€6,835
現值（終值）	€3,485
現值（未來 10 年的現金流量）	€2,321
營運資產的價值＝	€5,806
– 債務	€623
– 少數利益	€13
+ 現金	€1,141
股東權益價值	€6,311

*CAGR ＝複合年成長率
†EBIT (1 - t) ＝（營收 * 營業利益率）（1- 稅率）
††FCFF ＝對企業的自由現金流量

表 9.5 法拉利，加速版

故事
法拉利將以較低價位汽車模式，追求較高的成長率，這個策略背後有更多行銷資源投注的支持，但也會對總體經濟因素暴險更多。

假設				
	基準年	第 1-5 年	第 6-10 年	10 年之後
營收 (a)	€ 2,763	CAGR* = 12.00%	12.00% → 0.70%	CAGR* = 0.70%
營業利益率 (b)	18.20%	18.2% → 14.32%		14.32%
稅率	33.54%	33.54%	33.54%	33.54%
再投資 (c)	1.42	銷售資本比為 1.42		再投資率= 4.81%
資本成本 (d)		8.00%	8.00% → 7.50%	7.50%

現金流量（百萬美元）				
	營收	營業利益率	EBIT(1-t) [†]	再投資	FCFF[††]
1	€ 3,095	17.81%	€ 366	€ 233	€ 133
2	€ 3,466	17.42%	€ 401	€ 261	€ 140
3	€ 3,881	17.04%	€ 439	€ 293	€ 147
4	€ 4,348	16.65%	€ 481	€ 323	€ 153
5	€ 4,869	16.26%	€ 526	€ 367	€ 159
6	€ 5,344	15.87%	€ 564	€ 334	€ 230
7	€ 5,743	15.48%	€ 591	€ 281	€ 310
8	€ 6,043	15.10%	€ 606	€ 211	€ 395
9	€ 6,222	14.71%	€ 608	€ 126	€ 482
10	€ 6,266	14.32%	€ 596	€ 31	€ 566
最後一年	€ 6,309	14.32%	€ 600	€ 35	€ 565

估值	
終值	€ 8,315
現值（終值）	€ 3,906
現值（未來 10 年的現金流量）	€ 1,631
營運資產的價值＝	€ 5,537
– 債務	€ 623
– 少數利益	€ 13
+ 現金	€ 1,141
股東權益價值	€ 6,041

*CAGR ＝複合年成長率
†EBIT (1 - t) ＝（營收 * 營業利益率）（1- 稅率）
††FCFF ＝對企業的自由現金流量

個案研究 9.3：亞馬遜——夢幻成真的估值

前情提要：

個案研究6.5：亞馬遜，夢幻成真模式，2014年10月

個案研究7.3：亞馬遜——其他故事版本，2014年10月

個案研究8.3：亞馬遜——從故事到數字

　　關於亞馬遜，我的**夢幻成真版本**故事，是建立在以下這個假設條件上：**亞馬遜會遵循目前以低於成本的價格銷售產品與服務的策略，繼續專注於追求營收成長，而這將促進亞馬遜的獲利能力，儘管新的競爭對手將維持適度的獲利水準。**在第7章，我列出另外兩個故事版本，**悲觀版說亞馬遜專注於營收成長，將公司領進一片荒原，在那裡，獲利依舊是海市蜃樓；**而**樂觀版**（至少對投資人而言）則是**亞馬遜的定價策略將把競爭對手都逐出產業，讓它握有實質的定價權。**下頁表9.6記錄了這三種故事版本的估值差異。

　　在第217頁表9.7，我用夢幻成真故事，算出亞馬遜在2014年10月時的估值為每股175.25美元；然後在第218頁表9.8算出悲觀版本的估值為每股32.72美元；最後在第219頁表9.9算出樂觀版本為每股450.34美元。

表 9.6　亞馬遜的估值輸入內容──三種故事版本

	夢幻成真版本	悲觀版本	樂觀版本
營收成長	接下來 5 年每年 15.00％，穩定成長後降至 2.20%。	接下來 5 年每年 15.00％，穩定成長後降至 2.20%。	接下來 5 年每年 20.00％，穩定成長後降至 2.20%。
稅前營業利益率＆稅	營業利益率升至 7.38％，為零售／媒體產業部門的中段班。	營業利益率升至 2.85％，為零售／媒體產業部門的後段班。	營業利益率升至 12.84％，為零售／媒體產業部門的前段班。
再投資	銷售資本比維持在目前的 3.68。	銷售資本比維持在目前的 3.68。	銷售資本比維持在目前的 3.68。
資本成本	資本成本為 8.39%。	資本成本為 8.39%。	資本成本為 8.39%。

表 9.7　亞馬遜，夢幻成真

故事
亞馬遜近期內將追求營收成長，在媒體、零售及雲端運算產業中，以接近成本價銷售其產品及服務，並在未來利用市場力量賺取更高的獲利率，儘管會有新進的競爭對手來加以制衡。

假設

	基準年	第 1-5 年	第 6-10 年	10 年之後	故事連結
營收 (a)	$85,246	CAGR*=15.00%	15.00% → 2.20%	2.20%	專注於追求營收成長
營業利益率 (b)	0.47%	0.47% → 7.38%		7.38%	零售＋媒體產業的平均獲利率
稅率	31.80%	31.80%		31.80%	保持不變
再投資 (c)		銷售資本比為 3.68		再投資率＝22.00%	再投資的效率高於競爭對手
資本成本 (d)		8.39%	8.39% → 8.00%	8.00%	媒體＋零售＋雲端

現金流量（百萬美元）

	營收	營業利益率	EBIT(1–t) [†]	再投資	FCFF [††]
1	$98,033	1.16%	$776	$3,474	$(2,698)
2	$112,738	1.85%	$1,424	$3,995	$(2,572)
3	$129,649	2.54%	$2,248	$4,594	$(2,346)
4	$149,096	3.23%	$3,288	$5,284	$(1,996)
5	$171,460	3.92%	$4,589	$6,076	$(1,487)
6	$192,790	4.62%	$6,069	$5,795	$274
7	$211,837	5.31%	$7,667	$5,175	$2,492
8	$227,344	6.00%	$9,300	$4,213	$5,087
9	$238,166	6.69%	$10,865	$2,940	$7,925
10	$243,405	7.38%	$12,251	$1,424	$10,827
最後一年	$248,790	7.38%	$12,520	$2,755	$9,766

估值

終值	$168,379
現值（終值）	$76,029
現值（未來10年的現金流量）	$4,064
營運資產的價值＝	$80,093
− 債務	$9,202
＋ 現金	$10,252
股東權益價值	$81,143
股數	463.01
每股價值	$175.25　此估值時的亞馬遜成交價為 287.06 美元

*CAGR ＝複合年成長率
†EBIT (1 – t) ＝（營收 * 營業利益率）（1– 稅率）
††FCFF ＝對企業的自由現金流量

Narrative and Numbers

表 9.8　亞馬遜，股東末日

故事
亞馬遜近期內將追求營收成長，在媒體、零售及雲端運算產業中，以接近成本價銷售其產品及服務；但在任一產業，都將無法利用市場力量大幅提升營業利益率。

假設

	基準年	第 1-5 年	第 6-10 年	10 年之後	故事連結
營收 (a)	$85,246	CAGR* =15.00%	15.00% → 2.20%	2.20%	專注追求營收成長
營業利益率 (b)	0.47%	0.47% → 2.85%		2.85%	零售＋媒體事業，後段班
稅率	31.80%	31.80%		31.80%	維持不變
再投資 (c)		銷售資本比為 3.68		再投資率＝22.00%	再投資的效率高於競爭對手
資本成本 (d)		8.39%	8.39% → 8.00%	8.00%	媒體＋零售＋雲端

現金流量（百萬美元）

	營收	營業利益率	EBIT(1–t)†	再投資	FCFF ††
1	$98,033	0.71%	$473	$3,474	$(3,001)
2	$112,738	0.95%	$727	$3,995	$(3,268)
3	$129,649	1.18%	$1,046	$4,594	$(3,548)
4	$149,096	1.42%	$1,446	$5,284	$(3,838)
5	$171,460	1.66%	$1,941	$6,076	$(4,135)
6	$192,790	1.90%	$2,495	$5,795	$(3,300)
7	$211,837	2.14%	$3,086	$5,175	$(2,089)
8	$227,344	2.37%	$3,681	$4,213	$(532)
9	$238,166	2.61%	$4,243	$2,940	$1,302
10	$243,405	2.85%	$4,731	$1,424	$3,308
最後一年	$248,790	2.85%	$4,835	$2,755	$3,771

估值

終值	$65,024
現值（終值）	$29,361
現值（未來 10 年的現金流量）	$(15,260)
營運資產的價值＝	$14,101
− 債務	$9,202
＋ 現金	$10,252
股東權益價值	$15,151
股數	463.01
每股價值	$32.72

此估值時的亞馬遜成交價為 287.06 美元

*CAGR ＝複合年成長率
†EBIT (1 – t) ＝（營收 * 營業利益率）（1 – 稅率）
††FCFF ＝對企業的自由現金流量

表 9.9　亞馬遜，世界主宰

故事
亞馬遜近期內將追求營收成長，在媒體、零售及雲端運算產業中，以接近成本價銷售其產品及服務，並在未來利用市場力量趕走競爭對手，賺取超高獲利率。

假設				
	基準年	第 1-5 年	第 6-10 年	10 年之後	故事連結
營收 (a)	$85,246	CAGR* = 25.00%	25.00% → 2.20%	2.20%	沉醉於追求營收成長
營業利益率 (b)	0.47%	0.47% → 12.84%		12.84%	零售＋媒體事業，的前段班
稅率	31.80%	31.80%		31.80%	維持不變
再投資 (c)		銷售投資比為 3.68		再投資率＝22.00%	再投資的效率高於競爭對手
資本成本 (d)		8.39%	8.39% → 8.00%	8.00%	媒體＋零售＋雲端

現金流量（百萬美元）				
	營收	營業利益率	EBIT(1–t) †	再投資	FCFF††
1	$102,295	1.71%	$1,190	$4,632	$(3,441)
2	$122,754	2.94%	$2,464	$5,559	$(3,094)
3	$147,305	4.18%	$4,200	$6,670	$(2,470)
4	$176,766	5.42%	$6,531	$8,004	$(1,473)
5	$212,119	6.65%	$9,627	$9,605	$22
6	$246,992	7.89%	$13,293	$9,475	$3,819
7	$278,804	9.13%	$17,358	$8,643	$8,715
8	$304,789	10.37%	$21,547	$7,060	$14,487
9	$322,345	11.60%	$25,508	$4,770	$20,738
10	$329,436	12.84%	$28,848	$1,927	$26,922
最後一年	$336,684	12.84%	$29,483	$6,486	$22,997

估值	
終值	$396,496
現值（終值）	$179,032
現值（未來 10 年的現金流量）	$28,427
營運資產的價值＝	$207,459
－ 債務	$9,202
＋ 現金	$10,252
股東權益價值	$208,510
股數	463.01
每股價值	$450.34　　　　此估值時的亞馬遜成交價為 287.06 美元

*CAGR ＝複合年成長率
†EBIT (1 – t) ＝（營收 * 營業利益率）（1– 稅率）
††FCFF ＝對企業的自由現金流量

個案研究 9.4：阿里巴巴——中國故事

前情提要：

　　個案研究6.6：阿里巴巴，中國故事，2014年9月

　　個案研究7.4：阿里巴巴，全球玩家

　　個案研究8.4：**阿里巴巴**——從故事到數字

　　在我的阿里巴巴故事裡，我說這家公司在中國故事中不但前途光明，也已經實現了期望。

　　這家公司非常適應中國零售商與消費者的需求與恐懼，在主宰中國線上零售交易的同時，也獲得扎實的獲利。在我的故事裡，阿里巴巴在中國市場繼續以25％的速度成長，營業利益率下滑有限，將達40％，但我把這家公司視為以中國為中心的企業，在拓展到海外市場時不會太順利。

　　這樣的估值總結在第222頁表9.10中，為阿里巴巴在IPO之後產生一個估值。

　　加上IPO產生的價值（我估算為200億美元），我預測股東權益價值為1,610億美元，換算成每股價值為65.98美元。

　　在第7章，我概述了另一個阿里巴巴為全球玩家的故事，透過拓

展至全球，讓阿里巴巴能在接下來 5 年每年成長 40％，超越中國 25％
的線上零售成長率。在這個故事版本裡，成長將伴隨營業利益率降至
30％、再投資也會提高，所得到的銷售資本比為 1.50。最後算出的價值
為每股 92.52 美元，詳情見第 223 頁表 9.11。

　　在我算出估值幾天後，銀行家們把阿里巴巴的發行價設定在 68 美
元，但開盤價為 95 美元。2016 年 1 月，我在寫作本書時，股價已經回
到 65 美元。

Narrative and Numbers

表 9.10　阿里巴巴，中國故事

故事
阿里巴巴將維持以中國為中心發展，在中國線上零售市場維持其高市占率和成長率。它的獲利率多少會因為競爭而下滑，但還是會撐在高水位。

假設

	基準年	第 1-5 年	第 6-10 年	10 年之後	故事連結
營收 (a)	$9,268	CAGR* = 25.00%	25% → 2.41%	CAGR* = 2.41%	隨著中國市場成長
營業利益率 (b)	50.73%	50.73% → 40.00%		40.00%	競爭變激烈
稅率	11.92%	11.92%	11.92% → 25.00%	25.00%	邁向法定稅率
再投資 (c)	無資料	銷售資本比為 2.00		再投資率＝30.13%	銷售資本比為產業平均值
資本成本 (d)		8.56%	8.56% → 8.00%	8.00%	廣告＋零售風險

現金流量（百萬美元）

	營收	營業利益率	EBIT(1-t) [†]	再投資	FCFF[††]
1	$11,585	49.66%	$5,067	$1,158	$3,908
2	$14,481	48.58%	$6,197	$1,448	$4,749
3	$18,101	47.51%	$7,575	$1,810	$5,765
4	$22,626	46.44%	$9,255	$2,263	$6,992
5	$28,283	45.36%	$11,301	$2,828	$8,473
6	$34,075	44.29%	$12,899	$2,896	$10,002
7	$39,515	43.22%	$14,149	$2,720	$11,429
8	$44,038	42.15%	$14,891	$2,261	$12,630
9	$47,089	41.07%	$15,012	$1,525	$13,486
10	$48,224	40.00%	$14,467	$567	$13,900
最後一年	$49,388	40.00%	$14,816	$4,463	$10,353

估值

終值	$185,205
現值（終值）	$82,731
現值（未來 10 年的現金流量）	$54,660
營運資產的價值＝	$137,390
– 債務	$10,068
+ 現金	$9,330
+ 展開 IPO	$20,000
+ 非營運資產	$5,087
股東權益價值	$161,739
– 選擇權價值	$696
普通股的價值	$161,043
股票	
股數	2,440.91
預估價值（每股）	$65.98

阿里巴巴起初定價為 68 美元，後又改成每股 80 美元。

*CAGR ＝複合年成長率
†EBIT (1 – t) ＝（營收 * 營業利益率）（1– 稅率）
††FCFF ＝對企業的自由現金流量

表 9.11　阿里巴巴，全球故事

故事
阿里巴巴拓展到海外市場，讓它在接下來 5 年營收成長率可達每年 40%。它的獲利率將因位在國外市場競爭而被壓低，為了在國外市場成長，也需要投入更多的再投資。

假設

	基準年	第 1-5 年	第 6-10 年	10 年之後	故事連結
營收 (a)	$9,268	CAGR* =40.00%	40.00%→ 2.41%	CAGR*=2.41%	全球擴張＋中國成長
稅前營業利益率 (b)	50.73%	50.73% → 30.00%		30.00%	全球競爭更加激烈
稅率	11.92%	11.92%	11.92%→ 25.00%	25.00%	邁向法定稅率
再投資 (c)	無資料	銷售資本比為 1.50		再投資率＝ 30.13%	在全球增加再投資
資本成本 (d)		8.56%	8.56% → 8.00%	8.00%	廣告＋零售風險

現金流量（百萬美元）

	營收	營業利益率	EBIT(1-t)[†]	再投資	FCFF[††]
1	$12,975	48.66%	$5,561	$1,158	$3,089
2	$18,165	46.58%	$7,453	$1,448	$3,993
3	$25,431	44.51%	$9,970	$1,810	$5,126
4	$35,604	42.44%	$13,308	$2,263	$6,527
5	$49,846	40.36%	$17,721	$2,828	$8,227
6	$66,036	38.29%	$21,611	$2,896	$10,817
7	$82,522	36.22%	$24,762	$2,720	$13,772
8	$96,918	34.15%	$26,552	$2,261	$16,954
9	$106,540	32.07%	$26,522	$1,525	$20,107
10	$109,108	30.00%	$24,549	$567	$22,838
最後一年	$111,738	30.00%	$25,141	$7,574	$17,567

估值

終值	$314,262
PV（終值）	$139,116
PV（未來 10 年的 CF）	$63,071
營運資產的價值＝	$202,186
－ 債務	$10,068
＋ 現金	$9,330
＋ 展開 IPO	$20,000
＋ 非營運資產	$5,087
股東權益價值	$226,535
－ 選擇權價值	$696
普通股的價值	$225,839
股數	2,440.91
預估價值（每股）	$92.52

阿里巴巴開盤價為每股 92 美元。

*CAGR ＝複合年成長率
†EBIT (1 – t) ＝（營收 * 營業利益率）（1– 稅率）
††FCFF ＝對企業的自由現金流量

📊 解構估值

　　在前幾章，我已經討論了商業故事可以如何轉化為估值。這是假定你能控制順序，並同時進行估值。但你能把這個過程倒過來做嗎？換言之，你**能否進行全是數字的DCF估值法，然後從這些數字回推出故事**呢？可以，而且你會想這麼做，有幾個理由。第一，**你一從故事中取得數字，就能用來判斷這些數字所連結的故事，是否讓你感到自在**。畢竟，當你檢視一家公司時，促使你決定投資與否的，除了數字之外，還包括數字背後的故事。第二，**你可以用你不苟同的故事版本，對做估值的人提出基本假設的質疑**。要測試分析師是機械地填入數字、還是說了一個嚴謹的故事，就看他或她將如何回答你的問題。

　　如果你使用的是設計來把故事轉化為數字的結構，那麼要解構一個估值，過程很簡單。例如，當你在一張試算表或是模型裡，看見一家公司的預期收入時，你的問題必須將砲火瞄準做估值的分析師，他或她**如何看待公司所在的整體市場**，以及他或她**給予這家公司的市占率是多少**。之後展開討論，討論企業經營哪些業務，這些業務能帶給公司什麼網路和競爭優勢。下頁圖9.2提供一些問題，雖然不夠全面，但足以讓你從一個估值裡，問出背後的故事。

圖9.2 解構一個估值

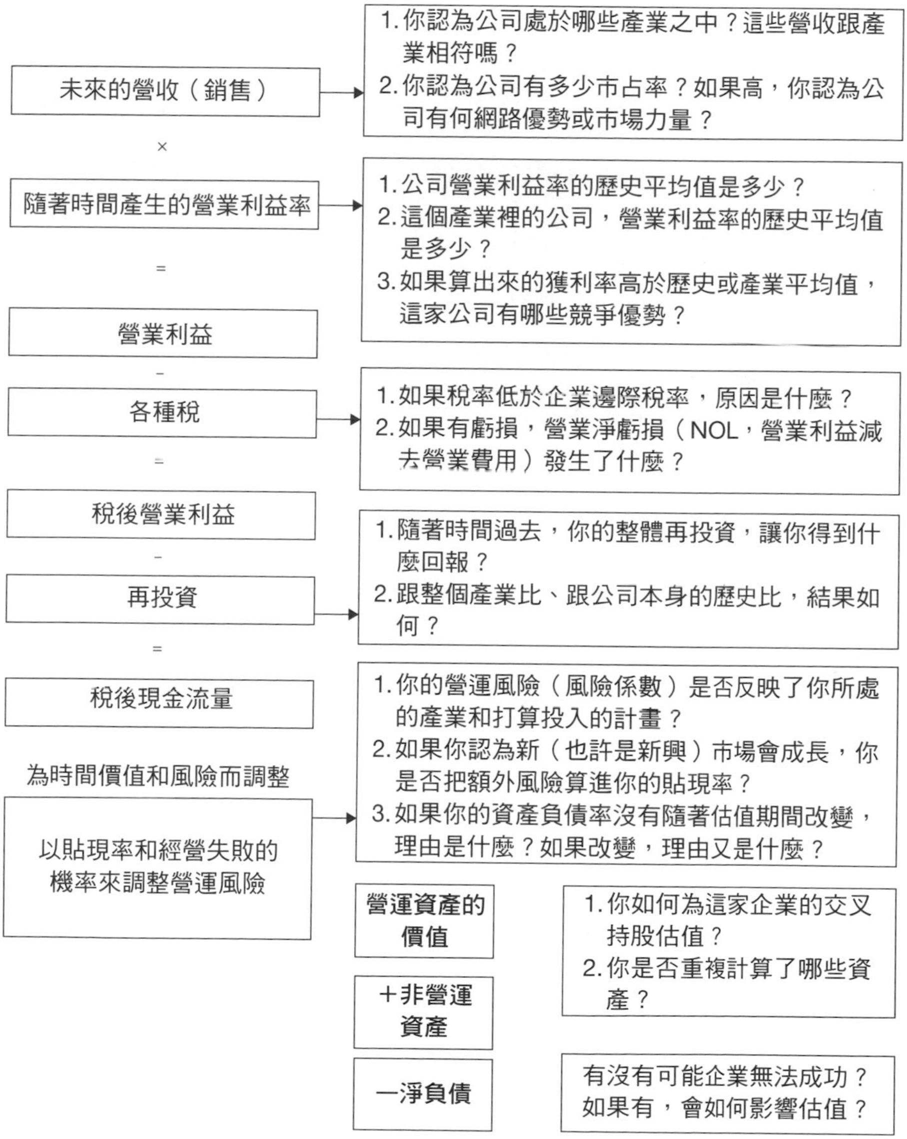

未來的營收（銷售）
→ 1.你認為公司處於哪些產業之中？這些營收跟產業相符嗎？
2.你認為公司有多少市占率？如果高，你認為公司有何網路優勢或市場力量？

×

隨著時間產生的營業利益率
→ 1.公司營業利益率的歷史平均值是多少？
2.這個產業裡的公司，營業利益率的歷史平均值是多少？
3.如果算出來的獲利率高於歷史或產業平均值，這家公司有哪些競爭優勢？

=

營業利益

-

各種稅
→ 1.如果稅率低於企業邊際稅率，原因是什麼？
2.如果有虧損，營業淨虧損（NOL，營業利益減去營業費用）發生了什麼？

=

稅後營業利益

-

再投資
→ 1.隨著時間過去，你的整體再投資，讓你得到什麼回報？
2.跟整個產業比、跟公司本身的歷史比，結果如何？

=

稅後現金流量

為時間價值和風險而調整

以貼現率和經營失敗的機率來調整營運風險
→ 1.你的營運風險（風險係數）是否反映了你所處的產業和打算投入的計畫？
2.如果你認為新（也許是新興）市場會成長，你是否把額外風險算進你的貼現率？
3.如果你的資產負債率沒有隨著估值期間改變，理由是什麼？如果改變，理由又是什麼？

營運資產的價值
→ 1.你如何為這家企業的交叉持股估值？
2.你是否重複計算了哪些資產？

＋非營運資產

－淨負債
→ 有沒有可能企業無法成功？如果有，會如何影響估值？

📊 結論

　　你拿到一家公司的故事，並把故事轉化為估值輸入內容，則把輸入內容變成估值的程序就會更機械化，儘管有些細節需要留意。不過，比起在細節裡迷失，還不如**利用你的故事，來決定你想花最多時間跟資源在什麼特定詳情上，會是更好的做法**。以我對亞馬遜的估值為例，未來的營業利益率是最有爭議的輸入內容，所以我花在檢視亞馬遜這項統計數字的歷史，並跟同樣橫跨零售與媒體產業的公司比較其差異的時間，高過評估資本成本。又例如優步，關鍵問題是優步所追求的市場規模，這個故事中我花最多力氣琢磨的，是優步是否只是一家汽車服務公司、或是還有其他定位，我將在接下來的兩章，回來探討這些議題。

第10章

完善和修改故事──反饋意見
Improving and Modifying Your Narrative-the Feedback Loop

　　如果你照著前4章的模板做,現在你將有一則已經轉化為估值的故事了。在你認為工作已經完成之前,值得牢記的是,你的故事不是唯一言之成理的版本,因為同一事業的故事,可能還有其他版本。與其把這些版本視為錯誤而屏棄、為自己辯護,不如持開放心態,考慮這些說法有哪些環節,可以借鏡或納入你的故事並使故事更完善。在某些情況裡,這些更改可能是因為其他人比你更清楚這家被估值的公司,以及這家公司所經營的業務,他們的故事版本反映了這些知識。在其他情況裡,這些更改只是反映了你的故事的最初版本有所疏漏。無論如何,如果只因是你的故事你就拒絕更動,那真是一種傲慢。

📊 對抗傲慢

　　傲慢是本章的開頭，因為它是許多投資的痛苦根源。身為創辦人或投資人，你會對自己詳細闡述的故事感到自豪、覺得這則故事屬於你。這其實是人之常情，因此當遇到批評時，也很自然地會產生要為故事辯護、甚至與故事站在同一陣線的衝動。然而不幸的是，通往破產的投資地獄裡，滿是這種捍衛自己的故事、貌似經過「深思熟慮」的投資人。我也曾費力割捨我最喜歡的故事，我沒有神奇療法，但有兩個能讓我敞開心胸、接受改變的行動。一是**把我的故事告訴一群可能會喜歡這則故事的人，讓他們發表不同意見。**二是**對自己故事中感覺沒把握的地方，以及這對我估值的結果和數字所產生的影響，保持開放態度。**

走出同溫層

　　對著一群想法、世界觀跟你很像的人講故事、為故事辯護比較容易。因此，如果你的企業故事是一飛沖天的科技新創，跟一群創業家和創投業者說這個故事會得到贊同，他們將一致認可你優越的說故事能力；但如果你是在一群資深價值投資人面前述說，你會覺得自己很快就飽受抨擊，必須為故事裡幾乎每個環節辯護。

　　儘管跟一群想法不同的人說話，可能是不太愉快的經驗，但如果你願意照著以下步驟做，你就能讓這樣的經驗變得富有成效。首先是**對投資和估值原則保持**

開放態度，你認為的真理，可能只是個人信念。例如，對一群創投業者來說，成長或許永遠是「好」事；但一群價值投資人則將投以較多懷疑眼光。如果你要解釋成長為什麼是好事，就得先思考成長如何影響價值，以及成長為什麼有時會摧毀價值。這讓你能對懷疑者解釋，為什麼他們對成長的擔憂是多慮，至少在你的情況下不必擔心。其次是在你向價值投資人解釋為什麼成長是好事時，你或許會發現你之前沒做好的功課，或是哪個假設條件錯了，或是沒有想清楚。儘管你會有掩飾錯誤、換個話題的衝動，但你該做的其實是回頭檢視你的故事，或許還必須修改你的故事。

正視不確定性

如果你檢視了我在第9章提出的估值，你會注意到數字出奇地精確，例如亞馬遜是175.25美元，計算到小數第二點。然而實際情況是，雖然這個數字是我一路計算出來的，所有數字都從故事中擷取，或許還有數據的支持，但這依然是估計，可能會算錯。然而隨著你不斷處理數字，到某個程度，你會開始把這些計算視為事實，**把你的估值視為真相**。

要對付這種「精確的假象」，解藥是**承認你的估值是基於點估計**[*]——你的基

---

[*]　point estimates。指統計學中，用樣本數據來估計母體母數，並將估計結果用一個點的數值，來表示「最佳估計值」。

本案例中對預期成長率、獲利率和資本成本的估值——這些數字全來自一個機率分布。例如，當我估計亞馬遜的營收成長率在接下來5年將會是每年15%，這個預期成長率的分布範圍可能是10%至20%。當你面對不確定性，這是個可善加利用的好點子，而且你有四種技術可以運用：

- **假設分析**：在假設分析中，你在估值中改變個別變數，其他輸入值則維持不變。以亞馬遜的估值為例，我可以從10%至20%來計算亞馬遜成長率。為什麼要做這個？首先是**看一個變數如何對估值產生影響**，並運用這個知識，來決定你是否要蒐集更多跟這個變數相關的資訊，才進行投資決策。第二個也是更悲觀的理由是，**萬一你錯了，能預防隨之而來的批評**。藉著呈現範圍中一系列的變數而不是只提出單一最佳估值，你便能主張幾乎所有發生的事，都在你的預測當中。
- **情境分析**：在情境分析中，你容許全部或許多變數跨情境改變，然後你在每一個場景中為你的事業估值。**最沒用的情境分析形式，是把情境定義為最佳、基本和最糟**。不意外地，你的事業在最佳情境中估值最高，在最糟情境裡毫無價值或價值很低，在基本情境則是中間值。比較有建設性的形式是以**成功的關鍵決定因素來打造情境**，分析時所追蹤的，除了企業價值，也包括公司每一個情境裡會如何行動。這在評估阿里巴巴時很實用，這家公司（至少根據我的故事版本）的成長基礎是中國的成長，因此會根據中國經濟的成長率而有不同的情境分析。

- **決策樹**：決策樹是機率工具，設計來評估一門事業的離散與連續風險。例如，它很適合用來評估需要監管機構核可才能營運的公司，或是藥品須通過多個階段才能獲得批准的製藥／生技企業。為順利通過核可，不得不檢查你的公司的連續事件，這將讓你更深入思考你的故事有何脆弱環節。在第 2 章我探討過 Theranos 來當作「成功故事」的舉例，這家公司宣稱開發出一種低侵入性、價格更低廉的驗血裝置，將顛覆整個驗血產業。如果投資人利用決策樹追蹤批准機率，核准問題應該會更快露餡。

- **模擬**：模擬是評估不確定性最完整、最豐富的方式。不像假設分析一次只改變一個變數，你可以隨心所欲，要改變輸入值的多少個變數都行；也不像情境分析必須把未來分解成特定的幾個情境，模擬能讓你檢視一個連續體的機率。事實上，有一個版本的模擬，甚至能讓你納入決策樹和必須遵守的限制條件；如銀行若違反資本適足要求**的限制，或是負債累累、無法履行合約諾的公司，可能會被勒令停業。

** Regulatory Capital。指根據銀行法規，銀行自有資本淨額，必須達到風險資產總額的一定比率。根據台灣的銀行法，銀行資本適足率必須達到 8%。

個案研究 10.1：阿里巴巴的估值

前情提要：

　　個案研究 6.6：阿里巴巴，中國故事，2014 年 9 月

　　個案研究 7.4：阿里巴巴，全球玩家

　　個案研究 8.4：阿里巴巴——從故事到數字

　　個案研究 9.4：阿里巴巴——中國故事

　　在個案研究 9.4，我在 2014 年 9 月阿里巴巴 IPO 時評估其股東權益價值為 1,610 億美元，每股價值為 65.98 美元，這是假設未來 5 年營收成長率為每年 25％，以及阿里巴巴將維持其市占率的條件下所獲得的結果。因此，這個價值是根據我對中國經濟將繼續成長，帶動線上零售業務跟著成長的假設。

　　我的假設有可能錯了。尤其是接下來幾年中國的成長率可能下降，或者我也可能低估了中國的成長潛力。在下頁表 10.1 中，我根據中國的成長率設定三種情境，以及阿里巴巴在每種情境下的估值。

　　結果在方向上並不令人意外，意外的是強度，當中國成長率低於預期時，估值低了三分之一以上；而當中國成長率高於預期，估值又高了近 50％，這是你的故事在中國總體經濟的暴險程度指標。

表 10.1　阿里巴巴—中國成長情境下的估值

情境	營收成長率	目標營業利益率	資本成本	每股價值
中國成長率低於預期	15.00%	35.00%	9.00%	$40.06
中國成長率一如預期	25.00%	40.00%	8.56%	$65.98
中國成長率高於預期	30.00%	50.00%	8.25%	$98.89

個案研究 10.2：阿里巴巴——蒙地卡羅模擬

　　阿里巴巴的估值是根據一組輸入內容，而這一連串的輸入內容可能錯估。儘管我相信這些輸入內容的預期價值反映這家公司，至少反映了我在 2014 年 9 月所看到的阿里巴巴，但確實，我在估算每一個輸入內容時，都面對不確定性。要捕捉這種不確定性，我用這些輸入內容的**機率分布**（而不是單一預期價值）來進行一個模擬。每一個輸入內容，分布中的預期價值符合我基本情況的假設，但是機率分布提供了我對每一個輸入內容所感受到的不確定性的判斷。例如，我對目標營業利益率的計算是以 40％ 為中心（我的基本情況之假設條件），但我是假設結果將落在 30％ 至 50％ 之間，每一個結果的機率相等（相同的分布）。我對營收成長率（我的基本情況是以 25％ 進行估值）、資本成本（基本情況以 8.56％ 來估算）和銷售資本比（基本情況是預設 2.00）做了類似的判

阿里巴巴的估值模擬，2014 年 9 月。中數＝ $66.45；
最低估值＝ $38.11；最高估值＝ $153.10

阿里巴巴：關鍵輸入值

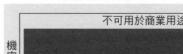

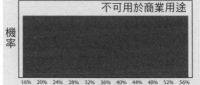

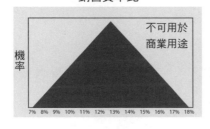

阿里巴巴：值分布

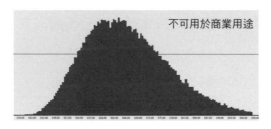

百分位數	預測估值
0%	$38.11
10%	$52.96
20%	$56.64
30%	$59.58
40%	$62.39
50%	$65.15
60%	$68.10
70%	$71.43
80%	$75.54
90%	$81.60
100%	$153.10

斷，並對每一個基本情況的估值，有不同的分布假設。在這場模擬，我
從這些分布裡抓數字，來估算阿里巴巴的價值，我在圖10.1裡以值分布

（value distribution）來呈現。

注意這100,000次模擬追蹤，平均數與中位數都很接近基本情況的估值，每股65.98美元，這並不意外，因為這些輸入內容的預期價值，在兩種分析中都相同。額外的資訊出現在價值的百分位數分布表裡，最低估值為每股38.11美元，最高則為153.11美元。我所獲得的不止是能用於決策的更豐富的資訊集合[***]，同時也提醒了我，我的計算中有多少誤差。這可望幫助我比較不會對意見相左（無論是哪一方面）的人貼上錯誤標籤，並對用來改善我的故事與估值的各種建議，保持更加開放的心態。

📊 定價反饋

當你有了一則故事，把故事轉變成數字，並把數字轉變成估值，你就是在表達你認為一家公司價值多少的立場。你得到的最立即的反饋，是現在其他人願意為這家公司所支付的價格。如果你評估的是上市公司，反饋會更即時，因為市價

*** information set。在賽局理論中，指對於特定參與者，建立基於其所觀察到的所有賽局中可能發生的行動之集合。

會在投資人交易時更新。即便是私營企業，你偶爾也能根據投資人對某家企業的估值高低來計算價格，儘管這些估值高低比較少更新。

　　沒有比評估一家公司的價值、算出來的數字卻跟當前價格相去太遠，更令人不安的了。我知道這就是為什麼我們要為企業估值（亦即找出市場的錯誤定價），可是當價格差得很離譜時，有四種可能的解釋。一是**你對了、市場錯了**；二是**你錯了、市場對了**；三是**你跟市場都錯了**，因為內在價值是一個不可知的數字；最後一種可能是，**定價和估值的過程**（見第8章的說明與對照）**已經出現分歧**，市場是在為企業定價，而你是在為企業評估價值。第一個解釋暗示你不是過度自信就是傲慢；，第二個則是完全向市場屈服；第三個解釋是我開始的解釋，因為它要求我接受我的故事有出錯的可能，因此，我的估值也可能跟著錯。當然，不管我看我的故事有多順眼，我都至少該評估一下市場的預期，然後比較一下市場預期跟我的估值，這未必是為了改變我的估算，而是為更多的研究做預備，或許因此而做出更好的決策。

　　如果在檢視過這些可能性後，我還是認為我的故事版本獲勝，我會得出定價與價值程序已經分歧的結論，導致兩者之間產生落差。我是否願意拿真實的資金去填補這個落差，取決於我的信心，一個是對我的故事和估值結果是否有信心；另一個是在我設定的時間範圍裡，這個落差會縮小的信心。

個案研究 10.3：2014 年 10 月的亞馬遜——市場平衡點

前情提要：

　　個案研究 6.5：亞馬遜，夢幻成真模式，2014 年 10 月

　　個案研究 7.3：亞馬遜——其他故事版本，2014 年 10 月

　　個案研究 8.3：亞馬遜——從故事到數字

　　個案研究 9.3：亞馬遜——夢幻成真的估值

　　在第 9 章，我對亞馬遜的估值（175.25 美元）跟當時的市價（287 美元）差距不小。不過，我的估值是根據我為該公司建構的故事，以及我估計該公司的營收成長率（接下來 5 年每年 15 ％，營收將於 2024 年來到 2,400 億美元）和營業利益率（7.38 ％）。顯然，投資人、或至少是那些推升亞馬遜股價的投資人，比我還要樂觀。為了衡量市場的假設條件和我的假設有何不同，我以營收成長和目標營業利益率（10 年後）為函數算出每股價值，見下頁表 10.2。

　　表格的灰底區代表分析時超過每股市價（287 美元）的估值。如果投資人為亞馬遜定價是根據內在價值，他們顯然希望亞馬遜能實現的營收比我的預估更高，獲利率也是。當時估值時，我的研判是這些數字對我來說太高了，我會對我所主張的估值維持不變。

事實上，亞馬遜的股價不斷攀升，對我來說這代表投資人不是在為亞馬遜估值，而是**定價**，所以至少短期內不為基本面所動。這也是為什麼儘管我主張亞馬遜的估值過高，我卻沒有採取顯而易見的下一步，賣空這檔股票。是我膽小嗎？當然，但我認為，假如我無法控制我的時間範圍，根據內在價值建立部位是有勇無謀，而在賣空的情況下，我無法掌控。

表 10.2　亞馬遜──估值與價格平衡點

2024 年營收 （10 億美元）	目標營業利益率					
	2.50%	5.00%	7.50%	10.00%	12.50%	15.00%
$100	$ 34.36	$ 69.25	$ 104.14	$ 139.03	$ 173.92	$ 208.81
$150	$ 3.75	$ 79.34	$ 127.93	$ 176.52	$ 225.11	$ 273.70
$200	$ 27.20	$ 90.19	$ 153.19	$ 216.18	$ 279.17	$ 342.17
$250	$ 23.76	$ 101.35	$ 178.94	$ 256.52	$ 334.11	$ 411.69
$300	$ 20.29	$ 113.22	$ 206.16	$ 299.10	$ 393.03	$ 484.97
$350	$ 17.02	$ 124.85	$ 232.67	$ 340.50	$ 448.32	$ 556.14
$400	$ 13.90	$ 136.28	$ 258.66	$ 381.03	$ 503.41	$ 625.78

個案研究 10.4：定價反饋——優步、法拉利、亞馬遜和阿里巴巴

　　在第 9 章，我評估了優步、法拉利、亞馬遜和阿里巴巴的價值，要是我說這些企業的現時定價沒有影響我的估值，那我一定沒說實話。

- 以優步這家非交易實體[****]來說，市場反饋的形式是創投業者隱含的估值。我對優步的興趣是由一則新聞報導而觸發的，報導說優步在最新一輪的創投中被定價為 170 億美元。這則新聞影響了我對優步的看法，當時我對優步的估值只有 60 億美元，儘管沒有證據，但我傾向於認為我對優步每一個面向的評估都沒有錯。

- 以法拉利來說，我是在它 IPO 之前估值，而 IPO 所實現的價值約 90 億歐元，比我估的 63 億歐元（在我的排他性俱樂部故事下）高出許多。IPO 之後，我確實回頭去檢視我的估值（以及故事），找找哪裡的估值可以再高一點，但發現沒有改動的理由。

- 以亞馬遜而言，我算出的估值（175.25 美元）和當時的實際價格（287.06 美元）明顯脫鉤，使我深切反省可能遺漏了什麼。我在

[****] nontraded entity。指不在美國國內交易所進行交易，不過優步已在 2019 年 IPO，成為上市公司了。

上一個案例計算價格平衡點，理由之一便是為了衡量市場為其股票定價的假設條件是什麼。

• 對於阿里巴巴，我的每股估值約為66美元，高於IPO發行價格。就在我完成估值後不久，銀行家們把發行價調整為68美元，很尷尬地跟我的估值很相近。為什麼尷尬？因為銀行家們設定IPO發行價，是為了提高發行日股價被拉抬的機率，我不認為我的估值與發行價這麼接近純屬巧合。在發行日，開盤價約為95美元，顯示投資人比我對這家公司的未來還要樂觀。

在每一個案例，市場定價都會影響我的估值，至少是隱含的，而且幾乎每一例都是如此。當你開始為上市公司估值，市場定價往往終將驅動你的故事，因為當你的價格接近這個定價，你會覺得最安心（即便這只是一種感覺而已）。等到你對自己的故事和估值技能日漸有把握，你會愈來愈願意接受你賦予一家公司的價值，跟它的市價差很多，甚至可能根據這個估值採取行動。

📊 其他故事版本

　　儘管公司的市場定價提供了反饋，但這是對整體層面（股價和你的估值）的反饋，**不是針對你故事裡的個別環節**。想要更具體的反饋意見，你得尋求相反的觀點。這該怎麼做，我不會說我有答案，但要找到這類反饋意見，以下有些做法對我有效：

- **讓你的故事與估值公開透明**：如果你不揭露估值的細節或數字背後的故事，就很難獲得用來改善估值的批評。我發現我的故事和計算出來的數字愈一目了然，批評就愈能指點迷津。例如，那些檢視我對優步估值的人，可以決定他們不同意我故事的哪個環節、理由為何，我也可以在這種情況下檢視他們的批評。

- **設一個開放平台，讓大家評論你的估值**：當你宣稱歡迎批評，就得讓大家在批評你時更加輕鬆，而不是更費力。對我來說，這是在線上呈現估值的好處之一，就像我近幾年在部落格上所做的事。檢視估值的人可以對我的估值發表評論，而且由於我保留了匿名選項，他們可以自由表達不同意見。我還使用谷歌的共享表單，讓讀者可以更改我估值中的輸入值，自行計算估值。這是我的「估值眾包」版，讓我可以核對群眾和我的故事版本。

- **區分雜訊和有建設性的批評**：確實，我得到的有些批評是雜訊，有人只因不喜歡我的結論就發洩情緒。在大多數情況下，我已經學會不甩這些，專

注看那些必須重視、能改善我的估值的批評。我還發現有些公司的投資者對這些公司感情放很深，深到任何反對意見都會引起反彈。這是我每次評估特斯拉或亞馬遜時，一再學到的教訓。

- **以故事的形式來組織批評意見**：把故事的每個環節講清楚，能幫助我在獲得不同意見時，組織這些反饋意見。例如，我可以把不同意見拆分成我對整個市場的估計、我對市占率和營業利益率的研判，以及我對企業風險的評估。

- **尋找最脆弱的環節**：如果我發現我的故事有特定環節比其他部分吸引更多的負面反饋意見和不同意見，對我來說這是一個訊號，表示我沒把我的論據解釋清楚；或者我沒把故事裡的這個部分想透徹。

- **想流程，不是想結果**：我剛開始估值時，也傾向於關注損益表的結算數字，也就是最終價值。我現在還是對最終價值感興趣，但對我來說最有意思的部分，是抵達那裡的過程。

通常，我發現一家公司圍繞著愈多的不確定性，我對其他版本的故事情節，態度就得愈開放。然而，我應該在「傾聽他人意見」加上一個警語：**傾聽他人意見不須照單全收**。我曾經聽過以很好的理由推翻我的故事的意見，但還是選擇不更改我的故事，因為最後的判斷還是取決於我。

個案研究 10.5：優步——比爾‧格利的對立版本

前情提要：

個案研究 6.2：共乘的風貌，2014 年 6 月

個案研究 6.3：優步的故事，2014 年 6 月

個案研究 8.1：優步——從故事到數字

個案研究 9.1：優步——都會汽車服務公司的估值

2014 年 6 月我為優步估值之後，收到優步早期投資人比爾‧格利（Bill Gurley）一封措辭客氣的來信，跟我說他打算在我的優步估值貼文下方直言不諱，張貼相反看法，並希望我能回應，有些人似乎認為這為某些估值之戰鳴響第一槍。[1]對我來說，貼文確實對我的都會汽車服務公司的說法，提供了有趣又挑撥的反對說法，有幾個理由。

- 跟大家一樣，我喜歡自己是正確的，但我對理解優步的估值更感興趣，而這則貼文則站在一個制高點位置，因為他不但投資了這家公司，對這家公司的理解也比我更深。這篇文章沒有苛責我不懂新經濟或濫用 DCF 估值法這種來自中世紀的工具，而是聚焦在優步的相關詳情，以及對優步估值這麼高的根據為何。

- 如果估值真的是數字和故事之間的橋梁，那麼不管是數字還是故事，人都不能自動選擇誰高於誰。藉由呈現詳情與經過深思熟慮的故事說法，格利的貼文徹底傳達了這個訊息。

　　格利的故事版本把優步視為一家公司，進行更深入的討論，我很感謝他。身為老師，我不斷尋找「適合教學的時刻」，即便這個時刻是以我為代價。

　　在我的故事版本中，我把優步視為一家汽車服務公司，將破壞既有的計程車市場（估計約 1,000 億美元），會拓展它的成長率（藉由吸引新用戶），並獲得大幅市占（10％）。格利的版本估值較高，在他看來，優步的潛在市場更大（正在吸引新用戶），其網路效應*****更強，使其市占率將會更高。在許多方面，這都是我希望在我第一次貼文討論優步時，希望看見的討論，因為這讓我看見，這些故事說法在數字中如何呈現。下頁表 10.3 是比較兩個故事版本與計算出來的估值結果。

　　我以格利的優步故事算出的估值是 287 億美元，比我估的 59 億美元高出很多。

***** networking effects。在經濟學或商業中，指消費者選用某項商品或服務，其所獲得的效用與「使用該商品或服務的其他用戶人數」具有相關性時，此商品或服務即被稱為具有網路效應。最常見的例子是社群網路服務：採用某一種社交媒體的用戶人數愈多，每一位用戶獲得越愈高的使用價值。

表 10.3　優步的故事——格利與達摩德仁

	格利	達摩德仁
故事	優步是一家後勤公司（移動、快遞、汽車服務），將運用其網路優勢賺得主導市場的市占率，但營收拆帳將會削減（至10%）。	優步將適度擴大汽車服務市場（主要在都會地區），並運用其競爭優勢獲得可觀但未主導市場的市占率，並維持其營收拆帳的20%。
整體市場	3,000 億美元，年成長率3%。	1,000 億美元，每年成長6%。
市占率	40.00%	10.00%
優步的營收拆帳	10.00%	20.00%
為優步估值	287 億美元＋進入汽車持有市場的期權價值（60 億美元以上）	59 億美元＋進入汽車持有市場的期權價值（20 至 30 億美元）

　　有鑑於故事傳遞的價值差這麼多，如果你是投資人，將會心生一個問題：哪一個版本更有可能接近現實？而格利的優勢更勝於我，理由至少有二。首先是**身為董事會成員與內部人士，他比我更清楚優步的營運情形**。不光是他的起始數據（營收、營業利益和其餘細節）比我的精確，他還能取得優步在測試市場的表現（根據他條列出來的新用戶）。第二是**身為優步的投資人，優步的表現跟他利害相關，他承擔的風險也大於我，因此應該比我獲得更多信任**。第三是**他不但有投資年輕公司的經驗，許多投資也證明眼光正確**。

這是否代表我該放棄我的故事版本，以及隨之而來的估值呢？不，至少當時我不該放棄，有三個原因。第一，**對內部人士來說，很難**（如果不是不可能）**不認為他或她所投資的公司是最好的，很難不相信他或她所聽從的經理人是最好的，也很難不相信該公司提供的產品是最好的**。第二，**一家公司的投資人，尤其是無法輕鬆退場的投資人，跟那種沒什麼可損失**（除了驕傲）**的人比，會更重視他或她的故事，也更難放棄或更改故事**。第三，就像康納曼在著作裡所探討的投資人心理學，**在投資和市場中，經驗不是好老師**。[2]身為人類，我們經常從過去的成功經驗記取錯誤教訓，卻沒從失敗中學到夠多；有時還會欺騙自己，記得不曾發生的事。我不是說格利犯了上述原罪的任何一條，但我天性謹慎，所以儘管他的故事版本非常吸引人，但要接受，還要再等等。

格利的優步故事立論有條有理，說明了優步的便利與經濟因素，將使它從最初的汽車服務市場拓展開來，納入輕度用戶與非用戶（郊區用戶、租賃車用戶、年邁雙親和未成年子女），但也強調優步要成功，有三個條件：

- **轉換的理由**：優步必須提供用戶從既有服務轉換成優步的好理由。以計程車服務為例，格利的故事中把使用優步的好處說得很清楚。優步更便利（app點選）、更可靠，也經常更安全（因為支付系統），有時也比計程車服務更便宜。可是，如果你跳過計程

車這個選項，轉換將變得前途無光。因為大眾運輸將會一直比優步更便宜，轉到優步的理由必將是舒適與便利。跟租賃汽車相比，就某種層面來說，優步可能更便宜也更便利（你不必煩惱挑車、停車跟拋錨問題），但跟其他選項比就沒那麼便利了（尤其是如果你有多趟短程的行程）。跟郊區汽車服務相比，優步面臨的問題是汽車通常不止是運輸工具。任何開車接送小孩上下學的家長都會證明，他們除了是司機，還得兼做私人助理、私家偵探、心理治療師，還要會讀心術。

- **克服慣性**：即便新的做事方式提供重大好處，也很難克服人類不願意改變他們做事的老方式，因為慣性會變得愈來愈牢固。無怪乎優步的初期斬獲是在年輕人中拓展開來，他們的慣性還沒定下來，而要拓展到年長用戶上則會比較慢。在汽車服務市場之外，慣性將是更難克服的力量。許多文章指出有車的年輕人愈來愈少，意味著社會將有更大的變化，但我不確定這能否成為「擁有汽車」這個行為將有天翻地覆改變的指標。畢竟許多年輕人搬回爸媽家住的新聞也一樣多，這兩種現象或許是年輕人的經濟處境更加艱難的結果，他們從大學畢業時扛著沉重的學貸，卻幾乎沒有工作前景。

- **戰勝現狀**：儘管計程車業步履蹣跚又無效率，但還是會加以反擊，因為攸關龐大的經濟利益。計程車業者發現優步和Lyft出現

後，或可利用監管法規和其他限制，來阻止新進者進入他們的產業。當汽車租賃和汽車持有產業成為下一個目標後，這類競爭會更激烈。

　　要比較我的和格利的故事，有個方式是運用我在第7章提出的有可能發生／言之成理／很可能成真的區別。在圖10.2，我呈現了這兩種故事版本，在此歸類方式上的差異。

　　格利的版本之第二部分根植於優步具有網路優勢，能讓它攻下主導市場的市占率。就像格利提到的，當一種產品或服務的用戶，受益於

圖 10.2 很可能成真、言之成理和有可能發生──達摩德仁與格利

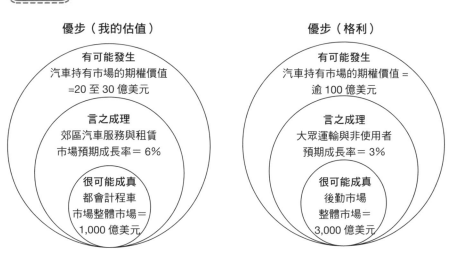

優步（我的估值）

有可能發生
汽車持有市場的期權價值
=20 至 30 億美元

言之成理
郊區汽車服務與租賃
市場預期成長率＝ 6%

很可能成真
都會計程車
市場整體市場＝
1,000 億美元

優步（格利）

有可能發生
汽車持有市場的期權價值＝
逾 100 億美元

言之成理
大眾運輸與非使用者
預期成長率＝ 3%

很可能成真
後勤市場
整體市場＝
3,000 億美元

其他人也使用相同的產品或服務時，網路效應就會出現。當網路效應夠強，就能為創造這種效應的公司獲取占優勢的市占率，而且有潛力出現「贏者全拿」的情境。

他在貼文中提出的網路效應的論點——搭車次數、覆蓋密度和利用率——在我看來都更點出這會是在地的網路效應，不是全球性的。換言之，我能理解為什麼紐約最大的汽車服務提供商，能利用這些優勢在紐約獲得主導市場的市占率，但這些優勢在邁阿密用處不大，如果優步在那裡不是能主宰市場的玩家的話。優步確實是有全球網路優勢，例如新城市的用戶能取得儲存的數據，也能跟信用卡、航空公司和汽車公司合作，但這些優勢比較弱。事實上，如果在地的網路優勢有主導地位，這個市場可能很快就會淪為城市之間不同玩家之間的陣地戰——不同的市場會出現不同的獲勝者。例如，優步將在舊金山成為主宰市場的汽車服務公司，Lyft 則是在芝加哥，而倫敦則尚未出現一家這樣的公司。如果格利的優步故事要成立，全球網路優勢將必須被放在最重要的位置。

個案研究 10.6：法拉利——來自免稅型錄的反饋

最後一個個案很簡短，卻很適合說明反饋意見可以來自多不尋常的地方。我為法拉利的 IPO 進行估值，得出 63 億歐元的數字，跟它上

市時的身價90億歐元相去甚遠。幾周後，我搭機前往歐洲，一時無聊翻開飛機上的免稅型錄雜誌，我的目光立刻被雜誌上至少兩項產品吸引——法拉利錶和法拉利鋼筆。

我對購買這兩樣東西不感興趣，但這卻提醒了我，法拉利是一個強大的品牌，可以從汽車延伸至其他奢侈品。這讓我開始思考我把法拉利描述成一家排他性汽車公司的故事，有沒有可能被另一種版本取代：**法拉利是一個奢侈品的品牌，只是剛好生產汽車**。請注意，後者可能會讓法拉利被賦予更高的價值，因為潛在市場將從汽車拓展到電子產品、服飾，甚至鞋子。

📊 結論

我喜歡說跟企業有關的故事，但有時我確實太喜歡我的故事了。本章說明我如何處理這個弱點（這同時也是估值的弱點），我認為我對估值的假設條件及故事態度更加開放了，而有一個論壇讓我可以分享這些估值，也讓我得到非常有價值的反饋意見，尤其是來自跟我意見不同的反饋。如何回應這些反饋意見，最終還是取決於我，但我已經學到，儘管有時很難，但對更動你的故事保持開放態度，並不是脆弱的象徵，反倒是力量的展現。

第 11 章

" 修改故事——現實世界的影響 "

Narrative Alterations-
The Real World Intrudes

在商業世界裡，鮮少有事情的發生是按照你的期望。當然你一定會感到意外，有時是驚喜，有時是錯愕。在第 6 章。我探討了現實世界的基本故事，可是萬一現實世界變了，你的故事為了忠於現實，也必須跟著改變。在本章，我會先檢視故事改變的原因，範圍從定性到定量，從大的總體經濟／政治新聞故事，到公司的收益報告。然後我會探討故事修改的分類，從微調（只具體詳情需要修改或微調，但結構不變）、改變（會更動到故事結構）到中止（故事畫下句點），最後檢視故事修改後的估值結果。

📊 故事為什麼要修改

在上一章，我強調了在商業世界裡利用反饋意見來精進和改良故事的重要性。在本章，我將在此概念上擴充，但我所要處理的改變，是為了回應你接收到的新資訊，這些資訊是跟該公司及該公司所投入經營的產業部門有關，或是跟該公司投入營運或所涵蓋的整體經濟或國家有關。

若說商業世界裡唯一不變的就是改變，而且改變的步調會隨著技術及全球化的成長而加快，那麼顯然沒有故事可以長期維持不變。藉由重新審視你的故事，評估有什麼環節需要改變，來回應新的發展與資訊，是審慎的做法。而新聞本身可能具有不同形式，而且能來自許多管道：

- **定性與定量**：新聞可以是定量的，範圍從收益報告中的意外，到政府報告的通膨與經濟成長率。新聞也可以是定性的，例如高階經理人的變動、有利或不利於公司的法律判決，或是激進投資人在公司裡任職的公告。
- **內部與外部**：資訊有時可能來自公司內部，其形式是受到揭露財務情況的要求，或公司發布的聲明稿（收購、分拆或股票回購）；有時可能來自外部（財經新聞、追蹤該公司的股票研究分析師或是監管機構）。在某些情況裡，資訊甚至可能來自競爭對手，他們提供的資訊改變了你對市場與競爭動態的思考方式。
- **微觀與宏觀**：你所獲知的資訊，多是微觀層面的，也就是說，是關於公司、

它的競爭對手或產業的資訊。你所獲知的部分消息將與總體經濟的因素相關，亦即會改變你故事中的利率調整、匯率或通膨。如果你的公司受到這些總體經濟變數的影響到某個程度，它們可能會導致你的故事大幅修改。

可以說沒有故事不受新聞影響，因此公司的內在價值（反映這些故事）也會隨著時間而改變，有時改變的數字落差很大。有些資深的價值投資者認為內在價值永恆不變，這種看法不但錯誤，還可能危及投資組合的健康。

📊 故事修改的分類與合併

要把故事的修改進行分類，最顯而易見的想法是根據**帳本的結算線**（亦即該事業的價值），分成好消息（價值變高）與壞消息（價值變低）。但除非你所獲知的公司消息，很明確地比預期更好，或是一直都比預期更壞，否則這種分類並不容易落實。不過對大部分公司來說，消息好壞所帶來的推力與拉力，意味著除非你完成了該公司的整個故事與估值，否則將無法衡量這些消息的影響。考慮到這一點，我所建議的故事修改分類，是根據新資訊將如何改變你的整個故事，儘管有些改變非常正向，有些改變顯然是負面的。據此進行分類，你就能把故事的修改分成**故事中止**、**故事改變**和**故事微調**。第一個代表故事完全失敗，最後一個則是指故事需要稍做修改。

故事中止

以下事件無論發生幾件，都可能導致故事戛然中止，而且許多都有負面的含義：

- **天災或人禍**：一個前程似錦又能盈利的商業故事，可能因為天災或恐怖攻擊而中止。例如2015年11月，摩加迪沙（Mogadishu，索馬利亞首都）的豪華旅館沙哈菲飯店（Sahafi Hotel）成為恐怖分子的目標，遭受炸彈攻擊。保險業不太可能讓這家新興市場的飯店恢復原狀後重新開業，雖然現在言之過早，但沙哈菲飯店應該是不會重新開幕了。身為這家飯店的業主或投資人，你損失的價值可能永遠都回不了本。

- **訴訟或監管判決**：你或許有一門事業正在等待司法或監管機構的判決，如果判決對你不利，所造成的災難可能足以中止你的故事。一家小藥廠或生技公司，如果只有單一藥品正在跑核可流程，可能會發現它的故事因美國食品藥物管理局的規定而遭受否決時，就走到盡頭了。想想波士頓生技製藥廠Aveo的例子，他們花了7年研發一種治療腎臟癌症的藥品，公司市值在2013年達到10億美元。在臨床試驗遭遇挫敗、試驗設計又受到質疑之後，美國食品藥物管理局拒絕核准該藥品，導致公司價值驟跌70％，該公司也有62％的員工被資遣。

- **無法依約付款**：一家被要求照合約付款的公司，如果無法償付債務，會發

現其商業模式處於危險之中。當你有銀行貸款或公司債沒有償付，情況顯然就是這樣，不過債務還能擴展到涵蓋零售商的租賃債務，甚至是運動特許經營權的球員合約款項。2015 年底和 2016 年初，由於大宗商品價格暴跌、憂慮攀升，高槓桿的商品公司，股價全都暴跌。

- **政府徵收**：在美國，政府徵收跟幾十年前相比已經比較少見了，但是世界上還是有其他地方可能發生，物主收不到任何補償金，事業就被接管。阿根廷政府在 2011 年把阿根廷石油公司 YPF 收歸國有，對這家公司的投資人來說，一覺醒來股價就變低了。

- **銀根緊縮**：許多持續經營的事業需要資金，除了用於擴張也用於日常營運，而當一場市場危機斷絕了資本取得的管道，可能會導致這些事業失敗。當你想像這種現象時，可能會想到希臘、阿根廷和烏克蘭，但問題不會只發生在新興市場，就像我們在 2008 年看到的，已開發的市場也會表現出相同的行為。

- **併購**：或許非預期的情節當中，少數的好消息之一是公司被併購，加入一個大上許多的實體。例如，當蘋果併購了 Beats 這家頭戴式耳機／音樂公司，Beats 這家公司的故事就結束了，因為它被併入一則更大的蘋果故事中。

當你檢視這份清單，可以看見因為許多因素的作用，不同企業故事中止的風險，也會有所不同。首先是**暴露於離散且災難性的風險**，比暴露於連續性的風險

更可能發生故事中止,例如,固定匯率的貨幣大幅貶值,就比每天浮動匯率的貨幣更可能造成遊戲結束的打擊。第二點也跟風險相關:那些可以保險或避險的企業,比那些**無法防護風險**的企業受到更多保障。第三是如果你是一家**財務餘裕有限**的小公司,在遇到上述事件時,會比財務餘裕較多的大公司有更高的機率,陷入故事中止的狀況。最後,如果你有**較多的管道取得資金**,在發生這些重大事件時,歇業的機率會低很多。這或許就是為什麼故事中止的情形在私營企業(募資管道比較少)中比較常見,而新興市場的企業在面對非預期的打擊時,也比已開發市場中的企業更常關門的原因。

個案研究 11.1:故事中止

　　2014年初,一家名叫 Aereo 的公司宣稱找到合法方式,讓用戶可以在手持裝置上播放有線頻道,卻不必支付頻道費用。雖然大部分人對這說法並不買單,但並未阻止投資人在2014年初為這家公司估值為8億美元。到該年夏天,美國最高法院對 Aereo 串流的合法與否做出判決,裁定這並不合法。一夕之間該公司的估值就掉到零,幾個月後這家公司就關閉了。

　　另一個更反常的例子是婚外情社交網站 Ashley Madison,姑且不論這種商業模式是否道德,該公司並不缺投資人,並盼望著即將到來

的IPO，預計要從IPO中募資2億美元。在一名電腦駭客駭進Ashley Madison網站公開部分顧客名單後，這些計畫落空了，因為這對婚外情網站來說當然不是好消息。這家公司沒有關門大吉，但受了致命傷，其估值在故事有了新進展後呈現暴跌。

故事改變

在「故事改變」中，你的故事因為現實的發展而必須改變一個或多個環節。這些改變可能出自不同來源，改變後可能有正面或負面的影響，但有個方法可以把它們組織起來，那就是運用我們在第8章所闡述的故事架構（見下頁圖11.1）。

不過，當你改變了這些環節，必須意識到你得解釋你更改了故事哪些環節，改變的理由為何，並準備好接受來自兩個地方的批評：

- **愛發牢騷的價值純粹主義者**：他們出於一種信念系統，認為內在價值是一個穩定、或許恆久不變的數字，要是有大幅變化就代表缺陷。價值的純粹主義者將猛烈攻擊你對故事的更動，主張這更像是你的原始估值就有瑕疵，而不是對新資訊的理性判斷。我對於質問我怎麼能在這麼短的時間中出現估值落差這麼大的批評，都是引述凱因斯（John Maynard Keynes）的名言來回應：「當事實改變，我的想法也隨之改變。而你又會怎麼做呢？」

圖 11.1　新故事和故事改變的環節與影響

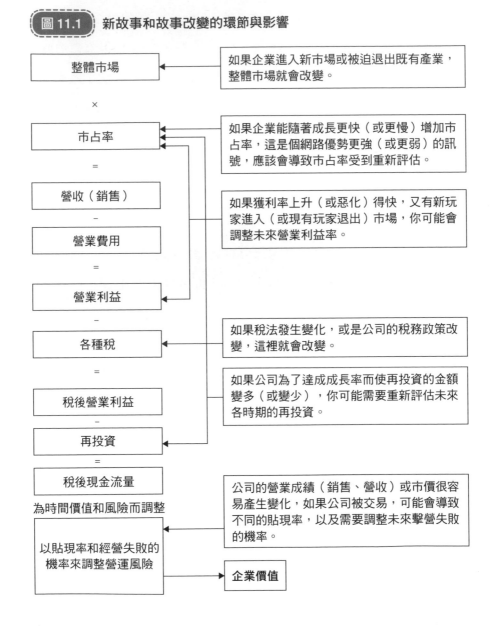

● **事後諸葛**：還會有另一組人馬批評你在最初估值的那時候，沒有預見這些改變。我對付這種人的方式是讚美他們預測未來的能力，謙遜地接受我在這方面的技能比不上他們，並邀請他們看看他們的水晶球，告訴我他們在未來幾年看見了什麼。

確實有一些企業比其他公司更容易遭遇故事需要改變的情況。尤其是生命周期處於早期的企業，後續所看見的變化將比成熟企業更大，這一點我會在第 14 章再回來探討，那時我會談談生命周期對故事和數字的影響。

個案研究 11.2：優步──新聞與價值，2015 年 9 月

在第 9 章，我提到 2014 年 6 月為優步估值為 60 億美元，並發現這比投資人為它定價的 170 億美元少了很多。在 2014 年 6 月到 2015 年 9 月這段期間，每周都有更多對優步的報導，當中有對那些認為這家公司將邁向 1,000 億美元的 IPO 來說是好消息的報導，也有激發質疑者做出災難性預測的報導。對我來說，考驗在於每則報導如何影響我所建構的優步故事，進而影響我所估算的價值。為了跟這個看法保持一致，我根據故事的環節和估值的輸入內容，來分解這些報導：

Narrative and Numbers

- **整體市場**：跟汽車服務市場有關的新聞多是正面的，這表示這一年來，市場比我想的更廣大、成長更快速，也更加全球化。

  1 市場規模更大，不止在都會區：儘管汽車服務還是在都會區最受歡迎，卻也已經進入遠郊與近郊。該公司有一份為潛在投資人而做的簡報顯示，優步在 2015 年的總開票額※※※※※※是 108.4 億美元。儘管這個數字是非正式的（指屬於財務流程，但不會納入財報），搞不好有誇大宣傳的意味，但即便這個數字高估了，都代表跟 2014 相比，躍升了 400％。

  2 吸引新顧客：汽車服務市場變大，理由之一就是吸引了從不搭計程車或豪華禮車的新客戶。以優步誕生的城市舊金山為例，據估計，共乘公司的計程車與汽車服務市場，規模都大了 3 倍。

  3 提供更多樣化的選擇：共乘市場規模躍升的另一個理由，是其所納入的新選項擴大了選擇，降低了成本（汽車共乘服務），並增加了彈性。

  4 邁向全球化：共乘最成功的故事來自亞洲，因為這是世界上共乘市場擴張最快的地方，尤其是印度跟中國。這應該不令人意外，因為這些國家提通給共乘的是「三連勝」的商機：都會區

※※※※※※ gross billings。billing 是開收據，當期開票數字代表公司從用戶那裡收到的全部現金金額，反映公司對用戶的議價能力。

— 260 —

人口眾多、管制車輛持有數量，以及大眾交通運輸系統發展不足。

汽車服務市場方面的壞消息，大部分是以計程車司機罷工、監管機構禁止和營運限制的形式出現。但即使是壞消息，也蘊藏著好消息的種子，因為如果共乘沒搶走計程車的生意，現在就不會有一堆人努力阻止狂妄的新進者了。計程車的經營者、監管機構和政治人物對阻撓共乘服務的努力，充滿絕望的氣息，而市場似乎也反映了這一點。除了紐約市計程車的總營收在 2013 年至 2015 年間大幅下降，計程車牌照價格也大幅下降，在這兩年期間價值損失近 40%（總計約 50 億美元）。

2014 年 6 月估值時，我提到優步可能會朝其他產業發展。好消息是在 2014 年 6 月至 2015 年 9 月之間，它實現了這個希望，在香港和紐約提供後勤服務，在洛杉磯外送食物。壞消息是進展緩慢，部分原因是這些業務的規模比共乘市場小；部分原因是新事業的競爭比共乘市場激烈。不過，這些新事業已經從「有可能發生」進行到「言之成理」，從而擴大了整體市場。

結算：優步整體市場大於我在 2014 年 6 月所估算的都會汽車服務市場，而且優步吸引了新顧客，在新市場（亞洲成為重點）擴張，可能甚至進入新產業。

- **網路與競爭優勢**：這方面的消息有好有壞。好消息是共乘企業利用一些手段（例如支付大筆費用給司機，當作註冊的甜頭），提高了進入這個市場的成本。在美國，優步和Lyft成為最大的兩個玩家，過去幾年的競爭對手不是已經陣亡，就是追不上這兩家。美國以外，優步的好消息是除了蓬勃發展，還在世界各地幾乎隨處可見，而且至少到目前為止，Lyft決定專心經營美國市場。壞消息是優步的競爭激烈，尤其是在亞洲，它必須跟主宰市場的本國共乘企業纏鬥：印度的Ola和中國的滴滴出行，以及東南亞的GrabTaxi。有些本國企業的優勢可以歸因於這些企業是先行者，更了解在地市場；但有些則反映這些市場對在地玩家的偏斜（由在地投資人、監管規定和政治所創造）。甚至有一種說法是，這些競爭對手將聯手組成「非優步」陣營，而這個故事版本因為滴滴出行和Lyft宣布正式合作而受到支持。這些共乘企業都能以超高估值取得資本，大幅降低了優步早期顯著的現金優勢。隨著競爭日益激烈，關鍵數字將是總開票額怎麼拆帳的壓力。在美國許多城市，Lyft已經為每周開車超過40小時的司機，提供保留全部收入的機會。儘管直接挑戰八二拆帳的規則保證會讓這兩家公司互相消滅，但這個規則改變，只是時間早晚的問題了。
- **成本結構**：這是傳來壞消息的主要區塊。有些煩惱來自共乘產業內部，因為企業為了挖走競爭對手的司機，提供給司機的預付款

愈來愈高，推升了成本中的這一項構成要素。不過，大部分的成本壓力是來自外部：

1 **司機算部分員工**：2015 年初，加州勞工委員會（California Labor Commission）裁決優步司機是公司雇員，不是獨立承包商。後來法院進一步認證了這項裁決，表明優步司機可提起集體訴訟，顯然在其他司法轄區，官司還有得打。看起來幾乎無法避免的是，這些法律程序跑完後，這些共乘公司的司機或許不會被視為雇員，但至少也會是半雇員，應享有部分（如果不是全部）員工福利（這將使共乘公司的成本變得更高）。

2 **保險盲點**：共乘企業在萌芽的頭幾年還能利用汽車保險合約中的漏洞，通常只需為其司機既有的保險再加保。隨著監管者／立法者與保險公司努力填補這個漏洞，看起來共乘企業的司機將必須購買更昂貴的保險，而且共乘企業也勢必得負擔這個成本的一部分。

3 **跟大企業對抗代價不低**：維護現狀的團體（計程車產業及其監管者）正在世界的許多城市發動反擊。隨著花在遊說及法律上的費用愈來愈高，以及新戰線的開打，這場戰爭代價高昂。

成本遠高於營收的證據，再次出自共乘企業流出的文件。有一份文件顯示優步在前兩年都虧損，各大城市的貢獻幅度（只有覆蓋

變動成本後的獲利）不但差距甚遠，還一致地很低（從最高的斯德哥爾摩和約翰尼斯堡11.1％，到最低的西雅圖3.5％）。

結算：經營共乘事業成本很高，而且儘管事業規模化之後某些成本會下降，營業利益率還是可能比我一年前預估的低。

- **資本密集度與風險**：我最初為優步估值所假設的商業模式，是簡約它的資本需求，因為優步雖然提供汽車服務卻不持有車輛，也鮮少把錢花在設立辦公室或基礎設施上。這轉化成高銷售資本比：每投資1美元資本，能產生5美元的額外營收。儘管這樣的基本商業模式到2015年9月為止並未改變，但共乘企業也已經意識到這樣的低資本密集度模式之不利影響，就是增加其他方面的競爭。例如，優步和Lyft為爭取司機註冊而支付的高成本，可視為他們採用此商業模式的後果，尤其是沒有簽約的自由司機。在2015年9月，沒有跡象顯示共乘企業打算改變這種商業模式的動態；既無提高基礎設施的投資，也未花錢自己買車，但確實有一則報導暗示改變即將到來：優步雇用卡內基美隆大學（Carnegie Mellon）的機器人工程專家。

  結算：共享企業目前將繼續低資本密集度的模式，但當他們尋求競爭優勢，需要投入更多資金來實現可持續的成長，或許會導向更資本密集的模式。

- **管理文化**：儘管這不會直接成為估值的輸入內容，但在調查一家

年輕企業時，你肯定會留意該企業的管理文化。以優步來說，管理團隊的相關報導以及其對報導的回應，會反映出公司重視什麼。如果你本來就傾向於喜歡這家公司，你將對優步管理團隊進攻新市場、捍衛勢力範圍和反擊的創意充滿信心。如果你不喜歡這家公司，相同的作為在你看來則會變成這家公司傲慢的指標：它對現況的挑戰是發出了不願照遊戲規則玩的訊號；它的反擊則被視為做得太過火了。

結算：似乎沒有理由認為優步未來會變得比較不挑釁。尚未解決的問題是，隨著他們的規模成長，這是否會對他們造成傷害。

總之，在 2014 年 6 月到 2015 年 9 月這段期間出現了很多改變，部分是因為共乘市場在這段期間的真實改變，部分是因為我補足了對這個市場的認識。在下頁表 11.1，我比較了 2014 年 6 月和 2015 年 9 月這兩個時間點，我用來評估優步的輸入內容。

在第 267 頁表 11.2，我總結了在 2015 年 9 月對優步的估值，得出的數字為約 2,340 億美元。注意這份估值在頭 5 年受到現金流量為負數（燒現金）的拖累，但之後幾年現金流量轉負為正，且終值夠高，足以彌補。

我在 2014 年 6 月曾幫優步估值，當時所得出的 60 億美元價值，低於創投業者估算的 170 億美元。為了修正我狹隘的眼光以及自 2014 年 6 月以來發生的變化，我在 2015 年 9 月的新估值為 2,340 億美元（亦見表

表 11.1　新故事帶來的輸入內容改變——優步

輸入內容	2014 年 6 月	2015 年 9 月	基本理由
整體市場	1,000 億美元；都會汽車服務	2,300 億美元；後勤	市場更廣泛、更大，也比我所想的更全球化。優步進入外送與移動產業現在是言之成理的，搞不好甚至很可能發生。
市場的成長率	市場規模將成長 34.00%，CAGR* 為 6.00%。	市場規模將大 2 倍；CAGR 為 10.39%。	新顧客因為有更多樣化的選擇，被吸引進汽車共享市場。
市占率	10.00%（在地網路優勢）	25.00%（微弱的全球網路優勢）	進入成本墊高將減少競爭對手，但有資金管道的競爭者將留下。而在亞洲，有本地優勢。
總收入拆帳	20.00%（維持這個比率）	15.00%	競爭增加將降低汽車服務公司的拆帳比率
營業利益率	40%（低成本模式）	25%（部分員工模式）	司機將成為半雇員，因此帶來更高的保險和監管成本。
資本成本	12%（美國企業的第 90 分位數）	10.00%（美國企業的第 75 分位數）	商業模式就緒，有大量營收。
失敗機率	10.00%	0.00%	手上有足夠現金避開生存威脅。

* CAGR ＝複合年成長率

表 11.2　優步，全球後勤企業

故事
優步是一家後勤企業，吸引新用戶使市場規模翻倍。它將享有微弱的全球網路優勢，同時看見營收拆帳比率（85/15）下滑、成本變高（司機成為部分員工）與低資本密集度。

假設				
	基準年	第 1-5 年	第 6-10 年	10 年之後	故事連結
整體市場	2,300 億美元	每年成長 10.39%		成長 2.50%	後勤＋新用戶
整體市占率	4.71%	4.71% → 25.00%		25.00%	微弱的網路優勢
營收拆帳	20.00%	20.00% → 15.00%		15.00%	營收拆帳比率下降
稅前營業利益率	-23.06%	-23.06% → 25.00%		25.00%	半強勁的競爭定位
再投資	無資料	銷售資本比為 5.0		再投資率＝9.00%	低資本密集度模式
資本成本	無資料	10.00%	10.00% → 8.00%	8.00%	在美國企業中為第 75 分位數
失敗風險	0%失敗率（股權價值為零）				手頭現金＋資金管道

現金流量（百萬美元）					
	整體市場	市占率	營收	EBIT(1–t)*	再投資	FCFF†
1	$253,897	6.74%	$3,338	$(420)	$234	$(654)
2	$280,277	8.77%	$4,670	$(427)	$267	$(694)
3	$309,398	10.80%	$6,181	$(358)	$302	$(660)
4	$341,544	12.83%	$7,886	$(200)	$341	$(541)
5	$377,031	14.86%	$9,802	$62	$383	$(322)
6	$416,204	16.89%	$11,947	$442	$429	$13
7	$459,448	18.91%	$14,338	$956	$478	$478
8	$507,184	20.94%	$16,995	$1,621	$531	$1,090
9	$559,881	22.97%	$19,935	$2,455	$588	$1,868
10	$618,052	25.00%	$23,177	$3,477	$648	$2,828
最後一年	$631,959	25.00%	$23,698	$3,555	$320	$3,234

估值（百萬美元）		
終值	$56,258	
現值（終值）	$22,914	
現值（未來 10 年的現金流量）	$515	
營運資產的價值＝	$23,429	
失敗率	0%	
萬一失敗，價值為	$-	
經風險調整的營運資產	$23,429	此時創投業者的優步定價為 510 億美元。

* EBIT (1 – t) ＝（營收＊營業利益率）（1– 稅率）
†FCFF ＝對企業的自由現金流量

11.2）。雖然我為優步算出的估值從 2014 年 6 月到 2015 年 9 月增加了，但投資人為這家公司的定價，也從 2014 年 6 月的 170 億美元變成了 2015 年 9 月的 510 億美元。目標價是會波動的啊！

故事微調

要是全部或幾乎全部的新聞報導，都會造成故事中止或改變，我們的估值就會不斷變動，投資也將變成一種混亂又高風險的意圖。這便是當市場發生危機時，以及 2008 年的最後一季，投資人會這麼痛苦的原因了。好在這是例外不是常態，對大多數更穩定的市場裡的較成熟公司而言，報導對故事和估值的影響很小。同樣地，你可以運用故事架構，說明每一個時期裡故事的小微調。具體而言，你能為一家公司追蹤一則報導如何改變整體市場，即便所有公司都維持既有的商業模式不變。另一種可能是，你可能會被要求微調一家公司的市占率、獲利率或風險特性。

如果你主要投資於商業模式受到認可的成熟企業，你的內在價值將追隨「愛發牢騷的價值純粹主義者」所預設的那條大家都知道的平坦道路。對投資人來說，穩定是好是壞？儘管乍看之下，有穩定的故事和價值是好事，但也有不利影響，至少從投資的立場來看是如此。這些個股的市價也會反映故事情節的穩定，而且偏離價值的可能性不高。用價值與價格的語言來說，這些公司價格與價值之

間的差距將會更小。由於投資人利用這個差距來賺錢，穩定的公司當然會比那些故事中止、改變風險較大；也比較年輕、不穩定的公司市場，更少被發現市場定價錯誤，就算有差距也比較小。這就為什麼我偏好把時間跟資源花在以我所謂的「陰暗面」為企業估值的理由。在陰暗面，故事在未來將如何演進，有大量的不確定性。我知道這有悖於傳統價值投資的建議，傳統價值投資建議支持熟悉與舒適，但這個方法對投資人來說不怎麼有利。

個案研究 11.3：蘋果──無聊的編年史，2015 年 2 月

　　過去 40 年我多次為蘋果估值，但我目前的估值結果是從 2011 年開始，在蘋果成為全球市值最大的公司之後。那次估值後的每三個月我都會重新評估蘋果，以反映我對這家公司的更多認識，並跟股價比較。下頁圖 11.2 記錄了 2011 年至 2015 年 2 月我對蘋果的估值，以及股價的波動。

　　注意這段時間股價落在 45 美元到逾 120 美元，我的估值範圍沒那麼大，這反映了我認為蘋果在這段期間的故事情節基本上變化不大的判斷。從 2011 年起，我的蘋果故事就是：這是一家成長潛能有限（營收成長率低於 5％）但獲利能力強勁的成熟企業，儘管因為核心業務（尤其是智慧型手機）變得更競爭，獲利率有下行壓力。我只為這家公司追

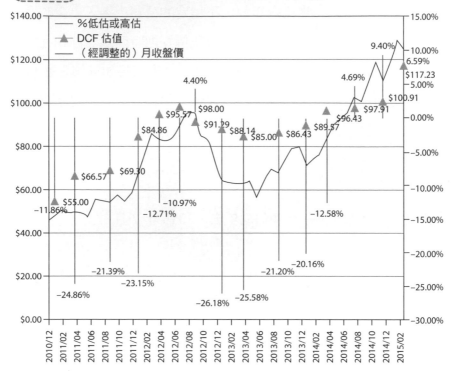

圖 11.2　蘋果的價格與價值，2011 年至 2015 年

隨過去十年的三重奏（iPod、iPhone和iPad）推出另一種顛覆性產品，
設下很小的機率，部分是因為它市值已經很大；部分是因為我認為過去
幾年，它已經用光了顛覆市場的魔法。

　　下頁表11.3檢視2011年至2015年間的財報與報導，你或許能明白
為什麼我的基本故事在這段期間沒有改變。這段期間的多數時刻，蘋果

表 11.3　營收、營業利益和價格反應

財報發布日	營收（百萬美元）			營業利益／獲利率		股價反映	
	實際	預估	正負落差	營收	獲利率	一天後	一周後
7/24/12	$35,020	$37,250	−5.99%	$11,573	33.05%	−4.32%	−11.12%
10/23/12	$35,966	$35,816	0.42%	$10,944	30.43%	−0.91%	−3.10%
1/30/13	$54,512	$54,868	−0.65%	$17,210	31.57%	−12.35%	−3.89%
5/1/13	$43,603	$42,298	3.09%	$12,558	28.80%	−0.16%	0.50%
7/24/13	$35,323	$35,093	0.66%	$9,201	26.05%	5.14%	−2.65%
10/30/13	$37,472	$36,839	1.72%	$10,030	26.77%	−2.49%	−1.85%
1/29/14	$57,594	$57,476	0.21%	$17,463	30.32%	−7.99%	−0.83%
4/23/14	$45,646	$43,531	4.86%	$13,593	29.78%	8.20%	4.17%
7/23/14	$37,432	$37,929	−1.31%	$10,282	27.47%	2.61%	−1.41%

表 11.4　蘋果智慧型手機與裝置的銷售

財報發布日	iPhone（百萬）		iPad（百萬）		全球市占率	
	售出單位	年度成長率	售出單位	年度成長率	智慧型手機	平板
7/24/12	26.00	28.1%	17.00	83.8%	16.6%	60.3%
10/23/12	26.90	57.3%	14.00	26.1%	14.4%	40.2%
1/30/13	47.80	29.2%	22.90	48.7%	20.9%	38.2%
5/1/13	37.40	6.6%	19.50	65.3%	17.1%	40.2%
7/24/13	31.20	20.0%	14.60	−14.1%	13.2%	33.1%
10/30/13	33.80	25.7%	14.10	0.7%	12.9%	29.8%
1/29/14	51.00	6.7%	26.00	13.5%	17.6%	33.2%
4/23/14	43.70	16.8%	16.40	−15.9%	15.2%	32.5%
7/23/14	35.20	12.8%	13.30	−8.9%	無資料	無資料

並未符合或超越營收與獲利預估,儘管只有些微差距,但市場不買單,
9次的財報發布中,有6次在翌日股價下跌,7次在一周後下跌。

注意在控制季度的變動後,營收持平或成長幅度不大,營業利益率
則有溫和下降趨勢。以蘋果而言,另一個重點是iPhone和iPad的收益
報告,上頁表11.4報告了每一季蘋果的售出單位,和以去年同期相比的
成長率。在最後兩欄,我報告了蘋果在智慧型手機和平板市場中,每一
季的全球市占率。

儘管市場對蘋果iPhone和iPad的銷售異常看重,對某些人來說會
感到不安,但這是合理的,理由有二。第一,這反映了蘋果主要營收是
來自智慧型手機/平板的事實,而單位銷量的成長率跟市占率的變化,
將取代未來的營收成長率。第二,支撐蘋果獲利的,是智慧型手機和平
板業務的亮眼獲利率,檢視蘋果在這些市場的表現有多好,成為檢視這
家公司的獲利率(和盈餘)能否維持在一定水準的替代指標。每一季都
有傳言說蘋果又做出了另一種顛覆性產品,但每次iCar或iTV的承諾都
落空了,投資人對蘋果的期待會出乎意料地變得緩和。

從2014年年中開始到2015年2月,蘋果股價在這幾季的表現,反
映了這是一段穩定期(儘管對蘋果來說可能是暫時的),投資人的期待
適中,該公司所受到的估算,是根據它真實的面貌:一家獲利能力非凡
的公司,擁有全世界最具價值的經銷權:iPhone。它似乎已經穩固了其
在智慧型手機世界裡的地位,而個人電腦已被視為附屬業務。投資人和

分析師把蘋果視為一家以 iPhone 為動能的賺錢機器、獲利率只會逐漸下滑的成熟企業。因為我在估值裡一直都是使用這個故事，我對蘋果內在價值的評估就沒看見太多改變。把股票分割納入考量後，根據 2015 年 2 月新發布的財報裡的最新資訊，我所估算的每股價值是 96.55 美元，跟我在 2014 年 4 月所估算的 96.43 美元相差無幾。

📊 結論

即便面對自相矛盾的情況，你想要捍衛故事、不想更改故事，是很自然的事。但別讓傲慢讓你執著於老故事，你應該思考你的故事如何受到大大小小的事件而改變。在本章，我先是把故事修改分成了中止、改變、微調三類，並檢視最終對估值的影響。特別是故事中止代表一則故事在前景看好時戛然而止，不再有後續。故事改變是對公司的故事大幅修正，而這些改變會大幅影響估值。故事微調對故事的改變幅度較小，但還是會在估值變高或變低時出現。坦承自己的故事（以及估值結果）有錯絕非易事，但你每一次這麼做，都會變得更容易一些。誰知道呢？搞不好有一天你會真的享受坦承錯誤！我還沒到達這個境界，但我會繼續努力。

第**12**章
新聞與故事
News and Narratives

在上一章，我探討了現實世界帶來的意外如何改變故事、影響估值。在本章，我會繼續這項討論，檢視公司發布的新聞稿會如何影響（也可能不影響）故事與價值，從收益報告開始，這可能是新聞報導中最無所不在、也最多人關注的；然後是新投資、融資（貸款或發行新股）與計畫歸還現金（發放股利或實施庫藏股）這類沒那麼頻頻出現、但往往對改變故事與估值更息息相關的新聞。

📊 資訊效應

你不必是效率市場的信徒，也會接受市場隨新聞而波動的論點。股價的上下起伏會受新資訊的影響，唯一有問題的是這個波動跟你對新聞的判讀是否一致，

— 275 —

包括波動的方向（好或壞）與幅度。不意外地，報導會影響故事，就像上一章提到的，這些報導在某些情況下會讓故事轉變軌跡、發生些微改變，或是在極端的情況下讓故事戛然中止。

在本章，我專注於公司發布的新聞稿是如何影響他們的故事。從收益報告開始，世上有些地方（包括美國）是每季發布一次，其他地方可能半年一次或一年一次。然後我會檢視沒那麼頻繁出現的企業新聞稿，是關於他們的投資決策（尤其是收購）、融資（舉債或償債）和股利政策（發放或中止、增加或減少，廣義上還包括實施庫藏股），看這些是否會影響一家公司的故事。最後則聚焦於被鬆散地歸類在公司治理的報導，尤其是企業醜聞可能影響一家公司（及其故事）的觀感，以及為什麼投資人的主要構成出現變動（特別是積極投資人的進入或退場）可能會改變一家公司的故事。當你讀完這一章，值得強調的一點是，把公司當成你的消息來源有利也有弊。好處是該公司能看到大部分投資人不會取得的資訊；壞處是企業是有偏見的消息來源，特別是當它身處危機之中。

📊 收益報告與故事

每一季，特別是美國企業，都會舉行稱為「財報季」的儀式，發布季報。這些財報是最受嚴密分析、最受期待的公司消息。賣方的股票研究分析師會花很多時間算出公司盈餘，公司高層人員也會花一樣多的時間控制市場預期。當財報出

爐，發布的每股盈餘會跟市場預期比較，如果高於預期就是好消息，不符合預期就是負面消息。

　　財報發布期所發生的事，大多牽涉到定價流程。價格對財報的反應，通常會跟財報所帶來的意外一致，無論是好的或壞的意外，都會刺激正面或負面的價格反應。結果，企業愈來愈倚重收入與支出的會計中，賦予它們的自由裁量權來「管理」收益，讓數字高於預期，而且有一些證據顯示，由於企業學會玩財報遊戲，市場對財報的反應也變得更加複雜。例如，有一家企業持續讓每股盈餘在每一季都高出預期5美分，到了一定次數，市場就會提高衡量盈餘意外的標準，把這5美分算進分析師的預期裡。

　　如果你是投資人，對玩定價遊戲不感興趣，而是更關心價值，那麼你看待財報的方式，就會跟交易員截然不同。比起聚焦於財報中的每股盈餘是否符合或高出預期，你瀏覽這些財報，是為了找出可能會改變你對這家公司故事說法、進而改變公司估值的資訊。下頁圖12.1概述了你可以利用故事架構來改變故事，以反映你從財報中所獲取的資訊。

　　如你所見，拿到相同財報，你對這樣的評估引發的反應迥異於交易員，他們比較關心收益是否在預期之外。當財報中的每股盈餘高於預期（對股價來說是好消息），可能對你的故事帶來負面的改變，因為股價上揚，代表你就得對這家公司降低估值。相反地，當財報的獲利低於預期，也可能對你的故事帶來正面影響，同樣會引發價格和價值波動之間的背離。

圖 12.1 財報與故事

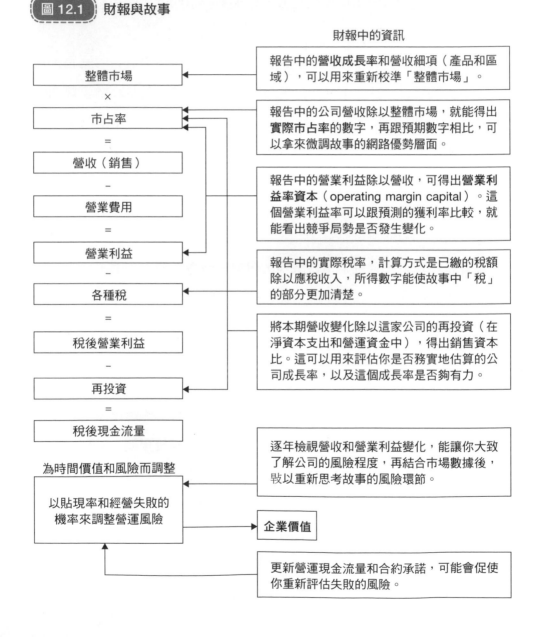

財報中的資訊

整體市場	←	報告中的**營收成長率**和營收細項（產品和區域），可以用來重新校準「整體市場」。

×

市占率 ← 報告中的公司營收除以整體市場，就能得出**實際市占率**的數字，再跟預期數字相比，可以拿來微調故事的網路優勢層面。

=

營收（銷售）

－

營業費用

=

營業利益 ← 報告中的營業利益除以營收，可得出**營業利益率資本**（operating margin capital）。這個營業利益率可以跟預測的獲利率比較，就能看出競爭局勢是否發生變化。

－

各種稅 ← 報告中的實際稅率，計算方式是已繳的稅額除以應稅收入，所得數字能使故事中「稅」的部分更加清楚。

=

稅後營業利益

－

再投資 ← 將本期營收變化除以這家公司的再投資（在淨資本支出和營運資金中），得出銷售資本比。這可以用來評估你是否務實地估算的公司成長率，以及這個成長率是否夠有力。

=

稅後現金流量

為時間價值和風險而調整

以貼現率和經營失敗的機率來調整營運風險 ← 逐年檢視營收和營業利益變化，能讓你大致了解公司的風險程度，再結合市場數據後，戠以重新思考故事的風險環節。

→ **企業價值**

更新營運現金流量和合約承諾，可能會促使你重新評估失敗的風險。

個案研究 12.1：財報與故事改變──2014 年 8 月的臉書

　　我在臉書於 2012 年 2 月 IPO 之前，估算其價值大約每股 27 美元，並斷言發行價 38 美元的定價過高。市場對發行價不表熱情，讓我看似估對價格，但是理由全錯了。這場 IPO 辦壞了，不是因為定價過高或市場賦予這檔股票較低的價值，主因是臉書的投資銀行家的傲慢，以為股票自己會賣起來，並未積極為這家公司建構好一則故事。我最初的估值，儘管事後看起來保守，但是是基於以下信念：臉書在線上廣告業務的成長率，將會像谷歌一樣成功，同時維持非常高的獲利率。下頁表 12.1 顯示 IPO 時的估值以及其中的故事。

　　檢視臉書在 IPO 時的 2012 年到 2014 年底這段期間的財報，市場在這段期間的反映有顯著的變化，第 281 頁表 12.2 可以為證。

　　辦壞了的 IPO 扭曲了市場對第一份財報的反應，股價跌掉幾乎 25％。事實上，我在這次財報後（當時股價暴跌，不到 20 美元）評估臉書，認為這份財報沒有任何地方改變我最初的故事說法，這家公司對我來說是被低估了。我很幸運在低點承接，因為這家公司在下一季扭轉局勢，股價在隔年翻了不止一倍。我在 2013 年 8 月臉書發布財報後重新審視這份估值，隨著故事調整，估值也修改為每股 38 美元，讓我得出結論：45 美元是充分反映價值的定價，宜審慎出場。檢視這幾季的獲利

Narrative and Numbers

表 12.1 臉書，希望成為谷歌

故事
臉書是一家社群媒體公司，挾其龐大的用戶數，成為線上廣告的成功故事，幾乎就跟谷歌一樣大。其成長的路線和獲利能力，將跟谷歌頭幾年很像。

<table>
<tr><td colspan="6" align="center">假設</td></tr>
<tr><td></td><td>基準年</td><td>第 1-5 年</td><td>第 6-10 年</td><td>10 年之後</td><td>故事連結</td></tr>
<tr><td>營收 (a)</td><td>$3,711</td><td>CAGR* = 40.00%</td><td>40.00%→ 2.00%</td><td>CAGR* = 2.00%</td><td>成長力道像谷歌</td></tr>
<tr><td>稅前營業利益率 (b)</td><td>45.68%</td><td>45.68% → 35.00%</td><td></td><td>35.00%</td><td>競爭壓力</td></tr>
<tr><td>稅率</td><td>40.00%</td><td>40.00%</td><td></td><td>40.00%</td><td>不變</td></tr>
<tr><td>再投資 (c)</td><td>無資料</td><td colspan="2" align="center">銷售資本比為 1.50</td><td>再投資率＝10.00%</td><td>產業平均值</td></tr>
<tr><td>資本成本 (d)</td><td></td><td>11.07%</td><td>11.07% → 8.00%</td><td>8.00%</td><td>線上廣告業的風險</td></tr>
</table>

<table>
<tr><td colspan="6" align="center">現金流量（百萬美元）</td></tr>
<tr><td></td><td>營收</td><td>營業利益率</td><td>EBIT(1–t)†</td><td>再投資</td><td>FCFF††</td></tr>
<tr><td>1</td><td>$5,195</td><td>44.61%</td><td>$1,391</td><td>$990</td><td>$401</td></tr>
<tr><td>2</td><td>$7,274</td><td>43.54%</td><td>$1,900</td><td>$1,385</td><td>$515</td></tr>
<tr><td>3</td><td>$10,183</td><td>42.47%</td><td>$2,595</td><td>$1,940</td><td>$655</td></tr>
<tr><td>4</td><td>$14,256</td><td>41.41%</td><td>$3,542</td><td>$2,715</td><td>$826</td></tr>
<tr><td>5</td><td>$19,959</td><td>40.34%</td><td>$4,830</td><td>$3,802</td><td>$1,029</td></tr>
<tr><td>6</td><td>$26,425</td><td>39.27%</td><td>$6,226</td><td>$4,311</td><td>$1,915</td></tr>
<tr><td>7</td><td>$32,979</td><td>28.20%</td><td>$7,559</td><td>$4,369</td><td>$3,190</td></tr>
<tr><td>8</td><td>$38,651</td><td>37.14%</td><td>$8,612</td><td>$3,782</td><td>$4,830</td></tr>
<tr><td>9</td><td>$42,362</td><td>36.07%</td><td>$9,167</td><td>$2,474</td><td>$6,694</td></tr>
<tr><td>10</td><td>$43,209</td><td>35.00%</td><td>$9,074</td><td>$565</td><td>$9,509</td></tr>
<tr><td>最後一年</td><td>$44,073</td><td>35.00%</td><td>$9,255</td><td>$926</td><td>$8,330</td></tr>
</table>

估值		
終值	$138,830	
現值（終值）	$52,832	
現值（未來 10 年的現金流量）	$13,135	
營運資產的價值＝	$65,967	
－債務	$1,215	
＋現金	$1,512	
每股價值	$66,284	
－期權價值	$3,088	
普通股價值	$63,175	
股數	2,330.90	
估計價值／股	$27.07	發行價設定在 38 美元

*CAGR ＝年複合成長率
† EBIT (1 – t) ＝（營收 * 營業利益率）（1- 稅率）
†† FCFF ＝對企業的自由現金流量

表 12.2　臉書 2012 年至 2014 年的財報

財報發布日	營收（百萬美元）			營業利益／獲利率		每股盈餘	股價反映
	實際	預估	正負落差（%）	收入	獲利率	正負落差（%）	一周後
7/26/12	$1,184	$1,157	2.33%	($743.00)	-62.75%	54.02%	-25.35%
10/23/12	$1,262	$1,226	2.94%	$377.00	29.87%	-137.74%	8.77%
1/30/13	$1,585	$1,523	4.07%	$523.00	33.00%	25.00%	-7.01%
5/1/13	$1,458	$1,440	1.25%	$373.00	25.58%	16.88%	-1.13%
7/24/13	$1,813	$1,618	12.05%	$562.00	31.00%	47.73%	38.82%
10/30/13	$2,016	$1,910	5.55%	$736.00	36.51%	36.00%	0.22%
1/29/14	$2,585	$2,354	9.81%	$1,133.00	43.83%	1.01%	16.18%
4/23/14	$2,502	$2,356	6.20%	$1,075.00	42.97%	47.06%	-2.57%
7/23/14	$2,910	$2,809	3.60%	$1,390.00	47.77%	22.45%	4.75%

數字，顯然臉書精通分析師的財測遊戲，最近 7 份財報，營收跟每股盈餘的表現都優於預期。

　　對於臉書，市場也關注用戶數量的規模及成長率，以及該公司是否成功擴大行動營收（mobile revenues）。在下頁表 12.3，我列出這些數字、臉書每季投入資本（計算方式是將帳面價值上的債務與股權相加，並扣除現金）並估算資本效率（看銷售資本比），時間是從臉書 IPO 到 2014 年 8 月。

　　這張表記錄了臉書在這段期間成功故事的核心：已經很龐大的用戶數量繼續成長，線上用戶和廣告雙雙暴增，以及改善資本效率（注意銷

表 12.3　臉書樣貌的改變

財報發布日	活躍用戶	行動活躍用戶	來自行動的營收	淨收入	資本	最近 12 個月 的銷售資本比
7/26/12	955	543	無紀錄	($157)	$3,515	1.23
10/23/12	1010	604	無紀錄	($59)	$4,252	1.09
1/30/13	1060	680	23.00%	$64	$4,120	1.24
5/1/13	1100	751	30.00%	$219	$4,272	1.28
7/24/13	1150	819	41.00%	($152)	$3,948	1.55
10/30/13	1190	874	49.00%	$425	$4,007	1.71
1/29/14	1230	945	53.00%	$523	$4,258	1.85
4/23/14	1280	1010	59.00%	$642	$4,299	2.07
7/23/14	1320	1070	62.00%	$791	$4,543	2.20

售資本比，已經變高了）。2014 年 8 月的財報提供了更多相同情形：用戶數量繼續成長、來自移動廣告的營收上升，並改善了獲利能力。看著這份財報，我不得不推論出我的臉書故事**一直都錯了**，理由如下：

- 我對臉書在**行動市場方面的成功**，最初的反應是：它需要達成這樣的成長率，才能維持作為一家線上廣告公司的成功故事，臉書在行動市場的成長速率令人難以置信。事實上，截至 2014 年 8 月為止的成果，在我看來，臉書非常有可能超越谷歌，成為線上廣告龍頭，並繼續維持它的獲利力。這屬於**故事微調**，將線上廣告

市場更大的市占率轉化為更高的營收成長，以及或許更能維持一
定水準的營業利益率（高於我的預測）。

- 照理說，既有用戶的規模已夠令人詫異，因此用戶數量勢不可擋
  的成長，更令人吃驚。這是臉書最大的資產，以及能用來進入新
  市場、銷售新產品／服務的平台。在 2012 年至 2014 年間，臉書
  展現出願花大錢收購可繼續提升用戶數量的棋子，並從中獲利。
  這個策略的不利影響是成長的成本高昂，但優點是臉書把自己定
  位為用戶數量就是它的貨幣。儘管營收細目並未反映此一業務拓
  展，但我認為臉書在 2014 年 8 月相較於一、兩年前，故事已經改
  變，取得了更好的定位。

　　我在 2014 年 8 月為臉書更新的估值反映了這些調整。納入更高的營
收目標（1,000 億美元而不是 600 億美元），更能穩定持續的獲利率（以
40％取代 35％），我算出這家公司的營運資產為 1,320 億美元，比我在
IPO 之時的 650 億美元的兩倍再略高一點，而股價則是逼近每股 70 美
元。我是否後悔賣在 45 美元呢？有那麼一下子，我確實後悔，但再一
次，我認為這提醒了我，為什麼維持反饋的開放心態，以及傾聽對我的
估值的不同意見是如此重要。

📊 財報以外的公司新聞稿

除了財報，企業也會因其他理由發布新聞稿，有些是好消息；有些是壞消息。儘管這些新聞的發布不像財報那樣頻繁，但內容經常對估值結果影響更大。廣的來說，幾乎所有企業新聞，都可根據後果分類成**投資**（增加新資產、賣掉舊資產，或更新既有資產）、**融資**（籌措新頭寸或償付舊融資）與**股利**（以股利或庫藏股的方式，減少或增加現金報酬給投資人）。

投資新聞

要為企業宣布投資的新聞設定框架，最好的方式是圍繞著資產負債表打造，並把這些新聞稿想成是解構資產負債表中的資產區塊（見下頁圖12.2）。

從這個角度來看，企業可在資產負債表上增添新資產（開啟新專案或收購），或移除既有的投資項目（關閉、清算或出售），還能提供持續經營的資產項目的資訊，而這或許會導致重新估值。總之，這些可以加強或改變一家公司的現有故事。

對於這些新投資項目和既有資產的出售，你必須追蹤這些行動對企業故事及估值的影響。例如特斯拉宣布將花約50億美元興建新的電池工廠，就促使我修改了這家公司的故事，將其定位從奢華的汽車公司，跨足到能源產業。同理，2015年通用電氣（GE）要出售通用電氣金融服務公司（GE Capital）的消息，藉

圖 12.2　投資新聞、故事與價值

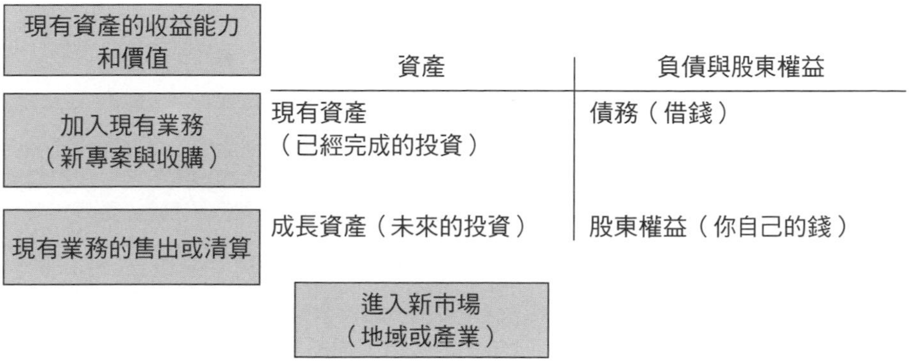

現有資產的收益能力和價值	資產	負債與股東權益
加入現有業務（新專案與收購）	現有資產（已經完成的投資）	債務（借錢）
現有業務的售出或清算	成長資產（未來的投資）	股東權益（你自己的錢）
	進入新市場（地域或產業）	

由移走其事業最人的一塊版圖，就會改變對這家公司所要說的故事。

　　收購，幾乎可說是企業所做的最大投資決定，理由有二。一是規模有比內部投資更大的傾向（就支出金額而論）。二是這些有意收購的企業，理由包羅萬象，而一次的收購，就可能大幅改變「故事弧線」（narrative arc），好的壞的都有。例如印度大眾汽車製造商塔塔汽車（Tata Motors）在 2009 年收購了全球奢侈品牌捷豹路虎（Jaguar Land Rover），就改變了塔塔汽車的故事。下頁圖 12.3 提供了一些收購後對故事過程的不同環節，有可能發生的故事情節。

　　要注意的是，幾乎圖中所列出的改變都偏正向，讓你難以抵擋，只能得出收購一定會提升估值的結論。你該對這個結論謹慎以對，因為收購對收購方企業的影響是，股東將支付收購價的淨額。因此，儘管收購有改變故事（與估值）的潛力，但如果收購價太高，收購方的股東就會變窮。

圖 12.3 併購對故事與數字的影響

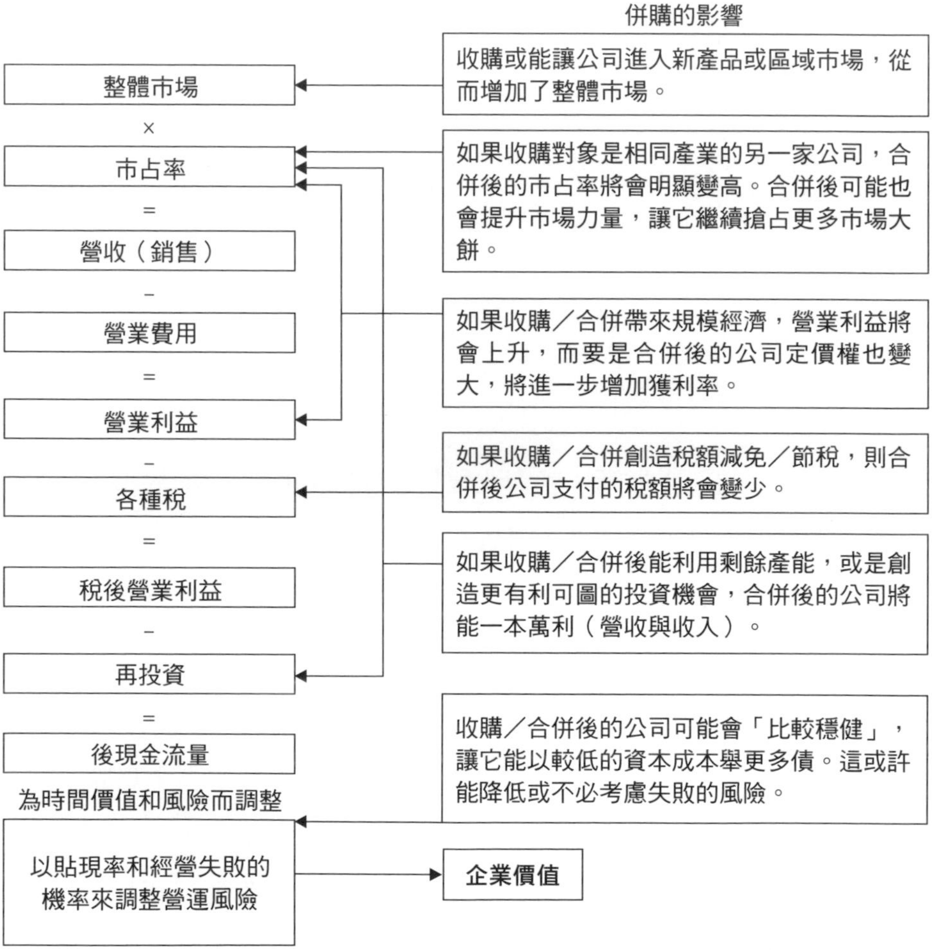

併購的影響

| 整體市場 | ← | 收購或能讓公司進入新產品或區域市場,從而增加了整體市場。 |

×

| 市占率 | ← | 如果收購對象是相同產業的另一家公司,合併後的市占率將會明顯變高。合併後可能也會提升市場力量,讓它繼續搶占更多市場大餅。 |

=

營收(銷售)

–

| 營業費用 | | 如果收購/合併帶來規模經濟,營業利益將會上升,而要是合併後的公司定價權也變大,將進一步增加獲利率。 |

=

| 營業利益 | ← |

–

| 各種稅 | ← | 如果收購/合併創造稅額減免/節稅,則合併後公司支付的稅額將會變少。 |

=

| 稅後營業利益 | | 如果收購/合併後能利用剩餘產能,或是創造更有利可圖的投資機會,合併後的公司將能一本萬利(營收與收入)。 |

–

| 再投資 | ← |

=

後現金流量

為時間價值和風險而調整

| 收購/合併後的公司可能會「比較穩健」,讓它能以較低的資本成本舉更多債。這或許能降低或不必考慮失敗的風險。 |

| 以貼現率和經營失敗的機率來調整營運風險 | → | 企業價值 |

個案研究 12.2：百威英博和南非米勒——整合的故事

　　2015 年 9 月 15 日，全球最大啤酒製造商百威英博集團（AB InBev）宣布有意買下全球第二大的南非米勒（SABMiller），而市場最初的反應很正向，兩家公司的股價都因為報導而上揚。圖 12.4 記錄了這個收購案的細節，包括基本理由跟後果。

圖 12.4　百威英博集團收購南非米勒

百威英博集團（收購者）
- 在美國註冊成立
- 全球最大啤酒製造商，營收 460 億美元
- 在拉丁美洲（巴西）和美國表現最好
- 有透過併購而成長的歷史

收購動機
1. 全球互補
   - 百威英博在非洲成長
   - 南非米勒在拉丁美洲成長
2. 整合
   - 削減成本（拉丁美洲）

南非米勒（收購對象）
- 在英國註冊成立
- 全球第二大啤酒商，營收 220 億美元
- 在非洲和拉丁美洲（巴西以外）表現最好
- 持有美樂酷爾斯（MillerCoors）58 % 股份，這是跟摩紳啤酒（Molson Beer）等相關合夥人合資的公司。

2015 年 9 月 15 日
第一則新聞發布

2015 年 10 月 13 日
完成併購

市值
百威英博集團：1,750 億美元
南非米勒：750 億美元

結果
- 賣掉美樂酷爾斯股份
- 賣掉南非米勒的中國部分

市值
百威英博集團：1,830 億美元
南非米勒：1,000 億美元

身為百威英博的投資人，想想這個收購案對你的故事會帶來什麼影響。這家公司靠著對成長的進取、難以匹敵的效率，以及在成熟產業中削減成本的能耐建立聲譽，這一切都體現在對墨西哥啤酒廠莫德洛集團（Grupo Modelo）的收購和轉虧為盈上。它也由巴西私募股權集團 3G 經營，這家私募基金以資本分配的技能而聞名。儘管南非米勒的收購案規模比前幾次收購案都大得多，但確實符合百威英博的削減成本與經營效率。

在下頁表 12.4，我概述了把百威英博的效率模式帶進南非米勒，將如何改變合併後公司的估值，以及綜效的估值計算結果。

假設百威英博能把削減成本的技能導入南非米勒，我把合併後公司的營業利益率從 28.27％提高到 30％（換算為每年大約少了 13 億美元成本），這將反過來推升公司這項新投資的稅後資本回報率，從 11.68％上升為 12％。更高的再投資率（從 43.58％上升到 50％）為合併後的公司提供了可能性，得以在合併後的市場尋找更多投資機會，使預期成長率從 5.09％提升到 6％。儘管看百分比會覺得變化不大，但值得記住的是，當全球最大啤酒製造廠買下第二大，市占率或成長率很難有巨幅改變。如果馬上實現的話，我計算這個收購案的綜效價值是 146 億美元。

值得注意的是，百威英博為了收購南非米勒支付近 300 億美元的溢價，這讓我徹底了解我先前所提的一個論點：**你支付的價格，決定了是創造還是毀滅價值**。如果我對這樁收購案的綜效估值準確，則交易案雖

為百威英博的股東創造了約146億美元的價值，卻付出300億美元給南非米勒，這等於讓股東們變窮了（大約短少154億美元）。如果收購案事後證明是毀滅價值，它將影響百威英博故事的另一個環節：巴西私募股權集團3G，原先在資本配置領域方面的好名聲。

表12.4　估算百威英博收購南非米勒的綜效

	百威英博	南非米勒	公司合併（無綜效）	公司合併（綜效）	行動
股權成本	8.93%	9.37%	9.12%	9.12%	
債務的稅後成本	2.10%	2.24%	2.10%	2.10%	
資本成本	7.33%	8.03%	7.51%	7.51%	沒有預期改變
營業利益率	32.28%	19.97%	28.27%	(30.00%)	削減成本與規模經濟
稅後資本回報率	12.10%	12.64%	11.68%	(12.00%)	削減成本也改善了資本回報率
再投資率	50.99%	33.29%	43.58%	(50.00%)	在共同市場中更積極地再投資
預期成長率	6.17%	4.21%	5.09%	(6.00%)	因為再投資而成長率變高
企業價值					
高成長的 FCFF 現值	$28,733	$9,806	$38,539	$39,151	
終值	$260,982	$58,736	$319,717	$340,175	
營運資產價值	$211,953	$50,065	$262,018	$276,610	綜效的價值＝ $14,591.76

融資新聞

　　當一家公司宣布其打算舉更多債或償債，它所採取的行動，可能直接跟間接都改變你對這家公司所建構的故事。

　　如果你是投資人，先想想舉更多債這個決定，會以好跟壞的方式改變你的故事（圖12.5）。優點是這讓公司能利用稅法中的債務優惠，並增加企業價值（透過節稅）；缺點則是除了增加違約（失敗）風險，可能還包括開啟營運上的集體反對，如果這家公司被認為陷入財務困境，顧客縮手不買產品的話。結果，公司增加債務的行為為你的故事掀起波瀾，改變了潛在的成長率，在估值時增加了稅

圖12.5 財務決策與估值

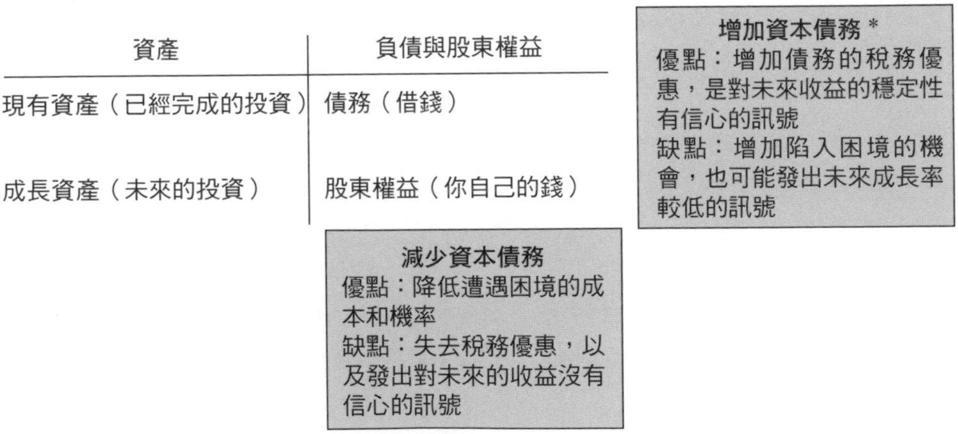

資產	負債與股東權益
現有資產（已經完成的投資）	債務（借錢）
成長資產（未來的投資）	股東權益（你自己的錢）

增加資本債務 *
優點：增加債務的稅務優惠，是對未來收益的穩定性有信心的訊號
缺點：增加陷入困境的機會，也可能發出未來成長率較低的訊號

減少資本債務
優點：降低遭遇困境的成本和機率
缺點：失去稅務優惠，以及發出對未來的收益沒有信心的訊號

＊　　debt in capital。是企業舉債籌措的資本，通常作為成長資本，在將來某個日期償還。

務優惠的部分,同時也改變了投資風險。最後的結果可能是正面,也可能是負面。

　　決定減少舉債,也會影響你的故事說法。不但降低了利用利息支出節稅的可能性,也會被某些投資人(公平或不公平地)解讀成,公司管理階層對未來的收益或現金流量較無把握。這可能是公司將採取其他行動(對投資人來說,是讓該事業風險變低)的預兆。

個案研究 12.3：蘋果的舉債決策

　　在2013年4月,蘋果宣布首度發行債券,從市場募資170億美元。以它當時市值逾5,000億美元來說,發債規模太小,對公司的價值難有太大影響。然而,從債券市場募資的決策,卻可能改變該公司的故事說法,進而對估值產生更大影響。

　　對那些把蘋果故事的假設基礎,搭建在對該公司管理層之上的人來說,根據這家公司的歷史與文化,是絕對不可能借錢的。這家公司打算舉債的新聞是好消息,因為這讓公司得以取得原本該拿而沒拿的稅務優惠;同時,如果投資人相信蘋果可靠著源源不絕的新產品重返過去10年的高成長之路,這對他們來說是壞消息,因為經理人對此並不樂觀。不意外地,舉債最終在金融市場兩相扯平,蘋果股價在宣布舉債後,幾乎沒變。

股息、實施庫藏股與現金餘額

投資人投資企業以產生報酬,而這些投資的「收成」,是以股息和實施庫藏股的形式,把現金返還給股東。因此,當企業宣布返還給股東的現金數量有變,以及以現金返還的方式有變時,可能會導致這些故事受到重新評估,進而決定其估值(圖12.6)。

如果一家公司決定回報給股東的現金高於歷史紀錄,對公司的故事來說是好是壞,取決於你最初對公司的想法。例如,如果你最初對公司的看法,是有重大投資機會的高成長企業,那麼發放或增發股利,都會導致你的故事的成長潛力

圖12.6 股息決策與估值

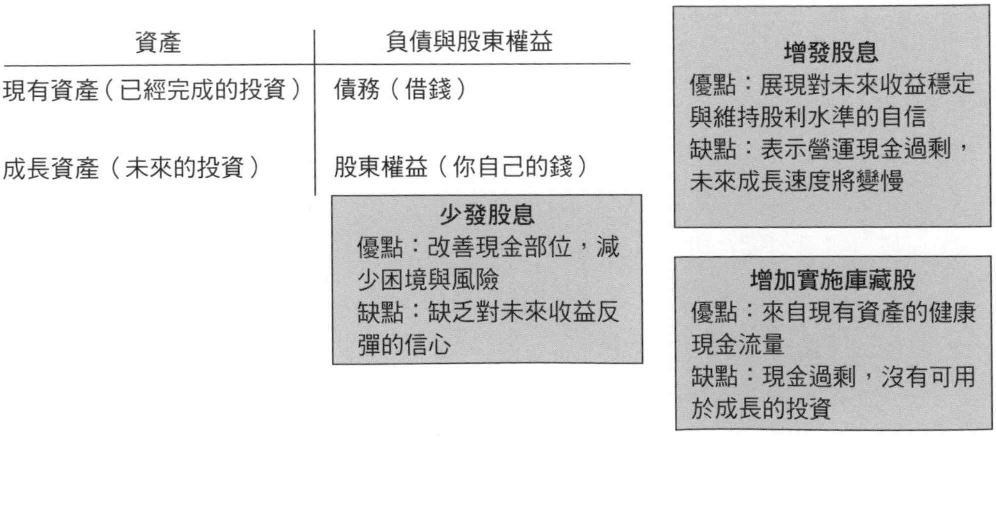

資產	負債與股東權益
現有資產(已經完成的投資)	債務(借錢)
成長資產(未來的投資)	股東權益(你自己的錢)

增發股息
優點:展現對未來收益穩定與維持股利水準的自信
缺點:表示營運現金過剩,未來成長速度將變慢

少發股息
優點:改善現金部位,減少困境與風險
缺點:缺乏對未來收益反彈的信心

增加實施庫藏股
優點:來自現有資產的健康現金流量
缺點:現金過剩,沒有可用於成長的投資

（以及你的估值）需要負面的重新評估。如果你對公司最初的看法是這是一家投資機會不多的成熟企業，目前的管理階層保留現金非但沒必要，還可能造成浪費（透過不良的投資），所以公司決定提高現金報酬可能代表公司有所醒悟，因此讓你的故事更加正向（而你的估值也會更高）。

把現金還給投資人，有兩種方式：一是發放股息，一是實施庫藏股。當企業改變返還現金的傳統模式，其行動可能帶有可影響你的故事和估值的資訊。當一家過去只發放股息的企業開始實施庫藏股，你應該考慮一種可能，就是該公司對未來的成長跟過去相比，覺得比較沒有信心。畢竟，相對於股息，實施庫藏股的最大好處，是在返還多少現金上具有更大彈性。反之，當一家一向只實施庫藏股的公司開始發放現金股利，就意味著故事中這家公司盈餘進帳的波動比以前小了。

個案研究 12.4：慢動作的故事改變——IBM 實施庫藏股的 10 年

在 20 世紀大部分時間，IBM 都是全球成長最快的企業之一，能以全球大型電腦運算龍頭之姿，宣布兩位數的成長。1980 年代，個人電腦的崛起抑制 IBM 的成長力道，公司在這 10 年的後期光環不再。有個常被提起的東山再起故事，是說 1990 年代葛斯納（Lou Gerstner，《誰說大象不會跳舞》作者）的企業再造，將 IBM 搖身變成一家商業服務公司，搭上科技榮景再次成長。當科技泡沫 2000 年代初期破滅，IBM 發

現自己又得再次爭奪市占率。

　　儘管IBM的故事眾說紛紜，這家公司在近10年的行為卻很一致：給予股東報酬的方式，選擇現金股利和庫藏股並行。在表12.5，我概括了IBM近10年來的盈餘與現金報酬數字，以及公司的流通股數。

　　在這段時間裡，總計現金報酬達到盈餘的128.43％，其中主要是用來實施庫藏股。儘管這段期間IBM的財報在淨收入方面確實有成長，但是這個成長卻伴隨著營收減少以及流通股數的急劇下降。

表 12.5　IBM 營運和流通股數沿革

年度	營收	淨收入	股利	實施庫藏股	現金回報	現金回報／淨收入	# 流通股數
2005	$91,134	$7,934	$1,250	$8,972	$10,222	128.84%	1,600.6
2006	$91,423	$9,492	$1,683	$9,769	$11,452	120.65%	1,530.8
2007	$98,785	$10,418	$2,147	$22,951	$25,098	240.91%	1,433.9
2008	$103,630	$12,334	$2,585	$14,352	$16,937	137.32%	1,369.4
2009	$95,758	$13,425	$2,860	$10,481	$13,341	99.37%	1,327.2
2010	$99,870	$14,833	$3,177	$19,149	$22,326	150.52%	1,268.8
2011	$106,916	$15,855	$3,473	$17,499	$20,972	132.27%	1,197.0
2012	$102,874	$16,604	$3,773	$13,535	$17,308	104.24%	1,142.5
2013	$98,368	$16,483	$4,058	$14,933	$18,991	115.22%	1,094.5
2014	$92,793	$12,022	$4,265	$14,388	$18,653	155.16%	1,004.3
2015（最近 12 個月）	$83,795	$14,210	$4,725	$4,409	$9,134	64.28%	984.0
總計	$1,065,346	$143,610	$33,996	$150,438	$184,434	128.43%	

許多人批評 IBM 給了太多現金報酬，但有另一個故事版本的情節符合這家公司的行為。面對業務衰退和愈來愈少的投資機會，這家公司採取的策略是每年局部自我清算，把自身規模縮小。如果你是期望 IBM 重新成長為一頭大象的投資人，你要對抗的除了事實，還有一家跟你的故事不符的公司。與其指責這家公司沒照你的故事（以再投資實現高成長）發展，何不合理一點，照著這家公司的行為，修改你的故事？以 IBM 來說，這表示隨著時間演進，這家公司會是低成長甚至負成長，而變得愈來愈小而精實，但也可望變得更會賺錢。

公司治理報導

企業的高階管理層在設定、維護與改變企業故事上是關鍵角色；而新聞對經理人的報導，無論好壞，都可能影響故事與估值。在這一節，我們會從企業相關的不當行為和醜聞開始，以及這如何對企業價值產生重大衝擊。然後我們會檢視一個或一群關鍵投資人的進場或出場，有時也會導致你重新評估對一家公司的故事說法（及其估值）。

公司醜聞與管理不善

　　企業有時會因不道德的原因登上新聞，被爆出公司或管理上的行為不當、未揭露重大訊息，或是管理不善。這些報導會波及許多層面。首先是導致注意力分散，當一家公司的經理人被指控行為不當，得花許多時間設法停損，因而延後與推遲了投資和營運決策。第二是如果行為不當逾越了法律界線，可能帶來罰鍰與費用。第三是可能使公司面臨訴訟，當權利受侵害的顧客、股東與供應商對公司提起損害賠償官司。

　　儘管上述一切都可能導致付出龐大代價，但如果公司的故事因不當行為的後果而改變，公司還有可能受到更永久的傷害。這有幾個理由。第一，醜聞可能會讓公司聲譽從此一蹶不振，而如果公司的故事是建立在此聲譽之上，那故事也將慘遭相同命運。例如2015年福斯汽車的報導，該公司聲譽建立在德國製造的效率和可靠上，卻爆出美國柴油汽車的排氣造假，這可能讓這家公司的故事徹底改變，並付出慘痛代價。第二，公司的商業模式中，有一或多個關鍵構成要素，是建立在受質疑的商業實務上，一經曝光，可能就無法繼續這麼做。第三，重大醜聞經常導致高層換將，新的管理階層可能會為該公司帶來不同觀感。

個案研究 12.5：威朗製藥的商業模式面臨風險？

前情提要：

　　個案研究5.1：製藥業——研發與獲利力，2015 年 11 月

　　第5章評估製藥公司時，我主張這些公司建立在研發上的傳統商業模式，其價值已經下降。儘管製藥公司在過去10年一直都能維持可觀的獲利率，但研發的回報卻穩定衰退，同時導致幾乎很少或根本沒有營收成長。這些公司的營收和盈餘，都表現得比以前低落，因此投資人的回應是下調這些公司的定價。

　　這正是你在思考威朗（Valeant）這家加拿大製藥公司的崛起時，需要理解的脈絡。這家公司在2009年還默默無聞，到了2015年卻名列前茅。在下頁圖12.7中，我繪製了這家公司在2009年至2015年這段時期，營收與營業利益的迅速成長。

　　所以，威朗在這個其他業者陷入泥淖的產業部門，是如何逆勢成長的呢？如第299頁表12.6所示，這家公司所走的路線，跟其他製藥公司完全不同，鮮少投資於傳統製藥公司重視的研發上，而是大舉收購，而他們運用這些收購所實現的，除了高營收成長，還有高獲利率以及每股盈餘的成長。這樣的組合使威朗成為價值投資人的寵兒，其市值突破

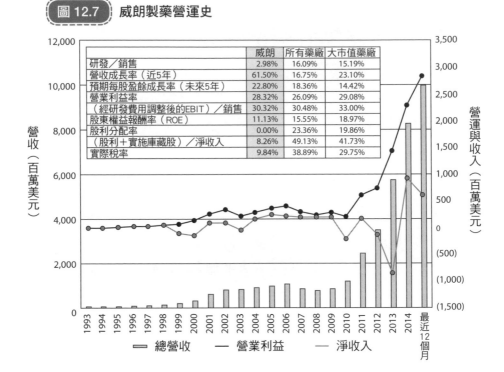

圖 12.7 威朗製藥營運史

	威朗	所有藥廠	大市值藥廠
研發／銷售	2.98%	16.09%	15.19%
營收成長率（近5年）	61.50%	16.75%	23.10%
預期每股盈餘成長率（未來5年）	22.80%	18.36%	14.42%
營業利益率	28.32%	26.09%	29.08%
（經研發費用調整後的EBIT）／銷售	30.32%	30.48%	33.00%
股東權益報酬率（ROE）	11.13%	15.55%	18.97%
股利分配率	0.00%	23.36%	19.86%
（股利＋實施庫藏股）／淨收入	8.26%	49.13%	41.73%
實際稅率	9.84%	38.89%	29.75%

營收（百萬美元）

營運與收入（百萬美元）

█ 總營收　—— 營業利益　—— 淨收入

1,000 億美元。不過在 2015 年 9 月，威朗的商業模式因兩個理由而受到抨擊：

- 藥價因該公司的收購而上漲，這引起政壇、健保專業人士和保險公司的關注和憤怒。

- 該公司和線上藥局菲利多（Philidor）的關係受到審查。有些人

表 12.6　威朗與整個產業部門比較

	威朗	所有藥廠	大市值藥廠
研發／銷售	2.98%	16.09%	15.19%
營收成長率（近 5 年）	61.50%	16.75%	23.10%
預期每股盈餘成長率（未來 5 年）	22.80%	18.36%	14.42%
營業利益率	28.32%	26.09%	29.08%
（經研發費用調整後的 EBIT）／銷售	30.32%	30.48%	33.00%
股東權益報酬率（ROE）	11.13%	15.55%	18.97%
股利分配率	0.00%	23.36%	19.86%
（股利＋實施庫藏股）／淨收入	8.26%	49.13%	41.73%
實際稅率	9.84%	38.89%	29.75%

　　主張威朗利用菲利多，把高昂藥價轉嫁給病患、保險公司和政府。

　　在試圖為自己的清白辯護後，威朗與菲利多切割，但傷害已經造成。
　　這場讓鎂光燈聚焦在威朗身上的危機，讓其過往成功的故事，有兩個環節面臨風險：以收購取代研發促進成長，以及為了高獲利率為舊藥重新定價。那些只看財報表面價值的分析師變得對其財報上收購的垃圾更加吹毛求疵，繼續走這條路線將變得更加困難。市面上不是只有威朗藥價飆漲，但該公司在這場危機中被貼上標籤，導致公司價格要繼續走高變得更困難，至少短期內是如此。在該公司醜聞爆發後，一周內價值跌掉70％，這或許反映了市場的看法，亦即市場認為：要是威朗不得不走回更傳統的研發老路，並調整上漲的價格，那麼其營運數字跟定

價，都會跟其他藥廠變得相似。

投資人的構成

你會期待股東和上市企業的企業主一樣，對公司的故事有發言權，但在世界上絕大部分的上市公司中，他們都沒有。大型上市公司的一個理由是，他們有成千上萬個股東，股權非常分散，代表大部分股東持有的公司股權非常少，因而影響力很小。即便是持有較多股份的投資人（通常是機構投資人），縱使反對，也鮮少或沒有興趣挑戰現有的商業模式。然而，有兩群投資人，他們有改變商業模式（以及企業的故事）的潛力。這兩種投資人中，任何一種人進入企業，都會引發故事的改變。

- **激進投資人**：他們有本錢也有意願長期抗戰，目標是鎖定在他們認為投資差勁或投資太多不良事業的成熟企業。他們通常會敦促這些企業少投資一點、多舉債一些，給股東更多現金報酬，而且藉由這麼做，他們為那些有意維持現狀的經理人提供了不一樣的故事說法。當卡爾‧伊坎（Carl Icahn）或尼爾森‧佩爾茲（Nelson Peltz）這兩位知名的激進投資人出現在上市公司股東排名中，或許就是一個訊號，表示你該重新評估公司的故事和估值了。

- **策略投資人**：他們投資一家公司，是希望能利用投資促進其他利益。在許多案例裡，策略投資人是其他公司之所以選擇投資你的公司的理由，因為認為可從中獲得額外利益。當策略投資人口袋很深，那麼該投資人的進入可能會改變你的企業故事。例如新聞報導通用汽車（General Motors）砸下5億美元投資共乘公司Lyft，這不但能改變故事中的風險環節（Lyft未來的失敗機率更低了），還包括故事裡的業務部分（Lyft從純粹共乘業務，朝無人駕駛或電動汽車零組件發展的機率變高了）。

結論

　　企業故事不是永恆的。它會不斷改變，一直微調說法，這一方面是受到企業新聞與財報紀錄的影響，但也擴大到企業針對投資、融資和股利政策所發布的新聞稿。這些新聞稿對故事和估值的影響程度不一，而且會以正面或負面的方式改變故事與估值。市場對這些新聞稿的反應更像是定價遊戲，而且可以理解的是，新聞報導可能會導致價格大幅變動，價值卻沒有太大改變；或是價值變動很大，價格卻不動如山。公司高層對故事說法的設定也會造成很大影響，有關他們的新聞會同時影響價值與價格。

第13章

總體經濟數據與故事
Go Big—The Macro Story

在進入本章之前,我主要聚焦於個別企業,探討這些公司的故事如何驅動價值。然而,在某些案例,個別公司價值的驅動因素是經濟、利率或商品。在本章,我鎖定這些總體經濟的故事,把故事拆解成相關的變數,例如會影響所有企業的利率和通膨等。有些總體經濟故事的影響建立在政治動盪與商品價格的波動上,對某一群企業影響特別大;有少數企業則是嘗試善用生命周期的趨勢。

宏觀與微觀的故事

在微觀故事裡,你是從一家公司開始,儘管你在建構故事時會考量市場和競爭局勢,你還是把重心放在公司上。雖然對許多企業來說這是合宜的觀點,但當

你投資的企業主要是由總體經濟的變數驅動（而你對此毫無或幾乎沒有掌控力）時，可能就無效。對成熟的大宗商品公司來說，情況顯然就是如此。因為商品價格的漲跌方向決定了未來收益，公司的影響力只是配角。景氣循環的公司也是如此，其獲利能力和現金流量受景氣方向的影響。最後，在某些高風險的新興市場，一家公司的故事情節鮮少由公司董事會和管理高層決定，而是受該國政治與經濟發展的影響更多。

我必須坦承，我說宏觀故事時比微觀故事更加不自在，理由有二。第一，我覺得掌控無力，因為總體經濟的變數，其驅動力量既複雜又牽一髮動全身；這個世界某一處的微小變化，就可能對這些變數造成無法預期的變化。第二，我知道我的宏觀預測技能還有許多不足之處。於是，當我把任何總體預測納入故事情節時，即便是附帶的，也可能問題叢生。

不是所有分析師都跟我一樣不喜歡宏觀預測模型。有些人積極從事，因為只要押注正確，報酬將非常可觀；要是你能預測油價或利率，你的獲利之路將輕鬆又快速。近年來，有一種新的總體投資法愈來愈普遍，是由投資人預測生命周期趨勢，然後嘗試根據這些預測來投資企業。要了解這種投資方式的報酬，只需想像如果你早就看出社群媒體在這幾年的蓬勃發展、並老早就跟上潮流的話，將能累積多少財富。事實上，如果某些資金流入優步和Airbnb等公司，是因為這些投資人看見「共享」市場的爆炸性成長，而不是因為特定公司的故事，我也不會意外。

📈 建構宏觀故事的步驟

要建構一則宏觀故事，跟我們在前幾章描述的打造企業故事過程，有部分相同，也有部分不同。這個步驟始於辨識與理解考慮中的宏觀變數（商品、循環性或國家），接下來評估你嘗試估值的公司受這些宏觀變數的影響程度。最後是你得判斷，你希望你的估值受這些變數預測的影響程度，以及你計畫如何把這些影響連結上你的估值數字。

宏觀估值

如果你想投資的公司的財富主要由一個或多個宏觀的變數驅動，你應該從找出這個或這些變數開始。對一家石油公司來說，宏觀變數顯然是石油；但對一家礦業公司來說，除挖礦以外你所能做的事微乎其微。以我在本章後面將會進行估值的巴西礦業公司淡水河谷（Vale）為例，關鍵商品是鐵礦，因為它占了淡水河谷幾乎四分之三的營收，而近十年來，推動鐵礦價格的主要是中國的成長。對景氣循環公司而言，儘管經濟顯然是宏觀變數的選項，你還是得判斷這是國內經濟或更廣泛的經濟組合（例如拉丁美洲），或甚至是全球經濟。一旦你確定了宏觀的變數，下一步是蒐集這個變數的歷史數據，檢視它隨著時間的波動；然後，如果可以取得，也要檢視驅動波動的因素。歷史紀錄的用處除了衡量是什麼構成該變數的常態，也包括理解你想投資的公司的風險。

微觀評估

　　訴說宏觀故事的第二步，是把注意力轉回你嘗試估值的公司。當你評估公司的暴險程度時，是在嘗試研判宏觀變數的波動如何影響公司的營運。這乍看不難，因為你預期石油公司的收益會隨著油價水漲船高，這是關鍵，畢竟石油公司的結構和營運方式，可能會受對油價暴險程度的影響。例如，一家有高成本儲油的石油公司，可能會發現本身對油價波動的暴險程度，高於低成本儲油的同業，因為這家公司的高成本儲油會因油價變低而受傷，因油價變高而得利。一般來說，固定成本高的石油公司，將會看到其盈餘對油價變化的反應，比成本結構更具彈性的同業更加激烈。最後，對其產出風險進行避險（也就是說，運用期貨跟遠期市場，把未來的油價鎖在一定範圍內）的石油公司，盈餘較少受到影響，至少受短期油價變化的影響，低於那些沒有避險的同業。

整合兩者

　　在第三步，你將建立一個複合的故事，把你對宏觀變數和你正在評估的公司之特色整合起來。不過在這個階段，你將必須決定你希望你的估值是宏觀—中立的狀態，還是要反映你對宏觀變數的未來方向的看法。例如，以一家石油公司為例，在估值時，你可以根據現在的油價（反映目前的現貨價格與期貨價格），也可以根據你所預測的未來油價。

如果你選擇宏觀—中立路線，你首先得梳理公司的財務數據，掌握財報期間到現在，這段時間宏觀變數的任何變化。例如，如果你是在 2015 年 3 月為一家石油公司估值，而最近的財務數字是從 2014 年開始，請理解營收與盈餘，是來自油價平均每桶 70 美元一路跌到 2015 年 3 月的每桶低於 50 美元。有了這些梳理過的財務數據，接著便要確認你對未來的預測，是否要避開你對油價的看法，因為這可能會使你偏離市場或市場專家的觀點。

如果你想預測油價，我會建議你**從宏觀—中立的估值開始，然後再以你為宏觀變數所預測的估值重新評估這家公司**。如果你困惑為什麼需要進行兩次估值，答案是這將幫助你和你的受眾，理解你得出結論的根據是什麼。透過兩次分別估值，你會更清楚對這家公司的估值研判，有多少是受你對這家公司的看法驅動，有多少是受你的總體經濟預測驅動。假設你對必和必拓（BHP Billiton，全球最大綜合礦業公司）的估值，宏觀—中立的情況下是每股 18 美元，加上你對商品價格的觀點的話是 14 美元，而股票成交價為每股 15 美元，假設你正要購買該個股或要求別人這麼做，那麼你的整個推薦都跟你的宏觀看法掛鉤。如果你的建議一直表現良好，這驗證了你的宏觀預測技能，你或許該考慮更輕鬆的賺錢方式（例如根據考量中的宏觀變數做期貨交易）。如果你只是不賺不賠甚至績效不佳，這對你和使用你的估值的人來說應該是個訊號，這代表不該浪費你的時間（跟金錢）做宏觀預測。

個案研究 13.1：對埃克森美孚的估值，2009 年 3 月

　　我在 2009 年 3 月為全球最大石油公司埃克森美孚做過估值，我的基本故事是：這是一家成熟的石油公司，儘管當時油價跟前一年比大幅下挫，我還是不知道這家公司未來的走向。2008 年，埃克森美孚發布的稅前營業利益逾 600 億美元，但這反映的是那一年的平均油價（每桶 86.55 美元）。到 2009 年 3 月時油價已經跌到 45 美元，我知道翌年的營業利益一定會因此變少。

　　為計算埃克森美孚在油價 45 美元時的營業利益，我利用個案研究 5.2 的迴歸分析，在迴歸分析裡，我運用 1985 年至 2008 年的數據來分析平均油價的營業利益，得出以下結果：

$$營業利益 = -63.95 億美元 + 9.1132 億美元（平均油價）$$
$$R^2 = 90.2\%$$

　　把 45 美元的油價連結上這個迴歸分析，我得到埃克森美孚預期營業利益的數字為 346.14 億美元，這個數字成為下頁圖 13.1 中埃克森美孚的估值基礎。

　　我為埃克森美孚所寫的故事情節是，這是家成熟的石油公司，收益

圖 13.1 埃克森美孚的油價中性估值，2009 年 3 月

平均油價（每桶）

埃克森美孚該年營業利益

■ 營業利益 ── 平均油價

將追蹤油價。以其龐大的競爭優勢，其資本將賺取高於平均的回報率，同時維持保守的融資政策（不舉債太多）。

順著這個故事情節，我假設永久成長率為 2％，並以油價校正過的營業利益 346 億美元，來運算基準年的收入與資本回報率（接近 21％）。資本成本 8.18％（反映一家成熟石油公司）讓我得以算出營運資產的估值為 3425 億美元。

估算營運資產：

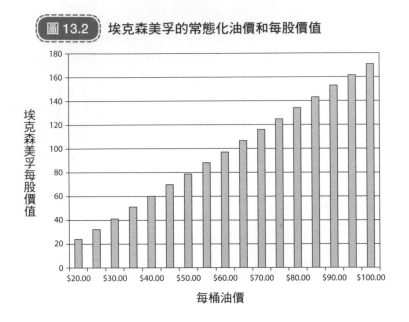

圖 13.2　埃克森美孚的常態化油價和每股價值

$$營運資產的價值 = \frac{34614(1.02)(1-.38)\left(1-\dfrac{2\%}{21\%}\right)}{(.0818-.02)} = 3204.72 \text{ 億美元}$$

　　加上埃克森美孚在估值時持有的現金（320.07 億美元），並從 3204.72 億美元的運營資產價值中減去債務（94 億美元），得出公司的股東權益價值為 3430.79 億美元，換算成每股價值為 69.43 美元。

　　以當時股價 64.83 美元來看，這檔股票看起來稍微被低估了。然而，這反映了當時油價 45 美元會成為常態的假設。在圖 13.2，我畫出假設

這個油價是常態、以此為函數的埃克森美孚估值。

　　當油價改變，營業利益和資本回報率也會改變；我假設資本投資數字固定不變，並以算出來的營業利益重新計算資本回報率。如果常態化的油價是 42.52 美元，則每股價值為 64.83 美元，等於當前股價。換句話說，在 2009 年 3 月，任何相信油價將穩定在 42.52 美元以上的投資人，都會發現埃克森美孚的股價被低估了。

　　既然每股價值這麼照油價走，更合理的做法是讓油價變化，並以油價為函數來為公司估值。有個能做這件事的工具，就是模擬，油價模擬包含以下步驟：

第一步：決定油價的機率分布：我拿歷史油價，經通膨調整後，拿來界定油價分布與計算參數。下頁圖 13.3 概述了這個分布情形。注意油價的變化，可能小至每桶大約 8 美元；大至逾 120 美元。儘管我以現價的 45 美元來做分布的中數，但透過選擇一個更高或更低的中數值，我也能在分布圖裡安插一個價格觀點。[1]

第二步：把營運數字連結上商品價格：為了把營業利益連結上商品價格，我運用埃克森美孚歷史數據的迴歸分析結果：

營業利益＝−63.95 億美元 +9.1132 億美元（平均油價）

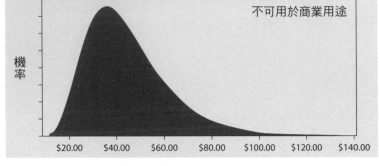

圖 13.3　油價分布圖

不可用於商業用途

機率

$20.00　$40.00　$60.00　$80.00　$100.00　$120.00　$140.00

這個迴歸等式得出埃克森美孚的營業利益，無論假定的油價為何。

第三步：以營運數字為函數來進行估值：當營業利益改變，該公司的估值，會有兩個層面受到影響。第一種層面是營業利益變了、其他維持不變，於是改變了基本的自由現金流量與估值。第二種層面是重新運算資本回報率，當營業利益改變時，讓投資的資本維持不變。當營業利益變了，資本回報率也會改變，公司要維持穩定的 2% 成長率，就得拿錢出來再投資。雖然我大可更改資本成本和成長率，但我看這兩個數字很順眼，決定維持不變。

第四步：為估值發展一個分布圖：我跑了 1 萬次模擬，讓油價產生

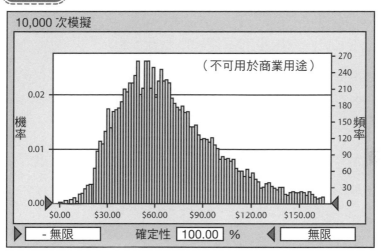

圖 13.4 埃克森美孚每股價值暨油價模擬結果

變化，並在每一次模擬都評估公司與每股價價值。模擬結果在圖13.4總結。經模擬後，每股估值平均69.59美元，最低2.25美元，最高324.42美元；不過，每股低於64.83美元（目前股價）的機率大於50％。身為投資人，模擬結果為我的決策基礎提供了更豐富的資訊，能幫助我決定是否要超出價值分布中的預期價值，投資這家公司。儘管它看起來有一點被低估了，但我選擇不買進，部分原因是價值分布對我來說不夠誘人。

📊 宏觀故事

你可以用來建構企業故事的宏觀變數很多，但最常用的是商品、周期和國家。在第一個變數（商品）中，你建構一個由商品驅動公司的故事，在故事裡商品價格是核心變數，而公司對商品價格變動的預期回應決定了估值。在第二個變數（周期）中，一家公司的估值及營運數字的主要驅動因素，是經濟整體的健康或不健康。例如，你的故事從總體經濟開始，與公司交織在一起，而你需要把公司的前景跟景氣多好或多壞連結在一起。在第三個變數（國家）中，對公司來說，價值的驅動因素是國家，公司在某一個國家註冊，營運也大多以該國為中心，而你對這個國家的看法，對估值的影響大於你對這家公司的看法。

循環周期

宏觀變量會周期性地循環，有些周期持續的時間比其他周期更漫長。以商品公司來說，這些周期可以持續數十年，長短各不相同，因而很難預測下一階段。以下頁圖13.5為例，圖中繪製出1946年至2016年的油價，包括名目美元和不變美元（constant dollar，指根據商品價格指數，經購買力計算後的美元）。

商品價格的循環周期這麼長，有一個理由是決定探勘和發展儲油之間的時間差。例如，石油公司在2012年或2013年決定購買儲油或開始探勘時，油價還在三位數；等到2014年或2015年開始生產石油時，卻發現價格暴跌了。於是商品

1946 年至 2016 年的油價周期

公司根據新價格調整營運，造成油價長期朝同一方向發展。

以景氣循環來說，共識是景氣循環有比商品價格循環更短的傾向，但多數傳統智慧來自 20 世紀對美國經濟所做的研究。這些研究的結論是經濟循環比商品價格循環更好預測，但這樣的理解可能毀於以下事實：美國在 20 世紀下半葉經濟出奇地穩定與可預測，部分原因是因為這段時間是第二次世界大戰結束後的數十年；部分原因是美國主宰了這段時間的全球經濟。儘管央行確實在上個世紀管

理經濟周期時比較駕輕就熟,但隨著全球化,經濟周期確實有可能變得波動更劇烈,預測更困難。

談到國家風險,樂觀的看法是所有國家都將同歸於一個全球化的常態。然而,這會花很長的時間,也會有國家落後,或者有大量國家背離全球常態。即便是朝全球常態發展的新興市場經濟也可能發生倒退,讓多年進步付諸東流。例如2014年和2015年,四個最受矚目的新興市場(巴西、俄國、印度與中國,合稱金磚四國)都因為不同原因經歷了危機。要捕捉投資人對一個國家的風險看法,有一個衡量工具是觀察主權國家一段時間的信用違約交換(CDS),在下頁圖13.6中,我報告了可取得數據以來,金磚四國的CDS利差。

可預測性

在我的經驗裡,沒有哪種投資,比根據總體經濟預測的投資策略有更糟的過往績效。以商品而言,你很難在過去50年,找到分析師一致研判某個單一商品價格將會逆轉(價格走跌卻開始上升,或價格上揚卻開始下跌)。事實上,如果把經濟全局拆解成利率、通膨、經濟成長率,該領域的專家所做的預測,通常不會比單純根據歷史數據來預測更好。而國家風險受一窩蜂心態(herd mentality)支配,新興市場國家在經過幾年的成長與穩定後,宣告已經過渡到已開發國家的地位,然後在經歷一場市場修正後,快速降級為新興市場國家地位。

這種難看的過往績效並未阻止投資人——個人與機構投資人都是——繼續根

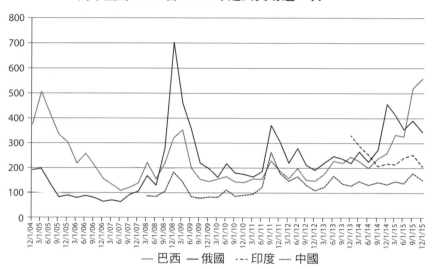

圖 13.6　金磚四國的 CDS 利差。印度 CDS 自 2013 年起只交易過一次，而中國的 CDS 自 2008 年起只交易過一次。

— 巴西　— 俄國　---- 印度　---- 中國

據宏觀看法來投資。原因可能出在產生的報酬率，因為如果預測正確，每年宏觀預測比賽的贏家，將成為新的市場大師。2015 年，有幾位分析師和資產配置管理者預測油價會繼續走跌，績效輕鬆打敗大盤。或許是我憤世嫉俗吧，但我有一種感覺，他們的成功不會維持太久，宏觀預測的傲慢將回頭讓他們賠錢。

策略

在處理宏觀故事時，你可以採取四種主要策略，它們範圍很廣：

- **循環預測**：首先是嘗試除了預測方向，還預測漫長未來期間的整個循環周期。在這種方法中，你可以預測未來3年油價下跌，接下來5年上漲，再來是10年的價格持平，之後油價又再度走跌；或是在經濟的脈絡裡，你可以預測景氣將興盛2年，第3年衰退，第4年回溫。

- **水位預測**：第二種是試著研判市場的走向，在這過程中承擔過度簡化的風險，你可以採取兩種子策略。一種是**順勢**（go with momentum），這是指你假設未來會繼續過去價格波動的方向。例如，在2016年初，因為油價已經暴跌兩年，所以你預測油價會繼續下降。另一種是**逆勢**（contrarian），這是假設比起價格繼續原本的走勢，逆轉的機率更高；在2016年初，將產出油價在兩年的下降後將會走高的預測。

- **常態化**：在這種方式裡，相較於預測循環周期或價格水位，你是根據歷史價格紀錄或基本原理（商品的供需），估算一個「常態化」的商品價格。這成為隱含的水位預測，因為一個常態化的價格要是高於現價，表示價格將上漲；要是低於現價，表示價格將下跌。

- **價格接受者**（The price taker）：身為價格接受者，你承認你無法預測循環或常態化的價格。反之，你知道價格反正很快就會變了，所以都用現價來估值。

你該用哪一種？我無法給你一個絕對的答案，因為這取決於你的強項是什麼，但我有三個建議：

- **要清楚你選擇哪個路線**：當你決定從上述四條路線中擇一進行，你應該要謹慎，不要中途換路線，而且要清楚知道你所選的路線對你的公司故事（和估值）將如何發揮作用。

- **為你所選的路線，量身訂做資訊的蒐集與分析**：你所決定的路線，將決定你的時間跟資源將投注於何處。例如，以常態化價格為基礎的策略，需要你在做這個決定時檢視過往數據之外，還要考量這個常態價格可能會隨著時間產生變化的因素。

- **在評估結果時，對自己誠實**：你對商品、循環周期或國家的看法，將影響你為這家公司估值時，對這些因素暴險的估算。隨著事實揭露，你除了會看到你對公司的估值判斷是否正確之外，還會看到你的宏觀策略經不經得起檢驗。如果你對商品公司的估值，是建立在對商品價格的看法上，而你發現後者的紀錄沒比隨機（看對的次數跟看錯的次數各半）更好，那麼你就該考慮換個策略了。

個案研究 13.2：淡水河谷公司、3C 公司，2014 年 11 月

　　淡水河谷公司是全球最大礦業公司之一，最大宗的礦產是鐵礦，公司註冊及總部所在國家都是巴西。淡水河谷創立於 1942 年，在 1997 年私有化之前，完全為巴西政府所有。在 2004 年至 2014 年期間，隨著巴

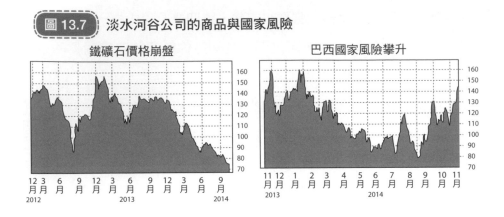

圖 13.7 淡水河谷公司的商品與國家風險

鐵礦石價格崩盤

巴西國家風險攀升

西國家風險降低,淡水河谷開始在礦藏和營運兩方面把觸角伸到巴西之外,其市值與營運數字(營收、營業利益)反映了這種擴張。到2014年初時,淡水河谷在營收與市值上,都已成為全球最大鐵礦製造商,並躋身全球五大礦產公司。儘管長期趨勢是成長的,但2014年對淡水河谷來說特別辛苦,因為鐵礦價格下滑,巴西國家風險升高,直到總統選舉在2014年10月落幕。圖13.7記錄了這兩種影響。

下頁圖13.8顯示淡水河谷在2014年5月至2014年11月這段期間的股價,並跟另一家礦業巨人必和必拓對照。儘管這兩家公司都受商品價格下跌的波及,但注意圖13.8中淡水河谷的股價,在這段期間跌幅超過必和必拓的2倍。

雖然淡水河谷的股價下跌有其基本面的理由,但顯然恐懼也在發

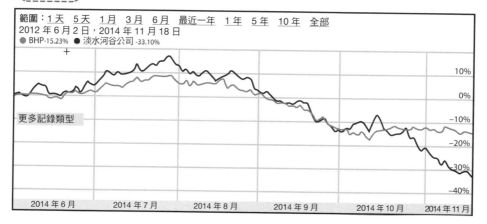

圖 13.8　淡水河谷公司股價崩跌，2014 年 6 月至 11 月

酵，因為淡水河谷面臨的商品與國家風險，以及對公司治理和貨幣風險因素的重大擔憂。

　　商品價格尤其是焦點，如下頁圖 13.9 所示，過去 10 年愈來愈高的鐵礦價格，是淡水河谷估值勝利的主要因素。在這段時間，是中國強勁的經濟成長拉抬鐵礦價格，並於 2011 年來到最高點。

　　這段歷史彰顯出為什麼很難為鐵礦研判一個常態價格。如果你的歷史觀點受限於最後幾年，2014 年 11 月時的鐵礦價格（大約每公噸 75 美元）看起來很低；但如果你看的是更長的時間區間（例如 20 年到 25 年），就未必會這麼想了。

　　在我的故事裡，我假設淡水河谷是一家成熟的商品公司，**其收益**

圖 13.9　鐵礦石價格（每月每公噸美元），1995 年至 2015 年

反映鐵礦的時價（每公噸 75 美元）。我假設無法預測未來鐵礦價格，以美元來為淡水河谷估值，並假設這家成熟的企業將永遠維持 2％的成長率。為估算資本成本，我以美國 10 年期國庫券利率為無風險利率，並以 8.25％為股權風險溢酬（ERP）來反映淡水河谷所在國家的 ERP（60％在巴西）。我把估值概括為下頁表 13.1。

　　要注意，我試著把商品價格下降和貨幣貶值的影響納入基準年的營業利益，以最近 12 個月不景氣的收入來為這家公司估值。公司治理的影響記錄在公司的投資與融資選項中，以再投資和資本回報率來衡量投資政策，以資本成本中的債務組合來反映融資政策。最後，把國家風險納入 ERP 中（我在這當中使用淡水河谷公司礦藏地理位置的分布來權衡

表 13.1　淡水河谷公司——黑暗面的誘惑

故事
淡水河谷是一家成熟的鐵礦與挖礦公司，目前收益受到宏觀因素（商品價格變低、國家風險升高）影響而削弱，但隨著鐵礦價格回穩、國家風險趨平，價格將穩定在近 12 個月的水準。

歷史（百萬美元）

年度	營業利益	實際稅率	帳面債務價值	帳面股權價值	現金	資本投資	投資報酬率
2010	$23,033	18.67%	$23,613	$59,766	$11,040	$72,339	25.90%
2011	$30,206	18.54%	$27,668	$70,076	$9,913	$87,831	28.01%
2012	$13,346	18.96%	$23,116	$78,721	$3,538	$98,299	11.00%
2013	$17,596	15.00%	$30,196	$75,974	$5,818	$100,352	14.90%
2014（最近12個月）	$12,475	20.00%	$29,198	$64,393	$5,277	$88,314	11.30%
平均	$19,331	18.23%					18.22%

資本成本（美元）

產業	未舉債貝他	價值比率	債務／股權	舉債貝他	地區	占全體比率	股權風險溢酬（ERP）
合金與挖礦	0.86	16.65%	66.59%	1.2380	巴西	68%	8.50%
鐵礦	0.83	76.20%	66.59%	1.1948	其他地區	32%	6.45%
肥料	0.99	5.39%	66.59%	1.4251	淡水河谷		7.84%
後勤	0.75	1.76%	66.59%	1.0796			
淡水河谷	0.84	100%	66.59%	1.2092			

		股權成本＝	11.98%	
稅前債務成本	6.50%	稅後債務成本＝	4.29%	
稅率＝	34.00%	債務資本比＝	39.97%	
		資本成本＝	8.91%	

估值（以近 12 個月的營業利益與資本回報率）

為維持成熟公司，預期成長率將永遠預設為 2％，而根據最近 12 個月淡水河谷的收益，資本回報率將為 11.30％，則再投資率和估值的計算如下：

再投資率＝ 2% /11.30% =17.7%

$$\text{營運資產價值} = \frac{\$12,475(1-.20)(1-.177)}{(.0891-.02)} = \$121,313$$

營運資產的價值＝	$121,313
＋現金	$7,873
一債務	$29,253
股權價值	$99,933
股數	5150.00
每股價值	$19.40

2014 年 11 月 18 日該檔股票交易價為 8.53 美元

風險溢酬），違約利差納入債務成本。在此假設條件的組合下，我所得到的每股價值是19.40美元，遠高於2014年11月18日的股價8.53美元。當時根據我的故事和得出的估值結果，我確實買進這檔股票——一個我後來感到後悔的決定，而且後來我更後悔了！

📊 宏觀投資的警告

當估值主要是受宏觀而非微觀因素驅動時，有三個後果值得投資人牢記在心。第一，**宏觀的循環周期是編年史**。尤其是大宗商品價格長期上升或下降，而且動輒數十年。第二，**宏觀變數比微觀變數更難用基本面來預測**，因為宏觀變數彼此互相關連，又受許多因素影響，例如試圖以石油的開採成本和需求來預測油價，通常沒什麼用。第三，在此過程中，**結構性的轉變可能導致與過去歷史切斷，使得歷史價格再也沒有意義**。例如過去10年頁岩油產量爆增，對石油市場的供應造成衝擊，可能導致油價在2014年崩潰；一如中國的崛起，以經濟大國之姿願意對基礎建設砸下空前的投資額，使得近10年來商品市場價格暴漲。

我們姑且假設你擅長判定商品、經濟或國家的價格循環周期，或至少擅長估算常態化的價格該是多少。雖然我已經展示過以宏觀看法來為個別公司進行估值的程序，但既然你的宏觀預測技能有更簡單直接的賺錢方式，這個問題還是值得

一問：「為什麼要這麼麻煩？」你可以運用遠期、期貨或選擇權市場來發大財，尤其是大宗商品。把你的企業故事區分出宏觀與微觀兩部分，有兩個原因：

- **這讓你釐清你的故事，有多少成分是來自這兩個部分。** 例如，假設你買了康菲（Conoco，總部設在德州的國際能源公司）而股價跌了，你至少能評估這是你搞錯了故事中的油價部分，還是你的康菲故事有瑕疵。

- **你把故事分成宏觀與微觀兩個部分，對希望根據你的故事行動的人來說也很重要，**一是幫助這個人理解你的故事，以及估值是如何產生的；二是幫助你的聽眾判斷，他該對你的故事具備多少信心。畢竟，如果你在預測油價方面的過往績效很糟，而你的康菲故事主要建立在你的油價預測上，那麼我便應該質疑你最後的估值結果。

個案研究 13.3：淡水河谷公司大災難，2015 年 9 月

　　在個案研究 13.2，我研判淡水河谷公司股價被大幅低估，接著落實這個判斷，在股價 8.53 美元時買進。2015 年 4 月，我在股價 6.15 美元時重新檢視這家公司，重新估值，推論出儘管價值下降，以目前股價來看還是被低估了。在 2015 年 4 月和 9 月之間，對淡水河谷來說，無論從總體經濟的哪一個面向來看都不是好月。儘管跌幅不大，但鐵礦價格持續

下跌，部分原因是中國的動盪。巴西的政治風險不但毫無趨緩跡象，還給經濟成長率和這個國家的償債能力帶來疑慮。巴西的主權國家CDS價格持續上漲，和一年前的2.50％相比，2015年9月CDS利差已升至4.50％以上。信評機構總是姍姍來遲但（終於）醒來，以外國和當地貨幣為基礎重新評估，並給巴西的主權評等降級，穆迪（Moody）從Baa2下調至Baa3；標準普爾從BBB下調至BB+。儘管兩者調降幅度都算輕微，但這件事的意義在於巴西同時被兩家信評機構調降評級。最後，淡水河谷再次更新收益數據，跌勢似乎深不見底，營業利益下降至29億美元，比之前估算的數字少了50％。

不可否認的是，鐵礦價格對收益產生的影響，比我在2014年11月或2015年4月所估計的要大得多。在更新我的數字後，我用主權國家CDS利差來作為我衡量國家違約利差的工具（因為評等除了會不停變動，看起來也並未反映對該國的最新評估），我在2015年9月算出每股價值為4.29美元，見第329頁表13.2。

相隔不到一年，估值卻差這麼多令我感到震驚，我試著檢視這些改變的驅動因素，如第328頁圖13.10所示。

從2014年11月到2015年4月這段時間，估值變化這麼大的最大原因，是重新評估收益（占我估值下降的81％），但檢視我2015年4月和2015年9月的差異，主要兇嫌是上升的國家風險，占了我價值損失的61％。

如果我堅守投資理念，只在資產價格低於價值時買進，那麼淡水河谷已經低於無報酬的那條線。我賣了股票，但這個決定並不容易，我得努力克服我的偏誤。特別是，我深受兩種衝動的誘惑：

- 「**要是**」：我的第一個本能是怪東怪西，為我的虧損找藉口。要是巴西政府表現得理性一點；要是中國不要價格暴跌；要是淡水河谷的收益不要這麼依賴鐵礦價格，我的論點就一定不會錯。但這麼做非但毫無意義，還讓我無法從這場慘敗中吸取任何教訓。
- 「**假設**」：當我完成估值時，我得不斷抵抗我挑選數字的衝動，挑選合乎我的最初論點的數字，好讓我繼續持有這檔股票。例如，如果我繼續跟前兩次估值一樣，用主權國家評等來評估巴西的違約利差，則我得出的每股價值應該是 6.65 美元。然後，我也能以 CDS 市場有過度反應的惡名來掩蓋這個選擇，而且運用標準化的估值法（以評等為基礎，或是一段時間的 CDS 利差平均值來進行）也能給我一個漂亮一點的估值。

長期跟我的偏誤搏鬥後，我得出的結論是，我需要可以捍衛我繼續持有淡水河谷的正當性的假設條件，且必須是宏觀環境的假設條件：鐵礦價格止跌回升，以及／或者市場對巴西的風險問題過度反應，並將自行修正。以後話來說，股價跌到 2 美元的低點時，我確實買進淡水河谷。

図 13.10 淡水河谷公司打破價值崩盤

簡單來說，我的估值在兩段時間發生了很大的變化，但原因並不相同。2014年 11 月至 2015 年 4 月期間，變動來自於鐵礦價格變動而重新評估營業利益。2015 年 4 月至 2015 年 9 月期間，變化主要來自巴西國家風險的增加。

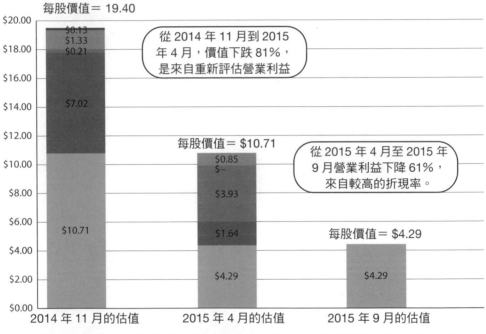

表 13.2　淡水河谷公司——痛悔前非

故事
淡水河谷是一家成熟的鐵礦與挖礦公司，收益受到國家風險與商品價格影響而衰退，但近幾年，其常態化收益很可能依然低於平均收入。

歷史（百萬美元）

年度	營業利益	實際稅率	帳面債務價值	帳面股權價值	現金	資本投資	投資報酬率
2010	$24,531	18.70%	$27,694	$70,773	$9,942	$88,525	22.53%
2011	$29,109	18.90%	$25,151	$78,320	$3,960	$99,511	23.72%
2012	$14,036	18.96%	$32,978	$75,130	$6,330	$101,778	11.18%
2013	$16,185	15.00%	$32,509	$64,682	$5,472	$91,719	15.00%
2014	$6,538	20.00%	$32,469	$56,526	$4,264	$84,731	6.17%
最近 12 個月	$2,927	20.00%	$32,884	$49,754	$3,426	$79,211	2.96%
平均	$18,080	18.59%					15.72%

資本成本（美元）

產業	未舉債貝他	價值比率	債務／股權	舉債貝他	地區	占全體比率	股權風險溢酬（ERP）
合金與挖礦	0.86	16.65%	126.36%	1.5772	巴西	68%	13.000%
鐵礦	0.83	76.20%	126.36%	1.5222	其他地區	32%	7,69%
肥料	0.99	5.39%	126.36%	1.8156	淡水河谷		11.30%
後勤	0.75	1.76%	126.36%	1.3755			
淡水河谷	0.84	100%	126.36%	1.5405			

	股權成本＝	19.54%	
稅前債務成本	9.63%	稅後債務成本＝	6.36%
稅率＝	34.00%	債務資本比＝	55.82%
		資本成本＝	12.18%

估值（假設常態化收益有 60%低於五年平均值）

常態化營業利益	$7.232
預期成長率	2%
資本回報率＝	12.18%
再投資率＝	16.42%

$$營運資產價值 = \frac{7,232(1.02)(1-.20)(1-.1642)}{(.1642-.02)} = \$48,451$$

營運資產的價值＝	$48,451
＋現金	$3,427
＋股權投資	$4,199
－債務	$32,884
－少數股東權益	$1,068
股權價值	$22,125
股數	5153.40
每股價值	$4.29

2015 年 4 月 15 日該檔股票交易價為 5.05 美元

或許在我學到教訓前,我該受更多懲罰,不過此後股價已經漲到 5.03 美元了。

聽說人從失敗中學到的比勝利更多,但喜歡把這句話掛嘴上的人,不是沒失敗過,就是從沒乖乖照這句話做。從我的錯誤中學習很難,但回頭看我的淡水河谷估值,以下是我的心得:

- **隱含常態化的危險**:儘管我很注意要避開隱含的標準化(常態化),這是假設當收益回復到過去 5 或 10 年的平均水準,鐵礦價格就會反彈,我內建了一個常態化的期待,是把前 12 個月的收益當作這段期間所反映的鐵礦價格。至少以淡水河谷來說,鐵礦價格下跌和對收益產生影響之間似乎有滯後的現象,這或許反映了先約價格(precontracted prices)或會計上的心灰意冷。同樣地,使用根據主權國家評的違約利差也給人錯誤的穩定感,特別是巴西的市場對大選的反應如此負面。

- **政治風險的難纏**:政治問題要用政治解決,但政治本身不理性,解決也不迅速,事實上,淡水河谷給我上的一課應該是,當政治風險是巨大的組成要素,如果政治人物們各行其是,問題很可能會反覆出現,而且會越滾越大。

- **債務的影響**:淡水河谷的所有問題都被債務重擔放大,債務膨脹源自前 10 年成長的野心和龐大的股利支出(淡水河谷必須支付

股利給無表決權的優先股股東）。儘管違約的威脅不是馬上發生，但是淡水河谷償債的緩衝儲備在前一年大幅下降，其利息覆蓋率（interest coverage ratio）從 2013 年的 10.39 下降至 2015 年的 4.18。

如果我在 2014 年 11 月知道我在 2015 年 9 月做了什麼，我肯定不會買進淡水河谷，但說這話其實也於事無補。

📊 結論

宏觀故事比微觀故事更難處理，但對景氣循環、大宗商品或新興市場的高風險企業而言，你可能別無選擇。就算你有優秀的宏觀預測技能，我也建議你先為企業估值，先別用上這些技能，然後再以你的預測重新評估。這會讓你和你的估值使用者，都看見你的判斷有多少是來自你對這家公司的看法，有多少是來自市場。

第 14 章

企業生命周期
The Corporate Life Cycle

故事與數字之間的關係一直都是本書的核心主題,但這兩者間的平衡,可能會隨著企業生命周期(從初創、成長、成熟到衰退)而調整。在本章,我會先介紹企業生命周期的概念,定義企業演進的各個階段和轉變點(Transition points),然後檢視故事和數字間的關係如何隨企業老化而改變。**在生命周期的早期階段是故事驅動數字,晚期階段則是數字驅動故事**。本章最後,我會檢視這對投資人的可能影響,主張投資所需的特質在每個生命周期階段各不相同,估值與定價的衡量方法也該據此調整。

📊 企業的老化

企業從誕生、（有時會）成長、成熟，最終死亡，有些企業會比其他企業早一點走完這個歷程，而企業生命周期即反映這種自然演進。在這一節，我會從概述企業生命周期的各個階段開始，並解釋說故事與處理數字的需求，會如何隨著企業在此一周期中移轉而改變。

生命周期

企業生命周期始於一個商業點子，這個點子未必是原創，有時甚至不實用，但其發想符合市場上某個被認為是未被滿足的需求。大多數商業點子沒有通過這個階段，但有少數從點子變成產品或服務，因而朝可行的企業邁出第一步。該產品或服務必須接受市場嚴酷考驗，如果通過考驗就能產生營收，若是成為一家成功企業，營收就能轉化為成長。這樣的轉化一旦完成，成功的企業不但能把規模做大，還能從成長中獲利、踢開沿途的競爭對手。一旦規模做大又有盈利，這家成熟企業就會進入防禦模式，建立進入障礙（護城河）以維持獲利。最終，這些障礙逐漸變小、漸漸消失，於是便為企業的衰退鋪好了路。下頁圖14.1記錄了企業生命周期的這些階段。

注意，當企業從一個階段轉變到另一階段，衡量成功的標準也會跟著改變。投資人和經理人的焦點也會隨每個階段改變而伴隨的不同挑戰，因而需要不同的

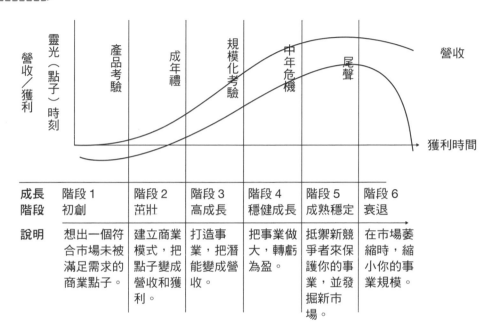

圖 14.1　企業生命周期

成長階段	階段 1 初創	階段 2 茁壯	階段 3 高成長	階段 4 穩健成長	階段 5 成熟穩定	階段 6 衰退
說明	想出一個符合市場未被滿足需求的商業點子。	建立商業模式，把點子變成營收和獲利。	打造事業，把潛能變成營收。	把事業做大，轉虧為盈。	抵禦新競爭者來保護你的事業，並發掘新市場。	在市場萎縮時，縮小你的事業規模。

技能。在生命周期的早期，轉變點考驗的是一家企業的**生存技能**，因為大部分企業都在這個階段失敗：把商業點子變成產品／服務，以及把產品／服務變成可持續的事業。到了生命周期的晚期，企業面對階段轉移（從成長到成熟，從成熟到衰退）的考驗是**核對現實**，有些企業會接受新的現實、調整自我；有些企業會抗拒並跟這個老化的過程搏鬥，卻經常讓自己和他們的投資人付出龐大代價。

　　儘管有這些區別，但還是有共同的主題貫穿整個生命周期，而我的分析建立在三個廣泛主題上。第一，身為投資人和經理人，雖然我們都不喜歡不確定性，

但**老化是企業面貌的一部分**，不是故障。第二是本書一再出現的主題，儘管我們傾向說到估值就想到**試算表、模型與數據**，但其實這些**跟說故事一樣重要**。第三是我們常把**「價格」**與**「價值」**這兩個詞互相替換使用，但**這兩者由不同程序決定，其估算也是使用不同的工具和方法**，這我在第8章就曾提過。

生命周期的決定因素

雖然每家公司都會經歷一個生命周期，但每家公司的持續時間和周期的樣貌皆有所不同。換句話說，有些公司的成長速度似乎比其他公司更快，從初創變身成功企業只花了幾年，而不是幾十年。同理，有些公司維持成熟企業的時間很長，有些公司似乎很快就從原本受眾人矚目的焦點逐漸黯淡消失。為理解為什麼不同企業在企業周期會有這些差異，我會檢視三個因素：

- **進入市場的門檻**：有些產業有龐大的進入門檻，不管原因是監管／許可的要求，或是需要達成的資本投資。
- **把規模做大**：建立在第一點之上，只要開始從事一門事業，是否能輕易把規模做大，不同產業的情況都不一樣。有些需要時間與龐大的投資才能把公司規模變大，有些則不需要。
- **消費者慣性／黏著度**：在某些市場，消費者更願意從老牌產品轉換到新產品，因為他們對產品不太依戀（情感上或經濟上），以及／或換用新產品

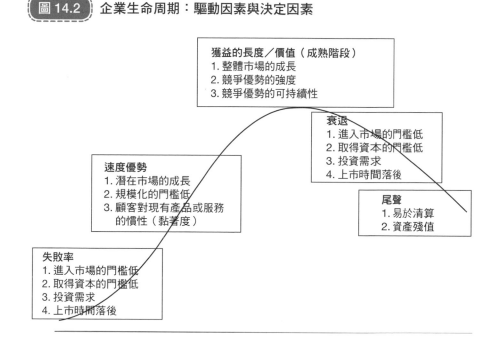

圖 14.2　企業生命周期：驅動因素與決定因素

獲益的長度／價值（成熟階段）
1. 整體市場的成長
2. 競爭優勢的強度
3. 競爭優勢的可持續性

衰退
1. 進入市場的門檻低
2. 取得資本的門檻低
3. 投資需求
4. 上市時間落後

速度優勢
1. 潛在市場的成長
2. 規模化的門檻低
3. 顧客對現有產品或服務
　的慣性（黏著度）

尾聲
1. 易於清算
2. 資產殘值

失敗率
1. 進入市場的門檻低
2. 取得資本的門檻低
3. 投資需求
4. 上市時間落後

的代價不高。

　　當其他條件不變，假設市場很容易進入，又能以低成本把規模做大，同時消費者的慣性也低，則生命周期的成長階段會更快速。然而，這個好消息一定會被壞消息抵銷，同樣的因素讓它很難獲取成為一家成熟企業的好處，因為新的競爭者會走同一條老路並加以顛覆，於是這樣的路徑不只是會衰退，還會快速衰退，如圖14.2所示。

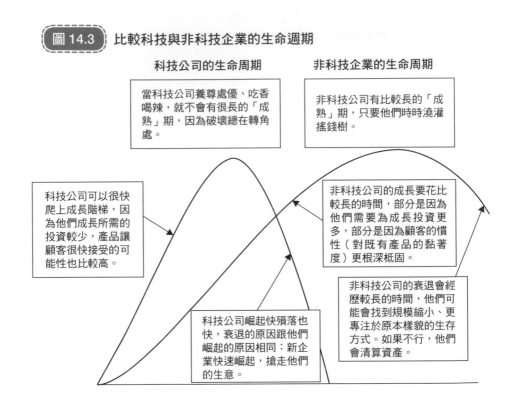

圖 14.3　比較科技與非科技企業的生命週期

科技公司的生命周期　　　非科技企業的生命周期

當科技公司養尊處優、吃香喝辣，就不會有很長的「成熟」期，因為破壞總在轉角處。

非科技公司有比較長的「成熟」期，只要他們時時澆灌搖錢樹。

科技公司可以很快爬上成長階梯，因為他們成長所需的投資較少，產品讓顧客很快接受的可能性也比較高。

非科技公司的成長要花比較長的時間，部分是因為他們需要為成長投資更多，部分是因為顧客的慣性（對既有產品的黏著度）更根深柢固。

科技公司崛起快殞落也快，衰退的原因跟他們崛起的原因相同：新企業快速崛起，搶走他們的生意。

非科技公司的衰退會經歷較長的時間，他們可能會找到規模縮小、更專注於原本樣貌的生存方式。如果不行，他們會清算資產。

　　這種對生命周期的觀點，在檢視跨產業部門與產業的生命周期差異時很實用。以過去30年愈來愈主導市場的科技公司為例。科技業的進入門檻較低，比較容易把規模做大，且其顧客通常更願意接受創新與新產品。因此不意外地，科技公司的成長速度比非科技公司快，但也可預見除少數例外，它們也更快老化，如圖14.3所示，許多企業（雅虎、黑莓和戴爾等）從高成長到衰退，只花了數年。

接下來的篇幅，我們將以企業生命周期為基礎，探討隨著企業老化，重心如何從故事轉移到數字上，以及當講述你的企業故事時，實際了解企業正處於生命周期的哪一階段，是多麼重要。

📈 跨生命周期的故事與數字

每一個估值確實都是由故事與數字組合而成，但重點在於每一個構成要素，會隨著企業在生命周期中的移轉而變化。在生命周期早期，企業發布的歷史數據不多，商業模式還在不停調整，幾乎都是故事在驅動價值。當商業模式成形，開始帶來成果，儘管故事仍占上風，但數字在驅動價值上開始發揮更大作用。當企業成熟，故事開始退居第二位，數字變成第一主角。

跨生命周期的故事驅動因素

一則有魅力的故事，構成要素會隨著在生命周期中移轉而產生變化。 在初創階段，投資人受到**擴張**故事吸引進入許多大市場，而大市場往往願意回報公司高價值的成功故事。當公司嘗試將商業點子變成產品與服務時，問題會集中在是否言之成理，在此階段，隨著企業在資源限制與市場限制中競爭，故事不是變得更窄化就是中止。一旦產品或服務推出了，故事的重點就會轉向**成本**與**獲利能力**，

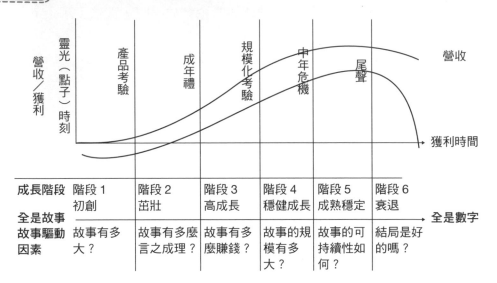

圖 14.4　跨生命周期的故事驅動因素

成長階段	階段 1 初創	階段 2 茁壯	階段 3 高成長	階段 4 穩健成長	階段 5 成熟穩定	階段 6 衰退
全是故事 故事驅動 因素	故事有多 大？	故事有多麼 言之成理？	故事有多 麼賺錢？	故事的規 模有多 大？	故事的可 持續性如 何？	結局是好 的嗎？

這需要在產品市場中跟眾多競爭對手搏鬥。如果通過獲利能力的考驗，故事重點就會變成**可擴展性**（Scalability），亦即公司把規模做大的能力，測試製造、管理與財務能耐的極限。假設通過上述所有考驗，變成一家賺錢的成熟公司，故事焦點就會轉向能讓企業在市場中，收割盈餘和現金流量的**進入門檻**與**競爭優勢**。在衰退階段，故事走向**尾聲**，此時企業提出縮小規模或可能退出市場的計畫，並在退場同時，盡力為投資人產生盈利。圖14.4概述整個生命周期的故事驅動因素。

　　在商業市場裡，沒有比看一個故事講者（可能是創辦人、高階經理人或股票研究分析師）在說一家企業的故事時，內容卻未符合企業生命周期的所在位置，

更令人感到不安的了——例如為一家衰退中的企業講述擴展性的成長故事，或為一家年輕初創的企業講述永續發展的故事。

限制與故事類型

要說明你的故事會隨著企業老化而愈來愈受限制，最好的方式是像寫手一樣思考，想像一位寫手受邀完成一本作者已亡故的書。在生命周期的早期，公司就像一本才剛開始寫的書；故事尚未成形，還能創造角色，把它塑造得迎合自己的口味。在生命周期後期，要把公司想成一本快寫完的書，你改變角色或提出新故事情節的自由會少很多。

因此，你要講的故事類型，也會根據所處的生命周期位置而有所不同。在生命周期的早期階段，你的故事將是大市場與破壞的故事：年輕初創公司進入一個充滿巨人的產業，並在市場裡擊敗它們。當公司的商業模式逐漸確立，你的故事會少一點征伐的野心，部分是因為必須跟你所實現的數字保持一致。如果營收成長的速度變慢、賺錢變難，就很難把一個擴張性成長與高獲利的故事繼續說下去。當公司變得成熟，故事不是維持現狀（獲利也必須維持現狀），就是再創新並探索重新發現成長的機會（或許透過收購或進入新市場）。在衰退階段，故事可能帶有緬懷過去榮景的色彩，但為求務實，應該反映公司的緊張環境。

你也比較有可能在生命周期的早期，看見故事的各種說法間有很大出入，因為一家公司的觀察者有更多空間為這家公司創造自己的路線。隨著一家公司老

化，其過往會開始限制不同投資人所能推論的潛在說法。例如，當投資人審視優步這樣的公司時，從優步算是什麼產業、具有何種類型的網路效應，到暴險程度如何，全都會「一家公司，各自表述」，而這會導致不同投資人所賦予這家公司的價值，產生更大落差；反之，審視可口可樂或傑西潘尼（J. C. Penney，全美最大連鎖百貨商店）的投資人，比較可能在故事的大部分環節都有共識，只在很少的部分看法不同。

個案研究 14.1：為一家年輕公司估值──GoPro，2014 年 10 月

　　GoPro 是一家運動相機製造商，你能用該公司的產品來記錄健身活動（跑步、游泳、徒步旅行）。這家公司在 2014 年 6 月 26 日上市，股價在發行日就跳漲 30%（從 24 美元到 31.44 美元），然後在 2014 年 10 月 7 日繼續上漲至 94 美元，到 2014 年 10 月 15 日（我估值的時間點）則跌回 70 美元。這檔股票吸引了大量放空者，他們很篤定這是一隻注定墜落的高飛鳥，許多人都會在股價攀升過程中蒙受損失。

　　當我估值時，這家公司生產了三款相機（Hero、Hero 3 和 Hero 4）、多種配件和兩款免費軟體（GoPro App 和 GoPro Studio），用來將錄影的內容轉成可以看的影片。該公司已經找到現成市場，營收在 2013 年達到 9.86 億美元，截至 2014 年 6 月止的最近 12 個月，則是上升到 10.33 億

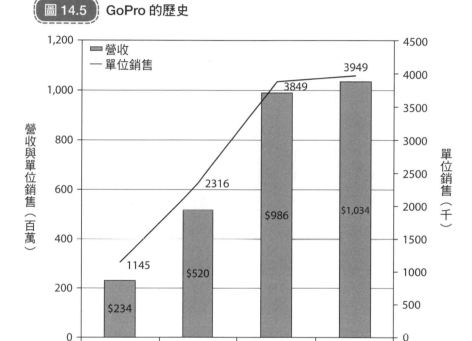

圖 14.5　GoPro 的歷史

美元。儘管在研發砸下大筆投資（最近 12 個月為 1.08 億美元），該公司依然努力盈利，這段時間的營業利益為 7,000 萬美元。估計在研發上的投資，將該公司稅前營業利益率提升至 13.43％，以一家年輕公司來說算是表現亮眼。圖 14.5 可檢視這次估值時，這家公司過去這段時間營收與單位銷售的演進。

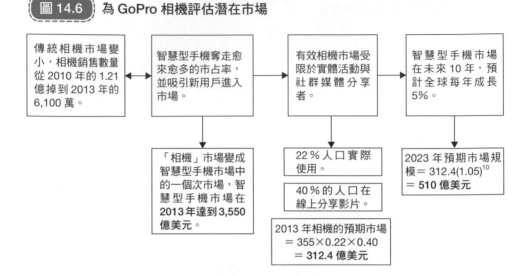

圖 14.6 為 GoPro 相機評估潛在市場

傳統相機市場變小,相機銷售數量從 2010 年的 1.21 億掉到 2013 年的 6,100 萬。	智慧型手機奪走愈來愈多的市占率,並吸引新用戶進入市場。	有效相機市場受限於實體活動與社群媒體分享者。	智慧型手機市場在未來 10 年,預計全球每年成長 5%。

「相機」市場變成智慧型手機市場中的一個次市場,智慧型手機市場在 2013 年達到 3,550 億美元。

22% 人口實際使用。

40% 的人口在線上分享影片。

2013 年相機的預期市場
$= 355 \times 0.22 \times 0.40$
$= 312.4$ 億美元

2023 年預期市場規模 $= 312.4(1.05)^{10}$
$= 510$ 億美元

在評估 GoPro 時,我面對的是為一家處於生命周期早期階段的企業估值時,會遇到的典型難題:要決定這家公司所處的產業、市場潛力和迫在眉睫的競爭。GoPro 名義上雖是一家相機公司,但在我的故事版本裡,我主張運動相機市場是**智慧型手機市場裡的次市場**,顧客是**在運動方面活躍,也剛好在社交媒體上活躍的人(過於活躍的過度分享者)**。我估算 2013 年運動相機的市場規模為 310 億美元,以這個市場 5% 成長率來算,至 2023 年時這個市場有 510 億美元的潛在規模。圖 14.6 記錄了產出這個數字的一連串假設。

GoPro 是市場的先行者,要計算 GoPro 在這個市場所能搶攻的預期

市占率，必須考量到競爭正開始形成——新貴與老牌相機製造商，和一些智慧型手機製造商。我並未看見 GoPro 在競爭過程裡可能產生任何潛在網路優勢，即便成功，在市場成長的過程裡，它也無法搶到具主導地位的市占率。我從既有的相機產業市場中，分配了 20％（根據 2023 年 GoPro 的營收為 100 億美元，約為 510 億美元的 20％）給 GoPro，跟 2013 年相機製造龍頭尼康（Nikon）在相機市場的 20％ 市占率差不多。在獲利率方面，GoPro 的先行者優勢，讓它在市場上獲得有利的起步，得以收取溢價，我假設未來其賺取的稅前營業利益率為 12.5％，略低於這家公司所發布的近 12 個月獲利率（13.43％），但這數字反映了這家公司隨著生命周期的趨勢線（見下頁表 14.1）。

　　稅前營業利益率估為 12.5％，比眾多相機公司所發布的 6％ 至 7.5％ 獲利率高出許多，跟智慧型手機公司所發布的 10％ 至 15％ 比較接近。實際上我是假設 GoPro 即便面臨競爭，也將維持溢價的定價方式。為估算再投資的需求，我假設公司在第 1 至第 10 年，每投資 1 美元將多產生 2 美元營收。如此一來，當公司到了第 10 年時，資本回報率將來到 16％ 的水準。

　　GoPro 有個社群媒體焦點，是其用戶所產生的影片；不過在 2014 年 10 月時，該公司產生的所有營收都來自銷售相機和配件。GoPro 鎖定與 Xbox 和 Pinterest 建立夥伴關係，可見該公司看見以顧客所創作的影片為內容，未來將從社群媒體公司產生營收的可能性。不過，在 2014

表 14.1　GoPro——隨著生命周期的獲利率

	2011	2012	2013	近 12 個月 （截至 2014 年 6 月）
毛利率	52.35%	43.75%	36.70%	40.13%
稅前息前折舊前攤銷前 （EBITDA）獲利率	18.74%	12.73%	12.60%	9.82%
經調整的 EBITDA 獲利率	22.59%	14.50%	13.71%	14.14%
經研發調整的營業利益率	20.24%	16.70%	15.98%	13.43%
營業利益率	16.57%	10.31%	10.01%	6.75%
淨利率	10.50%	6.21%	6.15%	3.27%

年 10 月，「有可能發生」比「言之成理」和「很可能成真」的範圍更大，而我假設 GoPro 的影片產量將無法持續產生營收，但能幫助它銷售更多相機。要估算 GoPro 的資本成本，我把該公司目前資本中的股債組合（債務 2.2％，股權 97.8％）當作起點，算出該公司的資本成本為 8.36％，在第 10 年會下降到 8％。

　　有了這些輸入內容（來自對整體市場與市占率假設的營收成長、營業利益率、銷售資本比和資本成本）的選項範圍，我把對 GoPro 的估值做成分布圖，而不是單一的價值估算。下頁圖 14.7 總結我的假設和結果。

　　看這分布情形，各位便可明白，儘管模擬中的預期價值只有每股 32 美元，低於 70 美元的市場行情，但有一些模擬結果的價值是高於市

模擬 GoPro 的估值，2014 年 10 月

輸入內容

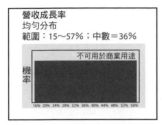

營收成長率
均勻分布
範圍：15～57%；中數＝36%

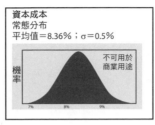

資本成本
常態分布
平均值＝8.36%；σ＝0.5%

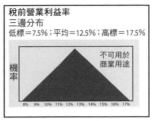

稅前營業利益率
三邊分布
低標＝7.5%；平均＝12.5%；高標＝17.5%

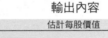

輸出內容

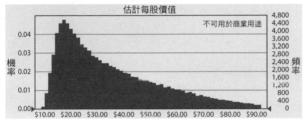

百分位數	預測價值
0%	$8.63
10%	$15.58
20%	$18.56
30%	$21.84
40%	$25.75
50%	$30.53
60%	$36.33
70%	$43.31
80%	$52.50
90%	$65.39
100%	$123.27

統計：	預測價值
試驗	100,000
案例庫	$31.73
平均數	$36.02
中位數	$30.53

價的。這很難，但並非不可能，我的意思是要證明在每股70美元時，應以內在價值為基礎買進GoPro，非常困難。因為要達到這個價格，GoPro必須吸引新用戶（運動活躍的過度分享者）進入這個市場，並以能創造網路優勢的創新功能逼退競爭對手。這是一條窄化的路線，儘管言之成理，但並未通過「很可能成真」的考驗，所以無法說服我買進GoPro這檔股票。

個案研究 14.2：為一家衰退公司估值——傑西潘尼，2016 年 1 月

　　傑西潘尼是美國零售市場的老品牌，其歷史可回溯至 1902 年。該公司在懷厄明州創立，起初在洛磯山脈各州成長，並於 1914 年把總部遷到紐約。這家公司的第一家百貨公司在 1961 年開幕，並於 1963 年開始透過型錄銷售。當西爾斯百貨（Sears）在 1993 年結束型錄業務時，傑西潘尼成為全美最大型錄零售商。

　　2016 年 1 月，受線上零售的普遍成長（特別是亞馬遜）和消費者品味改變的夾殺，這家公司遭遇慘淡的時刻。下頁圖 14.8 總結公司從 2000 年到 2015 年的收入和營業利益率。

　　在這段時間，可看見這家公司營收跌幅超過 50％，且從 2012 至 2015 年，發布了營業虧損。

　　基於這段歷史以及競爭的本質，我為傑西潘尼所寫的故事是**持續衰退**的故事，在這當中，我看見公司關閉不賺錢的商店，營收持續每年下降 3％。我對故事結局有個樂觀一點的版本，覺得儘管變成小玩家，這家公司還是會努力在零售業裡找到自己的位置，在未來 10 年達到零售業的中位數 6.25％。但是，有鑑於這家公司的高債務負荷，這家公司很可能撐不過下一個 10 年，如果撐過去了，它將成為一家規模較小、但成長率穩定的公司。我運用我故事說法中的輸入內容來為傑西潘尼估

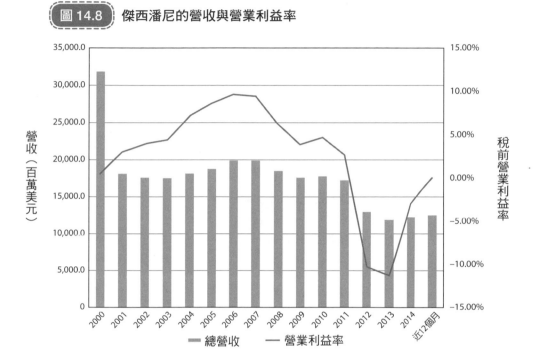

圖 14.8　傑西潘尼的營收與營業利益率

値，所獲得的估值結果中，營運資產為43.6億美元。這個數字遠低於尚未償付的債務（包括租賃承諾），反映出公司的脆弱，以及非常可能不得善終。

Narrative and Numbers

表 14.2　傑西潘尼個案研究

	基準年	1	2	3	4	5	6	7	8	9	10
營收成長率 [a]		-3.00%	-3.00%	-3.00%	-3.00%	-3.00%	-2.00%	-1.00%	0.00%	1.00%	2.00%
營收	$12,522	$12,146	$11,782	$11,428	$11,086	$10,753	$10,538	$10,433	$10,433	$10,537	$10,478
EBIT（營業利益率）[b]	1.32%	1.82%	2.31%	2.80%	3.29%	3.79%	4.28%	4.77%	5.26%	5.76%	6.25%
EBIT（營業利益）	$166	$221	$272	$320	$365	$407	$451	$498	$549	$607	$672
稅率	35.00%	35.00%	35.00%	35.00%	35.00%	35.00%	36.00%	37.00%	38.00%	39.00%	40.00%
EBIT（1-t）	$108	$143	$177	$208	$237	$265	$289	$314	$341	$370	$403
－再投資 [c]		$(188)	$(182)	$(177)	$(171)	$(166)	$(108)	$(53)	$-	$52	$105
FCFF		$331	$359	$385	$409	$431	$396	$366	$341	$318	$298
資本成本 [d]	9.00%	9.00%	9.00%	9.00%	9.00%	9.00%	8.80%	8.60%	8.40%	8.20%	8.00%
現值（FCFF）		$304	$302	$297	$290	$280	$237	$201	$173	$149	$129
終值	$5,710										
現值（終值）	$2,479										
現值（過去 10 年現金流量）	$2,362										
現值總和	$4,841										
失敗率 [e] ＝	20.00%										
如果公司倒閉的銷貨收入 ＝	$2,421										
營運資產的價值 ＝	$4,357										

a. 衰退企業：預期未來 5 年每年營收衰退 3%。
b. 獲利逐年改善至美國零售業的中位數（6.25%）。
c. 關閉商店時，房地產會釋出現金。
d. 資本成本為 9%，因為舉債成本高，所以比較高。
e. 高債務負擔與差勁的收益，使得生存有風險。根據債券評等，有 20% 失敗率，而清算將產生 50% 帳面價值。

個案研究 14.3：故事差異——優步，2014 年 12 月

我在第 9 章評估過優步，是根據我在 2014 年 6 月為這家公司所建構的故事，將它定調為一家都會汽車服務公司，有在地網路優勢，並算出優步的股東權益價值為 60 億美元。在第 10 章，我評估了格利對這家公司另一版本的故事說法，他認為這是一家具備全球網路優勢的後勤公司，股東權益價值達到 290 億美元。這只是優步故事諸多版本當中的兩個。要理解年輕公司的故事如何驅動價值，我把優步故事的流程拆解成許多步驟，檢視投資人在每一步驟中所能做的選擇：

- **產業與潛在市場**：關於「優步是做什麼生意的」這個問題，你的理解將為這家公司的成長設下界線。你所界定的市場愈寬廣，潛在的成長率（以及估值）就愈高。我把選項列在下頁表 14.3，並把我所理解的優步整體市場結果列在旁邊。

- **對整體市場的影響**：我在第 9 和第 10 章評估優步時，指出它有可能吸引新用戶進入汽車服務市場，因而讓這個市場的規模隨時間擴大。在下頁表 14.4，我列舉出這種成長影響的四種可能。

- **網路優勢**：在我對優步的估值中，我假設其具有在地網路優勢，但是在第 10 章的另一種故事說法裡，我指出全球網路優勢的可

表 14.3　優步的業務與潛在市場

優步的業務是……	市場規模 （百萬）	說明
A1. 都會汽車服務	$100,000	計程車、豪華禮車和汽車服務（都會）
A2. 全部的汽車服務	$150,000	＋租賃汽車＋非都會區汽車服務
A3. 後勤	$205,000	＋移動＋在地快遞
A4. 移動服務	$285,000	＋大眾運輸＋汽車共乘

表 14.4　優步對整體市場的影響

優步對整體市場的影響	年成長率	下來 10 年的整體影響
B1. 無	3.00%	未改變市場規模
B2. 市場擴大 25%	5.32%	接下來 10 年市場規模擴大 25%
B3. 市場擴大 50%	7.26%	接下來 10 年市場規模擴大 50%
B4. 市場規模變 2 倍	10.39%	接下來 10 年市場變 2 倍

表 14.5　優步的網路優勢

在其產業，優步將擁有	市占率	網路效應的說明
C1. 無網路效應	5%	在每一個市場開放競爭
C2. 微弱的在地網路效應	10%	在少數在地市場具主導性
C3. 強力的在地網路效應	15%	在許多在地市場具主導性
C4. 微弱的全球網路效應	25%	在新市場有微弱的外溢優勢[*]
C5. 強力的全球網路效應	40%	在新市場有強力的外溢優勢

---

[*]　spillover benefits。指某一個經濟行為出現後，對其他經濟行為帶來良性的影響。

能性，給予它更大的市占率。上頁表 14.5 列出可能的選項。

- **競爭優勢**：優步在建立事業時所創造的競爭優勢，將影響到它和司機之間的營收拆帳能否維持在 20 %，同時保持強勁的營業利益率；或是即便能衝高營收，獲利卻變瘦。表 14.6 列出優步競爭優勢的選項。

- **資本密集度**：我最初為優步估值時，是假設它能以現下的商業模式（不持有車輛、不雇用司機）持續成長，但有可能當這家公司成長時，將必須把商業模式調整成需要進行更多投資（在車輛、技術或基礎設施）。表 14.7 列舉一些可能情況。

表 14.6　優步的競爭優勢

優步的競爭優勢	拆帳比率	競爭效益說明
D1. 無	5%	沒有限制進入門檻＋沒有定價權
D2. 微弱	10%	沒有限制進入門檻＋部分定價權
D3. 半強力	15%	沒有限制進入門檻＋定價權
D4. 強力且穩定	20%	有限制進入門檻＋定價權

表 14.7　優步的資本投資模式

優步的資本模式	銷售資本比	模式說明
E1. 不變	5.00	不投資於汽車與基礎設施
E2. 中等	3.50	部分投資於汽車與基礎設施
E3. 高	1.50	大舉投資於自動駕駛汽車以及／或科技

　　根據這些選項：整體市場、在該市場的成長率、美國市占率和營收拆帳比率，估值結果都不相同。儘管這些假設條件的排列組合數量實在太多，很難一一顯示估值，但我把一些至少言之成理的組合，其估值概述於下頁表14.8。

　　看看我在個案研究14.3為優步所做的估值範圍（從7.99億美元到905億美元），各位或許會發現，對於「用估值模型來證明有理」的深層恐懼是正確的。這意思是，你想要什麼數字，這些模型都能給你，但我並不這麼看。相反地，以下是我從這張表中學到的四個教訓：

- **高飛的故事，飆漲的價值**：我知道在某些人的看法裡，DCF模型（Discounted Cashflow Model，現金流折現模型）的本質是保守的，不適合拿來為很有潛力的年輕公司估值。但就像各位在下頁表14.8中看到的，如果你述說的是一個高飛故事，是關於一個龐大的市場、具主導性的市占率和可觀的獲利率，這個模型就會算出相符的價值。當你在計算價值時有很多差異，那幾乎都是因為你對一家公司的故事有許多不同說法，而不是因為你不同意某個輸入內容的數字。

- **不是所有故事都生而平等**：儘管我列出的故事版本很多，估算出來的數字有些很大、有些則否，但這些估值無法平等視之。身為展望未來的投資人，一定有某些故事說法比其他說法更言之成

表 14.8　優步──故事與估值，2014 年 12 月

整體市場	成長效應	網路效應	競爭優勢	優步的估值（百萬美元）
A4. 移動服務	B4. 市場規模變2 倍	C5. 強力的全球網路效應	D4. 強力且穩定	$90,457
A3. 後勤	B4. 市場規模變2 倍	C5. 強力的全球網路效應	D4. 強力且穩定	$65,158
A4. 移動服務	B3. 市場擴大50%	C3. 強力的在地網路效應	D3. 半強力	$52,346
A2. 全部的汽車服務	B4. 市場規模變2 倍	C5. 強力的全球網路效應	D4. 強力且穩定	$47,764
A1. 都會汽車服務	B4. 市場規模變2 倍	C5. 強力的全球網路效應	D4. 強力且穩定	$31,952
A3. 後勤	B3. 市場擴大50%	C3. 強力的在地網路效應	D3. 半強力	$14,321
A1. 都會汽車服務	B3. 市場擴大50%	C3. 強力的在地網路效應	D3. 半強力	$7,127
A2. 全部的汽車服務	B3. 市場擴大50%	C3. 強力的在地網路效應	D3. 半強力	$4,764
A4. 移動服務	B1. 無	C1. 無網路效應	D1. 無	$1,888
A3. 後勤	B1. 無	C1. 無網路效應	D1. 無	$1,417
A2. 全部的汽車服務	B1. 無	C1. 無網路效應	D1. 無	$1,094
A1. 都會汽車服務	B1. 無	C1. 無網路效應	D1. 無	$799

理，也因此更有勝算會成功。

• **故事需要時時重塑**：你為優步詳細闡述的故事，是根據你現在所知。當事件持續展開，關鍵是你要核對故事和事實，並根據事實的需求，調整、改寫甚至取代整個故事，這部分我已在第 11 章提出我的看法。

- **故事是大事**：投資年輕企業要成功，得靠說對故事，而不是數字。這或許能解釋為什麼某些成功創投業者可對數字出奇地懶散。畢竟，如果你的技能組合中，包括找出故事很強的新創企業，看得出哪種創辦人／企業家能兌現他們的故事，那麼你看不出稅前息前折舊前攤銷前獲利（EBITDA）和自由現金流量的差別，或是不會算資本成本，對結果也不會有什麼影響。

📊 對投資人的可能影響

企業生命周期、故事和數字之間的交互作用，提供了一個模板，可用來理解投資方法之間的差異，以及個別投資方法若要成功，需付出什麼代價。

投資人的技能

正如我前面所說，專注於企業生命周期早期的創投業者，成敗更倚賴他們評估故事的技能（創辦人所說的企業故事），較少依賴對數字的處理。反之，緊盯成熟公司的資深價值投資人，他們會賺錢主要是靠處理數字（專注於評估護城河和競爭優勢）來驅動他們的選股決策，即便他們的故事技能貧乏或狹隘，也沒差。

　　如果你是一個嘗試決定要把錢投資於何處，報酬才會最高的投資人，除了衡量你說故事和處理數字的能力，我會建議你還要檢視處理不確定性和處理錯誤的能力如何。如果你很容易因為結果不如預期而心煩意亂或受挫，你應該避開年輕企業，因為年輕企業的故事（和估值）更容易隨時間而改變。反之，如果吸引你去投資的是估值上的大轉變，那麼你將不會在成熟企業裡找到太多投資機會。

投資人的工具

　　當你的投資重點從年輕企業轉變為成熟企業，那麼你用來檢查投資標的的工具，也需要跟著改變。如果你投資是根據估值（亦即只買價格低於估值的投資標的），則你所使用的估值模型應該利用相同的基本面數字，但你建立模型的方式，必須隨企業生命周期而改變。對於年輕的公司，你的估值模型必須從整體市場開始再逐步往下，就像我為優步所做的估值一樣，而且模型也必須更有彈性，好讓你把故事轉化為估值。對於比較成熟的企業，你可以根據公司的歷史數據建立估值模型，只要故事基本盤沒有大幅改變，你就能獲得一個合理的估值數字。由於這是許多大型試算金融模型的實際做法，儘管這些模型為許多穩定公司算出合理估值，但在幫年輕一點或是轉型中的企業估值時卻徹底失敗，應該也不足為奇。

　　如果你投資不是根據估值，而是對價格的研判，則你將做出相對的判斷（亦即探究同一產業的個股股價相比，哪一檔股票的價格相對便宜或昂貴）。這幾乎總是要你選擇一個價格倍數，用一個共同變數來衡量要支付的股價。在企業生命

周期早期，營運還沒有太多明確數據，變數有時是你相信終將帶來營收與獲利的某樣東西，例如用戶數量、下載次數或訂戶數量，但隨著企業在生命周期中移轉，你將會以營運指標來衡量價值，始於營收（對那些仍在打造獲利力的成長型企業）、轉移到盈餘（對成熟公司），最後是帳面價值（用來代表衰退公司的清算價值）。下頁圖14.9記錄了投資人的技能與工具隨企業生命周期而產生的轉變，說明了投資成長股、價值股的投資人之間，以及創投業者和上市股票投資人之間，經常各有陣營，且壁壘分明。

由於使用各自的衡量指標和工具，因此每個陣營都會覺得其他人的投資判斷簡直莫名其妙。就像一個資深價值投資人的提問：「誰會去買本益比1000倍的股票？」而投資成長股的投資人也經常納悶，為什麼有人要買進一家營收預期將會衰退的公司。

📊 結論

我在本章開頭說明從初創到成熟階段、最終衰退的企業生命周期，並用它來檢視故事和數字之間的平衡，如何隨著這個生命周期轉移。在企業生命周期的早期，除了故事會驅動一家企業的估值，我們還有可能會看見不同投資人廣泛的故事情節和估值版本。隨著企業老化，數字在決定價值方面所扮演的角色愈來愈重

圖 14.9　投資人的跨生命周期挑戰

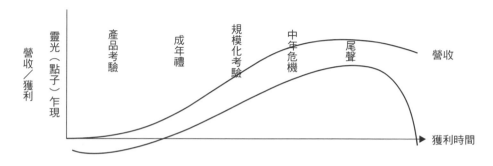

成長階段	階段 1 初創	階段 2 茁壯	階段 3 高成長	階段 4&5 穩健成長	階段 6 衰退
關鍵問題	這個產品或服務有市場嗎？這個市場有多大？你活得下去嗎？	人們使用你的產品或服務嗎？他們有多喜歡？	人們會付錢買這個產品或服務嗎？你能否把規模做大，亦即在公司變大時跟著成長？	你能用這個產品或服務賺錢，面對競爭依然持續獲利嗎？	如果你賣掉資產將獲得什麼？你打算如何把現金流量回報給你的投資人？
定價方法與測量工具	市場規模、手頭現金、資本取得管道	用戶數量、用戶密集度（企業價值／用戶數）	用戶參與度的模型、營收（企業價值／銷售額）	盈餘水準與成長率（現值、企業價值／稅前獲利）	現金流量、支出與償債比率（股價淨值比、企業價值倍數）
故事與數字	主要或全是故事	故事多於數字	故事與數字各半	數字多於故事	主要或全是數字
價值驅動因素	整體市場規模、市占率和目標獲利率	營收成長率（及其驅動因素）	營收成長率與再投資	營業利益率和資本回報率	股利／現金報酬與債務比率
危險之處	**宏觀幻覺**，在特定市場規模裡，企業被集體定價過高	**價值分心**，聚焦在錯誤的營收驅動因素上	**成長錯覺**，沒算入成長的成本	否認**崩盤**，沒有看見穩定獲利的威脅	**現金短缺**，對其他人會支付給清算資產的價格有不切實際的假設

轉變		從潛能到產品	從產品到營收	從營收到獲利	從獲利到現金流量

要,我們甚至能純粹根據數據(搞不好只用外推**的歷史數據),為一家企業附加價值。

如果你接受這個論點,那麼你的投資方法跟重點,都該跟你的投資技能和心理特質相匹配。如果你喜歡講述企業故事,擅長把這些故事連結到估值,對於犯錯感到自在,你就會被投資年輕公司所吸引,成為一位創投業者或專找上市年輕成長股的投資人。如果你偏好處理數字,喜歡恪守投資規則,那麼你投資成熟企業時會感到更自在。聽憑尊便!

** 外推法(Extrapolation):在數學中指從已知數據的孤點集合中構建新數據的方法。在市場學中,這種方法被用來預測未來產業走向。

第**15**章

管理上的挑戰與難題
The Managerial Challenge

　　本書絕大部分都是從企業投資人的觀點，書寫他們可以如何組合說故事跟處理數字的技能，不過，當中也有經理人與創辦人能學習的地方。在本章，我將回到我在第14章所介紹的企業生命周期，但我不是從投資人的角度，而是從經理人、業主或創辦人的角度，來檢視故事與數字的關連。和投資人的觀點一樣，我認為一個成功的高階經理人所需要的特質，會隨企業生命周期從初創到衰退而改變，這或許解釋了為什麼許多成功新創公司的創辦人，無法轉變成已經穩健經營的企業執行長；以及為什麼一位在成名企業任職過的執行長，在新創企業的表現卻很糟。我還探討了為什麼這一點至關重要：企業的高階經理人，除了要在企業生命周期的每個階段，都能說出明確、吸引人又可信的企業故事，他們的一舉一動，也得跟故事相符才行。

📊 以生命周期觀點看管理

我在上一章介紹企業生命周期的架構，用來解釋故事與數字之間的平衡，會隨著一家公司從初創、成長、成熟到衰退的移轉而改變。對管理這些企業的人來說，管理難題會隨著生命周期而改變，也就不足為奇。

急需處理的管理要務

故事／數字的組合跟企業生命周期的演進一致，經理人／創辦人所面對的難題也會隨企業老化而改變。在企業生命周期的早期，創辦人必須是有魅力的故事講者，即便沒有任何成果（甚至連產品都沒有），還是能說服投資人自己創立的事業之可行性和潛力。等到把點子變成事業的階段，企業的承辦人需要把打造事業的技能，納入將承諾變成數字的方程式。當公司開始成長，經理人的考驗則是他們是否可以開始兌現成果，以支撐故事。在成熟企業，經理人需要為他們的故事設定框架，以符合他們開始兌現的數字；當公司營收持平，經理人所訴說的成長故事將導致他們信譽受損。在最後幾個階段，經理人的考驗是他們接受被否定的能力，接受他們的事業正在衰退，並據此行動。下頁圖15.1說明了這些轉變。

在企業生命周期的早期，公司負責人是不是對的人，是這家公司成敗的關鍵；可是隨著企業成熟，在企業生命周期中到了某一個點，特別是當企業發現一個奏效的穩健經營方法時，那麼誰來做高階經理人就沒那麼重要了。埃克森美孚

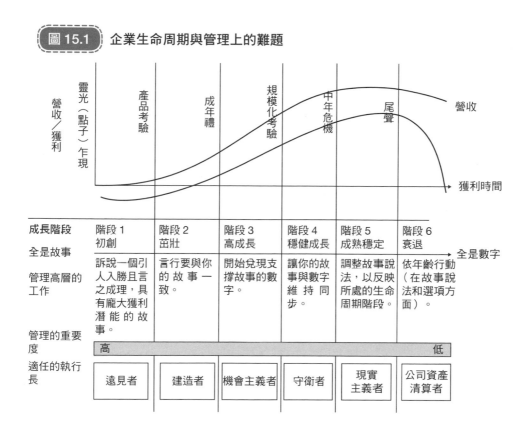

圖 15.1　企業生命周期與管理上的難題

成長階段	階段 1 初創	階段 2 茁壯	階段 3 高成長	階段 4 穩健成長	階段 5 成熟穩定	階段 6 衰退
全是故事 →（全是數字）						
管理高層的工作	訴說一個引人入勝且言之成理，具有龐大獲利潛能的故事。	言行要與你的故事一致。	開始兌現支撐故事的數字。	讓你的故事與數字維持同步。	調整故事說法，以反映所處的生命周期階段。	依年齡行動（在故事說法和選項方面）。
管理的重要度	高					低
適任的執行長	遠見者	建造者	機會主義者	守衛者	現實主義者	公司資產清算者

的高階管理團隊換將，對其估值不大可能影響太大，這或許說明了為什麼你能投資埃克森美孚，卻未必知道、甚至不在意該公司執行長是誰。反之，如果你沒先探究 GoPro 或優步是由誰來經營、認同他們的管理風格與理念就貿然投資，那可真是有勇無謀。

　　如果你認同管理的難題，會隨企業在生命周期中的移轉而改變，那麼理所

當然地，你所尋覓的執行長特質，也會隨企業生命周期階段而有所不同。在企業生命周期的早期階段，有**願景**的執行長最適合訴說企業故事，以一個商業點子及其潛力來說服其他人。當點子變成產品，願景依然重要，但必須補上**打造事業的能力**。當事業變強大，開始尋求把規模做大，則要由**機會主義**的執行長來發現讓公司有效成長的新市場與新事業。等到公司站穩腳步，成為一家成功企業，吸引競爭者模仿甚至改良競爭產品時，執行長就必須學會如何**防守**。當企業來到成熟階段，執行長必須是成長及其代價的**現實主義者**，該要了解不計代價追求更多成長，會破壞公司的價值；到了衰退階段，執行長必須對以下結論感到輕鬆自在：對公司最好的做法是縮小規模、把別人願意付更高價格或不再有用的資產**清算**。

📊 故事與數字：跨企業生命周期的管理課

雖然要面對的管理難題，會隨生命周期階段而改變，但隨著時間推移，檢視成功企業與他們的領導者，仍會從中浮現一些重複發生的挑戰：

- **控制故事**：管理不只是兌現數字並符合分析師的期待而已，管理是訴說公司的故事，讓投資人除了理解企業的歷史，也知道你（或領導者）打算讓公司前往什麼樣的未來。如果管理高層自己無法琢磨出一個可信的公司故事，投資人與分析師就會介入這個空白地帶，為公司寫故事，讓公司無法

照自己的選擇進行競賽。

- **與故事保持一致**：就算是經理人，也會受到評判，端看他們的故事是否隨時間演進依然保持一致。這並不是說故事永遠都不能變動，而是如果你的故事有所變動，你得解釋理由及如何改變。若是你的故事隨時間改變，卻沒有同步對那些時期最喜歡你的公司的投資人和顧客解釋，你的故事將失去可信度，也會有被其他故事版本取代的風險。

- **根據故事行動**：當經理人決定要投資什麼、如何為投資籌措資金，以及要給予投資人多少的現金回報時，他們都會受到密切關注，看他們的一舉一動是否符合他們所說的公司故事。一個執行長如果在故事裡把公司定義為全球玩家，卻從不投資外國市場或尋找外國商機，很快就會發現投資人對他的故事不再買單。

- **兌現支撐故事的成果**：身為執行長，你可以說一個精彩故事，並隨時間過去，行動依然跟故事保持一致；但如果結果不符，你還是會被發現你做不到。如果你的數字所說明的故事，始終跟你提供給市場的故事不同，數字將會勝出。因此，一個向投資人推銷高成長故事的執行長，要是營收表現持平，不是得改變故事，就是有被投資人不理會的風險。

上述四點也是跟企業所處的生命周期位置緊密結合。在一門事業的生命周期早期，經理人必須決定是要大開支票，推銷一個飆升的故事說法；還是要有所保留，決定把承諾說得小一點。取捨很簡單，比起較小、較有所保留的故事，飆升

的說法比較令人感到興奮，也較可能吸引投資人的注意，讓企業產生較高的估值或定價；可是，飆升的故事也需要更多資源才能實現，同時也更有可能將來帶來令人失望的結果。

個案研究 15.1：連貫的説法──亞馬遜的一課

　　沒有一家公司，比亞馬遜更能體現擁有這種執行長的價值：能為公司精心建構故事、與故事保持一致，經營公司的成果又能兌現故事。幾乎是自亞馬遜創立之初，我就開始密切注意，而貝佐斯始終說著相同的亞馬遜故事，把公司定義為一家創新企業：將不在乎獲利，無畏地追求新事業，但會全心全意追求營收成長。[1]亞馬遜靠零售業起家，但之後進軍娛樂、科技與雲端運算事業。一路走來，這家公司確實一如貝佐斯的承諾：追求營收成長，不在乎短期獲利，但承諾在未來會設法獲利。這就是為什麼在前幾章我會把亞馬遜形容成「夢幻成真」的公司。

　　市場通常不會原諒那些長期無法把營收變成獲利的企業，但亞馬遜顯然是例外。在創辦近20年之後，在2015年依然很難展現獲利，但投資人似乎願意忽略這個缺點。看起來貝佐斯除了用他的亞馬遜故事贏得投資人的心，還改變市場用來衡量成功的標準，從獲利能力變成營收成長，至少對他的公司來說是這樣。

　　即便貝佐斯被要求兌現他的另一半承諾，亦即設法在巨額營收上產生正向獲利，但市場對亞馬遜的耐心比對其他公司多很多，原因就是因為他們信任執行長。

個案研究 15.2：大故事與小故事——Lyft 與優步，2015 年 9 月

　　在第 11 章，我於 2015 年 9 月為優步估值，得出的價值逾 230 億美元，主因是它進軍其他國家和新事業的企圖心。那次估值時，優步在美國的主要競爭對手是 Lyft，不過優步被視為輕鬆贏得共乘之役的贏家。這兩家公司在 2015 年 9 月的比較，見下頁表 15.1。

　　檢視表 15.1，有三點需要說明。第一，優步追求的顯然是全球市場，對於跟在地共乘公司形成聯盟或夥伴關係不感興趣。在 2015 年 9 月，Lyft 明白表示只在美國營運，至少當時是這麼打算，而且似乎有意在其他市場跟別家大型共乘公司合作；在美國境內，優步有營業的城市是 Lyft 的 2 倍以上。第二，這兩家公司都正在成長，儘管優步的成長速度比 Lyft 快。第三，這兩家公司都在虧損，且金額龐大，因為都在追求更高的營收成長率。

　　這兩家公司的商業模式非常類似，至少在共乘方面是如此。兩者名下都沒有持有以其名義駕駛的車輛，也都宣稱司機是獨立承包人。兩

Narrative and Numbers

表 15.1　Lyft 與優步的比較，2015 年 9 月

	優步	Lyft
在美提供服務的城市數量	150	65
全球提供服務的城市數量	>300	65
國家數量	60	1
2014 年搭乘次數（百萬）	140	無資料
預估 2015 年搭乘次數（百萬）	無資料	90
預估 2016 年搭乘次數（百萬）	無資料	205
2014 年的總開票額（百萬美元）	$2,000	$500
預估 2015 年的總開票額（百萬美元）	$10,840	$1,200
預估 2016 年的總開票額（百萬美元）	$26,000	$2,700
2015 年的預估成長率	442%	140%
2016 年的預估成長率	140%	125%
2014 年的營業虧損（百萬美元）	–$470	–$50

家公司的車資都是八二拆帳：車資八成歸司機，兩成歸公司，但協議的表面之下，卻暗藏激烈的割喉競爭。兩家公司皆提供司機誘因（可想成是註冊獎金），爭取司機開始為自家公司開車，或者更好的是跳到自家公司。兩者還提供乘車優惠券、免費搭乘或其他誘因讓用戶試用，或把用戶從別家共乘公司挖過來。偶爾，這兩家公司都被指控為了在競賽中領先而不遵守法規，優步高調跟無情的名聲，讓它更常被指控是罪犯。其他較大的營運差異，就是不像優步企圖把共享模式拓展到外送和移動市場，至少在 2015 年 9 月，Lyft 都更加專注於共乘業務，而在共乘業務

表 15.2　Lyft 與優步的故事差異

	Lyft	優步
潛在市場	以美國為中心的共乘企業	全球後勤企業
成長效應	未來 10 年在美國共乘市場成長 1 倍	未來 10 年在全球後勤市場成長 1 倍
市占率	微弱的國內網路優勢	微弱的全球網路優勢
競爭優勢	半強勁的競爭優勢	半強勁的競爭優勢
費用概況	司機是部分雇員	司機是部分雇員
資本密集度	低資本密集度	低資本密集度，但有潛力轉變成更資本密集的模式
管理文化	在共乘產業中積極進取，對監管機構與媒體態度溫和	對所有玩家（競爭對手、監管人員、媒體）都積極進取

裡，Lyft 對於把服務拓展到新城市與新型態的汽車服務，企圖心也比優步小。表 15.2 反映了優步和 Lyft 之間的故事差異，至少在 2015 年 9 月當時是這樣。

簡單來說，我為 Lyft 建構的故事比優步範圍更狹小、更聚焦（在共乘市場和在美國）。這讓 Lyft 在 2015 年 9 月時在估值和定價上都比優步更不利，但隨著競賽展開，Lyft 可能後來居上。相對於我對優步的估值，我對 Lyft 的估值調整主要是在整體市場的數字上，但我對其他輸入內容也有微調。

- **整體市場更小**：我沒有像為優步估值那樣使用全球整體市場，而

是只鎖定美國這一塊市場。這使得整體市場規模大幅縮減。此外，有鑑於Lyft專注於共乘，我假設市場將只局限於汽車服務市場。儘管我的假設做了這些更動，潛在市場依然很大，我估計在2025年時大約有1,500億美元。

- **國內網路優勢**：在美國市場裡，我假設這個產業的進入成本將會提高，這會限制新進的競爭對手，而Lyft將在全美享有網路優勢，讓它能奪取美國市場25％的市占率。

- **司機成為部分雇員**：我假設司機會成為部分雇員，以及競爭將導致共乘公司的營收拆帳變得跟我在2015年9月為優步所做的假設條件一樣，導致更低的營業利益率（穩定狀態下為25％）和更少的營收拆帳比率（15％）

- **Lyft的風險高於優步**：最後，我假設Lyft的風險高於優步，因為其規模較小，現金準備（Cash Reserves）水位也較低，而且我假設其資本成本為12％，在美國企業裡為第90分位數，也就是認為該公司有10％機率無法成功。

下頁表15.3記錄了我為Lyft估值時的假設條件。2015年9月我為Lyft估算出的價值是31億美元，跟我同一時間對優步的估值（234億美元）相比，不到七分之一。

如果說是故事驅動數字和價值，那麼優步和Lyft的明顯差異，就在

表 15.3　為 Lyft 估值時的假設條件

故事
Lyft 是美國汽車服務公司，儘管營收拆帳為 85／15，但在國內享有微弱的網路優勢，成本較高（因為司機是部分雇員），資本密集度低。

假設

	基準年	第 1-5 年	第 6-10 年	10 年之後	故事連結
整體市場	550 億美元	每年成長 10.39%		成長 2.25%	美國汽車服務＋新用戶
整體市占率	2.18%	2.18% → 25%		25%	微弱的全球網路優勢
營收拆帳	20.00%	20.00% → 15%		15.00%	較低的營收拆帳
稅前營業利益率	-66.67%	-66.67% → 25%		25.00%	半強勁的競爭定位
再投資	無資料	銷售資本比為 5.0		再投資率＝9%	低資本密集度模式
資本成本	無資料	12.00%	12.00% → 8.00%	8.00%	在美國企業中為第 90 分位數
失敗風險	10%的失敗率（股權價值為零）			優步的威脅	

現金流量（百萬美元）

	整體市場	市占率	營收	EBIT(1–t)	再投資	FCFF
1	$60,715	4.46%	$650	$(258)	$70	$(328)
2	$67,023	6.75%	$1,040	$(342)	$78	$(420)
3	$73,986	9.03%	$1,469	$(385)	$86	$(472)
4	$81,674	11.31%	$1,940	$(384)	$94	$(478)
5	$90,159	13.59%	$2,451	$(332)	$102	$(434)
6	$99,527	15.87%	$3,002	$(224)	$110	$(334)
7	$109,867	18.16%	$3,590	$(57)	$118	$(174)
8	$121,283	20.44%	$4,214	$174	$125	$50
9	$133,885	22.72%	$4,967	$470	$131	$339
10	$147,795	25.00%	$5,542	$831	$135	$696
最後一年	$151,120	25.00%	$5,667	$850	$320	$774

估值（百萬美元）

終值	$13,453	
現值（終值）	$4,828	
現值（未來 10 年的現金流量）	($1,362)	
營運資產的價值＝	$3,466	
失敗率	10%	
萬一失敗，價值為	$-	
經風險調整的營運資產	$3,120	估值時，創投業者為 Lyft 定價為 25 億美元。

它們的故事裡。優步是格局恢宏的故事,代表一家在不同國家與市場都成功的共享公司,優步執行長卡蘭尼克(Travis Kalanick)實至名歸,始終遵守紀律,言行都與這個故事一致。另一方面,Lyft似乎是有意識地選擇細膩專注的故事說法,堅守汽車服務公司的定位,然後透過把自身限制在美國本土市場,更進一步把故事窄化。

格局恢宏故事的好處是如果你能說服投資人這故事可行又合理,就能為公司帶來更高估值,就好比我為優步估出來的價值是234億美元。這在定價遊戲裡更加重要,特別是投資人沒有什麼具體標準來定價時。例如兩家最大的上市公司:優步和滴滴出行,在2015年底都獲得最高定價。但格局恢宏的故事確實會伴隨代價,而代價可能會遏阻這些公司追求「格局恢宏」。

以優步來說,可以看見格局恢宏故事的優缺點。優食(UberEats,優步的外送服務)、UberCargo(優步的大型貨運服務)和UberRush(優步的快遞服務)可能全都是優步必須進行的投資,以支撐這是一家「一經用戶要求即刻提供服務的公司」(On-demand Company)的說法,但它也可能是一時分散了注意力,當時正在升溫的共乘市場,依然是優步最全心經營的區塊。毫無疑問,對優步來說,其營收確實是以指數速率成長,但為了維持格局恢宏故事的高成長姿態,其花錢的速度也一樣快,而且不只是可能,而是很確定,優步有時會令投資人失望,只因期待值設得這麼高。Lyft或許是有意識地避開這類風險,而對投資人推銷

一個較細膩專注的故事，聚焦於單一業務（共乘）、單一市場（美國）。
Lyft 正在避開格局恢宏故事的企業那種分心、代價跟所造成的失望，但
這也是需要付出代價的：不但把鎂光燈焦點和期待之情都拱手讓給優
步，也會讓公司估值和定價都低於優步。事實上，優步挾其估值和取得
的資本為武器，在其最強勢的市場裡追著 Lyft 打。

　　以投資人角度來說，格局恢宏還是細膩專注的故事，本質上沒有
優劣之分，**一家公司無法單單因為故事選擇怎麼說，就會變成一筆好投
資**。例如 2015 年 9 月時，優步身為一個格局恢宏故事的企業，獲得較高
估值（234 億美元），但市場定價更高（510 億美元）。Lyft 身為一家細膩
專注故事的企業，估值雖低得多（31 億美元），但價格更便宜（25 億美
元）。以價格對照我的估值，Lyft 是比優步更好的投資標的。

📊 轉變的學問

　　如果說一個好的執行長，其特質會隨公司在企業生命周期裡的轉變而有所不
同，那麼從生命周期的一個階段移轉至下一階段時，對公司和高階經理人來說，
當然會對危險充滿憂慮。在本節，我會從簡單的轉變開始，在這種轉變中企業能
輕鬆找到正確方法，如果不是因為生命周期很長，那就是因為有個技能滿點、適

應力強的執行長。然後我會探討對執行長們來說更常見的問題：他們在某個生命周期階段卓然有成，卻在不同階段變得無法適應。

輕鬆轉變

　　有鑑於企業生命周期的階段不同，對經理人的要求也會不同。有可能無縫接軌嗎？不太可能，但在三種情況下，這有可能發生：

- 企業或許夠好運，在轉變時，有個**多才多藝、適應力又強到足以改變管理風格**的執行長。湯瑪士・華生（Thomas Watson）在1914至1956年擔任IBM執行長，在那段期間主持IBM，讓IBM變身為科技巨人，當公司轉變時，他也跟著變。舉個時間近一點的例子，比爾・蓋茲（Bill Gates）是這方面公認的行家，在1975年至2000年期間擔任微軟執行長時，從創辦一家新創的科技公司，轉變成經營全球最大的企業之一。雖然現在要評論臉書功過還很早，但馬克・祖克柏（Mark Zuckerberg）似乎也一樣多才多藝，把臉書從初創階段帶領至近幾年的高成長階段。
- **如果一家公司的生命周期很長**，時間的推移也會讓階段的轉變順遂一點，因為執行長會跟著企業一起變成熟。等到關鍵轉變發生時，執行長或許也正在思考是否要前進。亨利・福特（Henry Ford）在1906年至1945年擔任福特汽車（Ford Motors）執行長，帶領這家公司從苦苦掙扎的新創企業

變成全球第二大汽車公司，但汽車公司比其他產業漫長的生命周期，讓福特得以到了1950年代，才轉型成更適合其他人來經營的一家成熟汽車公司。

• 對一些**跨足多種產業的家族企業**來說，轉型的問題是家族內部的管理，不同的家族成員（經常來自不同世代）被賦予責任，要打造最適合其事業群的技能組合。這當然只有在上述的家族能正常運作才有效，例如家族的族長堅守數十年前的做事方式，年輕成員被放到不適合的位置上做事。

與企業錯誤結合的執行長

儘管平順地轉型會很理想，但更常見的情況是當執行長發現，隨著企業轉變，卻很難根據新的需求來調整，因而在轉變點看見摩擦。到了組織高層發現很難放手時，已經搭好的戰爭舞台可能會血流成河，而且最後往往沒有贏家。以下是一些企業和執行長之間錯誤結合的例子：

• **有願景卻無法打造企業**：諾姆‧華瑟曼（Noam Wasserman）曾研究過1990年代至2000年代初的212家新創企業，發現當這些企業成立3年時，有一半的創辦人就不再是執行長，而且到公司IPO前夕，還在其位的比率低於25％。[2]大部分執行長的離去不是自願，80％是被迫下台。在許多案例裡，改變的推手是投資人（通常是創投業者），他們認為公司如果由創

辦人以外的人來經營會更有成長潛力。這導致一些反彈,至少有一家重要的創投公司——凱鵬華盈(Kleiner, Perkins, Caufield & Byers,KPCB)主張投資人太急於趕走創辦人,以(沒有願景的)「專業」經理人取代,並在檢視逾千筆金融交易後提出證據,證明創辦人留在管理高層,在募資與創造價值上,會比創辦人被取代的公司更加成功。[3]

- **能打造事業卻無法把規模做大**:企業的第二次轉型,需帶領初創成功的公司(把創造的產品或服務,成功商業化)把規模做大。許多公司以令人眩目的成長冒出頭,但退出市場的速度也幾乎一樣快,這種景象部分是因為經理人以為把規模做大就是重複第一次成功時的方法。製鞋公司卡駱馳(Crocs)以改良版的護士鞋擄獲全世界,2006年和2007年銷量翻了3倍。7年後,眼見營收衰退、營運虧損,這家公司宣布重組計畫,將營運規模瘦身,成為一家更小的公司。

- **把規模做大卻無法防守**:有的執行長擅於追求成長,卻不擅長捍衛地盤。這是成長中的企業所面臨的難題,尤其是在成長有利可圖、他們卻變得維持現狀的時候。黑莓的兩位共同執行長麥克・拉札里迪斯(Mike Lazaridis)和吉姆・巴爾西里(Jim Balsillie)一起把黑莓做大,成為全世界最創新、最有價值的科技公司,卻守不住其智慧型手機經銷權,抵擋不住iPhone和安卓(Android)的入侵。這兩位到2012年才下台,但黑莓早已遍體鱗傷。

- **會防守卻無法清算公司**:不管是人還是公司,老化都很難處理。這可能是

所有轉變中最困難的一個，一家有著獲利能力歷史的成熟企業執行長，會發現這個階段的調整挑戰目標是把公司變小，而不是讓公司成長。帝國的建造者不適合拆除帝國，這正是 1942 年時邱吉爾（Winston Churchill）的打算，當時他說：「我成為國家首相，不是為了清算大不列顛帝國。」呃，歷史阻止不了任何人，即便偉大如邱吉爾，而 1945 年在選舉中擊敗邱吉爾的，正是克萊曼‧艾德禮（Clement Atlee），他監督了這個殖民帝國的解散。

公司治理與激進投資人

企業生命周期各階段之間的轉變，考驗管理技能，產生了企業和執行長錯誤結合的可能，也為激進投資（Activist Investing，指投資的意圖是促使公司改變經營方式）的興起創造了環境。對年輕公司來說，就像我之前提過的，激進主義出自創投業者想要促成管理階層的變動，但在企業生命周期的晚期，私募股權和激進投資人才是推動改變的主因。

這應該也為投資人該如何忖度企業治理的重要性提供一些觀點。當企業蓬勃發展，投資人對公司治理有比較隨性的傾向，主張既然公司管理良善，就不需要多少改變。結果，他們太快接受這些企業無表決權的股票、疊床架屋且受控制的董事會，以及不透明的公司架構。在轉變點時，當這些企業的經理人需要承擔責任卻可能綁手綁腳時，他們會後悔做出這些讓步的行為。這可能是谷歌故

事中最惡劣的遺緒。儘管鮮少有人會爭論谷歌在近10年所兌現的成長與獲利能力，但這家公司的架構與經營方式卻是獨裁制。當一起創辦谷歌的謝爾蓋·布林（Sergey Brin）和賴利·佩吉（Larry Page）決定以兩種不同表決權的股權公開上市時，他們打破美國對所有股份提供同等表決權的數十年傳統。投資人欣喜若狂地接受這樣的上市模式，谷歌從此崛起，為新一代的科技公司鋪設好平台，他們都遵循股票有不同表決權的「谷歌模式」。例如，祖克柏控制臉書50%以上的表決權，持股卻不到20%。谷歌和臉書的股東，將來可能未必會為他們沒有捍衛表決權付出代價，布林和佩吉團隊以及祖克柏可能會對企業生命周期的轉變適應良好。不過，更有可能的情況是，在這些公司生命周期的某一個階段，投資人和經理人對未來的最佳走向出現意見分歧，這時股東就會開始後悔他們手中沒有表決權。

個案研究 15.3：管理老化公司的挑戰——雅虎與梅莉莎·梅爾

　　雅虎（Yahoo）是1990年代網路泡沫的代表，短短幾年就從新創公司變成大型企業。其核心業務是搜尋引擎，在網路革命的早些年主宰了線上搜尋業務。在不同的管理團隊幾度嘗試扭轉局勢後，這家公司在2012年聘用在谷歌嶄露頭角的管理高層：梅莉莎·梅爾（Marissa Mayer）擔任執行長。

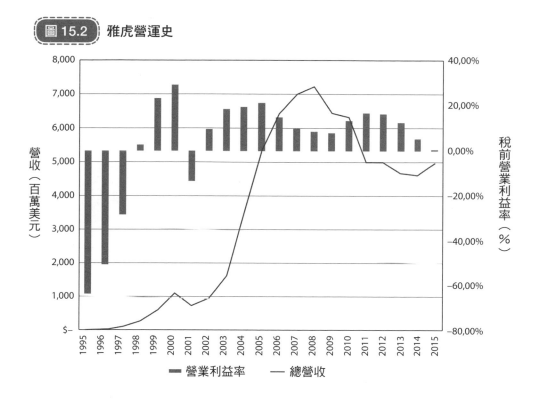

圖 15.2　雅虎營運史

到梅爾上任時，雅虎的榮景早成過去，就像各位在圖15.2看見的，這張圖追蹤雅虎的歷史，從年輕的新創公司到2012年的情形。

雅虎非但在搜尋引擎之爭中輸給谷歌，甚至還在尋找自己的使命，不知公司的未來會落在何方。

諷刺的是，2012年之前的幾年裡，雅虎表現最佳的兩項投資，都不是投資自家公司的營運，而是投資別家公司。早一點的是雅虎日本，

儘管美國雅虎步履蹣跚，雅虎日本卻蓬勃發展。另一項是2005年投資阿里巴巴，是對當時還是私營企業的阿里巴巴有先見之明的下注。在本書前面幾章，我主張阿里巴巴是中國故事的合法象徵，並在其IPO前夕算出它的估值為1,610億美元。我估值的時間是2014年9月，那時把雅虎當成一家公司估值，並把它拆分成三個部分（營運資產、雅虎日本跟阿里巴巴）。下頁圖15.3提供了我對這三部分個別的內在價值的估算。請注意，我在2014年9月所算出的公司股權價值462億美元中，雅虎的營運資產貢獻不到10%（約36億美元）。

梅爾的難題是，她要扭轉的企業不但核心業務迷失方向，其主要價值還來自兩家企業的持股，而這兩家公司皆不受她管轄。她在谷歌成功的歷史，她年輕、有魅力的臉蛋，以及她是女性，都是她被選為受膏者、被視為雅虎救世主的原因。梅爾在雅虎從一開始勝算就很低，理由有二：

- 扭轉一個公司的頹勢已經夠難，當所能掌控的只有一家公司無足輕重的殘餘部分時更難。現實是梅爾不管在任期中的哪一天如何作為，雅虎企業價值受到馬雲的影響都會比較大。

- 在第14章，我主張科技公司面臨受到壓縮的生命周期，成長得比非科技公司快，但也老化得更快，而一家像雅虎這樣20幾歲的科技公司，更接近又老又病而不是中年。任何老化的科技公司

圖 15.3 雅虎的內在價值──這些部分的總和

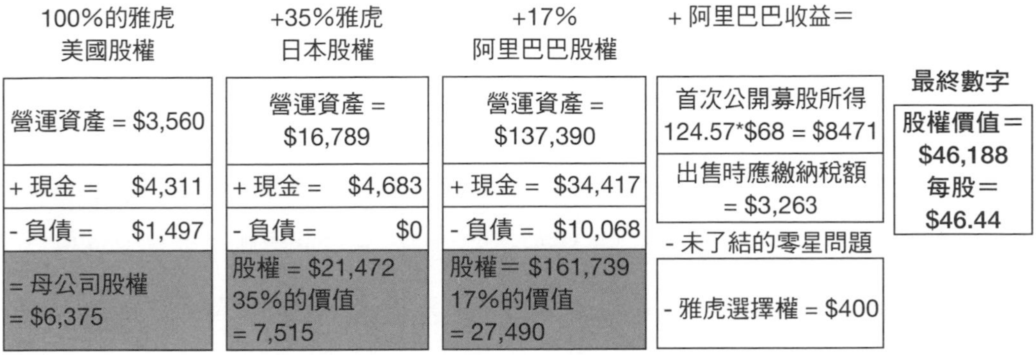

100%的雅虎 美國股權	+35%雅虎 日本股權	+17% 阿里巴巴股權	+ 阿里巴巴收益＝	最終數字
營運資產 = $3,560	營運資產 = $16,789	營運資產 = $137,390	首次公開募股所得 124.57*$68 = $8471	股權價值＝ $46,188 每股＝ $46.44
+ 現金 =　$4,311	+ 現金 =　$4,683	+ 現金 = $34,417	出售時應繳納稅額 = $3,263	
- 負債 =　$1,497	- 負債 =　　　$0	- 負債 =　$10,068	- 未了結的零星問題	
= 母公司股權 = $6,375	股權 = $21,472 35%的價值 = 7,515	股權 = $161,739 17%的價值 = 27,490	- 雅虎選擇權 = $400	

想回春，我都認為勝算不高。我很怕讓自己看起來像是個宿命論者，但我得說確實有科技公司返老還童的案例，例如在 1992 年重生的 IBM，以及賈伯斯回鍋後的蘋果。我願把這奇蹟般的壯舉都歸功給葛斯納（Louis Gerstner）和賈伯斯，我也相信這是一連串事件的巧合（許多事件都不是這兩位所能掌控）讓這兩個奇蹟發生。葛斯納扭轉 IBM 是受 1990 年代網路泡沫的幫助與加持；至於賈伯斯，這位高瞻遠矚的執行長「不可能會錯」的神話由來已久，且早已超越現實。若把這兩次扭轉乾坤的案例，宣傳成全都是執行長的勝利，那麼以這樣的眼光來看雅虎，就會預設一位新的執行長（梅爾）有讓一家公司翻身的力量，但這麼做，我們接著就會對她的失敗感到失望。不過我看待梅爾並不像其他人那

麼悵然若失，因為從一開始，我對她在雅虎能有的作為，就比其他人的期待低得多。

2015 年 12 月，雅虎的問題浮現，當時董事會考慮賣掉網路事業，只持有日本雅虎和阿里巴巴股份，成為實質上的控股公司。當董事會推遲決策，激進投資人 Starboard Value 避險基金更加急迫地推動這家公司的清算計畫。某種程度而言，企業生命周期讓雅虎和梅爾都受害匪淺。

📈 結論

什麼特質能造就一個優秀高階經理人？要看企業處於生命周期的什麼階段。在企業生命周期的早期，會需要一個有願景的高階經理人，他要擅長包裝和訴說吸引人的故事；當企業處於成長期，那麼經理人所需的技能將會改變，必須包括擁有更多打造事業的能力；而以一家成熟企業來說，則變成需具備更多行政管理能力。最後，當企業衰退，需要一個現實主義者來經營公司，一個縱使把公司規模縮小也不會感到良心不安的人。有鑑於以上轉變的需求，也難怪當企業在生命周期中從一個階段轉變到下一階段時，找到搭配錯誤的經理人的機率也會變高，並易創造出潛在的衝突和變動。

第**16**章

尾聲
The Endgame

　　我在本書的開頭提出，沒有數字的故事只是童話；而沒有故事支撐的數字只是金融模型。之後的章節，希望我已經成功填補故事人與數字人之間的空白，或許還提供雙方如何搭造橋梁、銜接起另一邊的指南。這一路上，我希望（雖然我沒有每次都成功）持續跟投資人、經理人、創業家，甚至感興趣的旁觀者對話。

 故事人與數字人

　　從一開始，我便坦誠我天生比較偏向是個數字人，說故事對我來說是件困難的事，至少在剛開始的時候是這樣。不過對於跟我一樣的人來說，有個好消息是這會愈來愈容易，甚至還會變得有趣。當我發現一則企業故事能被一次小小的事

實揭露而改變,我便開始以全新眼光看待每一件事——從新聞報導,到飛機上的免稅型錄雜誌。

如果你是一個故事人,我知道這本書有部分內容對你來說會很吃力,我為此道歉。我會繼續相信人人都能為企業估值,而估值所需的會計與數學技能都很初階。這話或許反映了我的偏見,但如果各位能在第8、9、10章,從故事到數字的許多步驟,跨出衡量的一小步,我會覺得我的使命已經達成。事實上,如果你覺得足以挑戰銀行家或分析師的估值,而且有足夠信心堅持立場,我會非常開心。

最後,我希望未來會有更多論壇,讓故事人和數字人可以互動。我知道兩邊的人都說著各自的語言,往往認定本身才是正確的一方,但只要願意傾聽想法跟自己不一樣的人,就能從彼此身上學到更多。

📊 投資人的教訓

如果你是投資人,讀這本書的起心動念是期待發現神奇公式來幫你挑選股市贏家,那你可能會感到失望。事實上,我認為那種宣稱能找出贏家的嚴密選股法則,可能只適用於很小部分的成熟企業,不適用於更大的市場。在我看來,未來能獲利的投資人,屬於那些思維更彈性、能從一個市場輕鬆轉移到另一個市場的人。

我最初閱讀的估值相關書籍之一,是班傑明‧葛拉漢的《證券分析》,這本

書被許多價值投資人視為聖經。不過我跟這些投資人不一樣的地方是，我從中學到我想要的部分，其餘拋諸腦後，因為這書反映的是成書的那個年代，針對當時的讀者而寫。葛拉漢的選股法則和公式對我來說沒多大用處，但他的投資方法很有價值，他認為**投資應該根據對一家公司價值的判斷，而不是根據其他人的看法或投資人的心情**。要是我用葛拉漢的工具來評估成長型企業或新創企業，一定不管我怎麼篩選，都選不出一檔符合資格的股票；但是用他的投資方法，會讓我對於成為好投資標的的機會，永遠敞開大門。

本書大部分篇幅，都在價值與價格之間游移，但我將其當成一個你必須根據你的決定而做的選擇，而且愈早選擇愈好。我信仰價值，我相信價格最終會往價值靠攏，我的投資反映了這個信念。只要我確定價格低於價值，我願意買進不管是初創或老化的任何企業；但我也知道我的信念會受到市場考驗，而且也不保證報酬能反映價值。

最後，我在本書說過，對未來的不確定性，一直是每則故事的環節之一，也會是我未來所訴說的投資故事裡一定會包含的環節。我愈來愈願意說故事的附帶結果之一，就是我除了愈來愈對不確定性感到自在，也愈來愈能接受跟別人意見不同，亦即我承認其他人對我所評估的企業有不一樣的故事說法。說故事也讓我對於判斷錯誤更加心平氣和，特別是當我的故事裡有大量的總體經濟構成要素時，就像我在2013和2014年對淡水河谷公司的投資。

📊 企業家、企業主和經理人的教訓

　　如果你是企業創辦人或企業主，我希望你從本書學到的不是全都跟說故事有關。別誤會，你所述說的企業故事至關重要。故事必須具有可信度，不但是為了吸引投資人、員工和顧客，也是為了讓你的企業具有持久力，能獲得成功。重新回想一下第7章，我提議故事應該要通過「有可能發生」「言之成理」和「很可能成真」的測試，重點是你不是只有對故事進行「現實檢驗」（Reality-test），也要調整故事，以反映既成事實。沒有永恆不變的故事，也沒有不受時間影響的估值！

　　我也在第15章提到創辦人的取捨，是要述說一個飆漲無極限的故事，還是更克制的故事。當你在找尋投資人和資金時，前者很誘人，但你也更有可能大量消耗資源，並因成果令人失望而受懲罰。因此，如果你渴望打造一個長期來說更具可行性的事業，野心小一點的故事情節，或許是更好的選擇。

　　最後，如果你是企業的高階經理人，你的工作是為你的企業故事設定框架，別讓投資人、股票研究分析師或記者來做這件事。當故事的說法跟你的企業所在的生命周期階段一致，而你又兌現了能支撐故事說法的經營成果，那麼故事比較可能成功。你所冒的最嚴重的個人風險，是身處企業生命周期的轉變點，除非你能適應，否則就會受到挑戰，並可能遭到撤換。

結論

　　我很享受寫這本書的過程，並希望我的喜悅之情，至少有在某些字裡行間中顯露。如果你也享受這本書，我會覺得很開心；但如果你能明天就看一眼你的投資組合裡最大的投資標的，而且不光是思考讓你決定要投資的故事，還把故事轉變成數字與估值，那麼我會更開心。

註釋

第1章

1. Michael Lewis, Moneyball: The Art of Winning an Unfair Game (New York: Norton, 2004).

第2章

1. Paul Zak, "Why Your Brain Loves Good Storytelling," Harvard Business Review, October 28, 2014.

2. Greg Stephens, Lauren Silbert, and Uri Hasson, "Speaker-Listener Neuro Coupling Underlies Successful Communication," Proceedings of the National Academy of Scientists USA 107, no. 32 (2010): 14425–14430.

3. Peter Guber, Tell to Win (New York: Crown Business, 2011).

4. Melanie Green and Tim Brock, Persuasion: Psychological Insights and Perspectives, 2nd ed. (Thousand Oaks, Calif.: Sage, 2005).

5. Arthur C. Graesser, Murray Singer, and Tom Trabasso, "Constructing Inferences During Narrative Text Comprehension," Psychological Review 101 (1994): 371–395.

6. D. M. Wegner and A. F. Ward, "The Internet Has Become the External Hard Drive for Our Memories," Scientific American 309, no. 6 (2013), 58–61.

7. John Huth, "Losing Our Way in the World," New York Times, July 20, 2013.

8. Daniel Kahnemann, Thinking, Fast and Slow (New York: Farrar, Straus and Giroux, 2011).

9. Tyler Cowen, "Be Suspicious of Stories," TEDxMidAtlantic, 16:32, November 2009, www.ted.com/talks/tyler_cowen_be_suspicious_of_stories.

10. Jonathan Gotschall, "Why Storytelling Is the Ultimate Weapon," Fast Company, 2012. http://www.fastcocreate.com/1680581/why-storytelling-is-the-ultimate-weapon.

11. J. Shaw and S. Porter, "Constructing Rich False Memories of Committing Crime," Psychological Science 26 (March 2015): 291–301.

12. Elizabeth F. Loftus and Jacqueline E. Pickrell, "The Formation of False Memories," Psychiatric Annals 25, no. 12 (December 1995): 720–725.

13. Charles Mackay, Extraordinary Delusions and the Madness of Crowds (reprint edition; CreateSpace October 22, 2013).

14. John Carreyrou, "Hot Startup Theranos Has Struggled with Its Blood-Test Technology," Wall Street Journal, October 16, 2015, www.wsj.com/articles/theranos-has-struggled-with-blood-tests-1444881901.

15. Caitlin Roper, "This Woman Invented a Way to Run 30 Lab Tests on Only One Drop of Blood," Wired, February 18, 2014, www.wired.com/2014/02/elizabeth-holmes-theranos.

第3章

1. 亞里斯多德（Aristotle）的《詩學》（*Poetics*）是現存最早的戲劇理論，可追溯至西元前300年。

2. Freytag explained his dramatic structure in Die Technik des Dramas (Leipzig: S. Herzel, 1863). That structure was renamed "Freytag's pyramid."

3. Joseph Campbell, The Hero with a Thousand Faces (Novato, Calif.: New World Library, 1949).

4. 英雄旅程的原始版本有17個階段。這個簡易版本是好萊塢的故事顧問克里斯多夫・佛格勒（Christopher Vogler）為迪士尼寫的，只有12個階段，但是故事核心都保留下來。

5. C. Booker, The Seven Basic Plots: Why We Tell Stories (London: Bloomsbury Academic, 2006).

第4章

1. Michael Lewis, Moneyball: The Art of Winning an Unfair Game (New York: Norton, 2004).

2. 出處同上,xiv.

3. 我用2個標準誤來取得一個區間範圍,我相信這個結果捕捉了95%的時間。以67%的信賴區間來說,任一方向的錯誤率會是2.30%,從而產生一個3.88%至8.48的範圍。

第5章

1. See Nassim Taleb's work, either in his books and articles or on his website, fooledbyrandomness.com, for his trenchant critique of the use and abuse of the normal distribution in financial modeling.

第6章

1. Sergio Marchionne's presentation can be found at www.autonews.com/Assets/pdf/presentations/SM_Fire_investor_presentation.pdf.

2. Aswath Damodaran, The Dark Side of Valuation (Upper Saddle River, N.J.: Prentice Hall/FT Press, 2009).

第7章

1. Benjamin Graham and David L. Dodd, Security Analysis, 6th edition (New York: McGraw-Hill, 2009).

第10章

1. Bill Gurley, "How to Miss By a Mile: An Alternative Look at Uber's Potential Market Size," Above the Crowd (blog), July 11, 2014, http://abovethecrowd.com/2014/07/11/how-to-miss-by-a-mile-an-alternative-look-at-ubers-potential-market-size.
2. Daniel Kahneman, Thinking, Fast and Slow (New York: Farrar, Straus and Giroux, 2011).

第13章

1. 我以油價30年的歷史數據，經通膨調整，建立了經驗分布函數。然後我選擇看起來最符合（對數常態分布）的統計分布，以及產出的數字最接近歷史數據的參數值。

第15章

1. You can read Bezos's 1997 letter to Amazon shareholders on the SEC website at: www. sec.gov/Archives/edgar/data/1018724/000119312513151836/d511111dex991.htm. After almost two decades, the Amazon story remains almost unchanged at its core.

2. Noam Wasserman, "The Founder's Dilemma," Harvard Business Review 86, no. 2 (February 2008): 102–109.

3. 凱鵬華盈（Kleiner, Perkins, Caufield & Byers，KPCB）檢視了在1994和2014年之間895家有IPO或是被收購的年輕企業，並根據其中一位創辦人在IPO或被併購時，是否身兼執行長、還是已經離開執行長之位，來進行分類。

國家圖書館出版品預行編目（CIP）資料

為故事估值：華爾街估值教父告訴你，如何結合數字與故事，挑出值得入手的真正好股 / 亞斯華斯‧達摩德仁（Aswath Damodaran）作；周詩婷譯 . -- 初版 . -- 臺北市：今周刊出版社股份有限公司, 2022.09
　面；　公分 . --（投資贏家系列；61）
譯自：Narrative and numbers : the value of stories in business.
ISBN 978-626-7014-62-2（平裝）
1.CST: 商務傳播　2.CST: 說故事

494.2　　　　　　　　　　　　　　　　　　　111008675

投資贏家系列 061

為故事估值

華爾街估值教父告訴你，如何結合數字與故事，挑出值得入手的真正好股
Narrative and Numbers: The Value of Stories in Business

作　　　者	亞斯華斯‧達摩德仁（Aswath Damodaran）
譯　　　者	周詩婷
編　　　輯	許訓彰
校　　　對	李韻、許訓彰
副總編輯	許訓彰
行銷經理	胡弘一
企畫主任	朱安棋
行銷企畫	林律涵
封面設計	萬勝安
內文排版	藍天圖物宣字社

出 版 者	今周刊出版社股份有限公司
發 行 人	梁永煌
社　　長	謝春滿
副 總 監	陳姵蒨

地　　址	台北市中山區南京東路一段 96 號 8 樓
電　　話	886-2-2581-6196
傳　　真	886-2-2531-6438
讀者專線	886-2-2581-6196 轉 1
劃撥帳號	19865054
戶　　名	今周刊出版社股份有限公司
網　　址	http://www.businesstoday.com.tw

總經銷	大和書報股份有限公司
製版印刷	緯峰印刷股份有限公司
初版一刷	2022 年 9 月
定　　價	450 元

Narrative and Numbers: The Value of Stories in Business
Copyright: © 2017 Aswath Damodaran
This Chinese (Complex Characters) edition is a complete translation of the U.S. edition,
specially authorized by the original publisher, Columbia University Press through Andrew
Nurnberg Associates International Limited.
Complex Chinese Characters edition copyright © 2022 Business Today Publisher
All rights reserved.

Investment

Investment